Dortmunder Beiträge zur Entwicklung und Erforschung des Mathematikunterrichts
Band 12

Herausgegeben von
S. Hußmann,
M. Nührenbörger,
S. Prediger,
C. Selter,
Dortmund, Deutschland

Eines der zentralen Anliegen der Entwicklung und Erforschung des Mathematikunterrichts stellt die Verbindung von konstruktiven Entwicklungsarbeiten und rekonstruktiven empirischen Analysen der Besonderheiten, Voraussetzungen und Strukturen von Lehr- und Lernprozessen dar. Dieses Wechselspiel findet Ausdruck in der sorgsamen Konzeption von mathematischen Aufgabenformaten und Unterrichtsszenarien und der genauen Analyse dadurch initiierter Lernprozesse.

Die Reihe „Dortmunder Beiträge zur Entwicklung und Erforschung des Mathematikunterrichts" trägt dazu bei, ausgewählte Themen und Charakteristika des Lehrens und Lernens von Mathematik – von der Kita bis zur Hochschule – unter theoretisch vielfältigen Perspektiven besser zu verstehen.

Herausgegeben von
Prof. Dr. Stephan Hußmann,
Prof. Dr. Marcus Nührenbörger,
Prof. Dr. Susanne Prediger,
Prof. Dr. Christoph Selter,
Institut für Entwicklung und Erforschung
des Mathematikunterrichts,
Technische Universität Dortmund

Christine Scherres

Niveauangemessenes Arbeiten in selbstdifferenzierenden Lernumgebungen

Eine qualitative Fallstudie am Beispiel einer Würfelnetz-Lernumgebung

Christine Scherres
Technische Universität Dortmund
Deutschland

Dissertation Technische Universität Dortmund, 2012

Tag der Disputation: 31.10.2012

Erstgutachter: Prof. Dr. Susanne Prediger
Zweitgutachter: Prof. Dr. Stephan Hußmann

ISBN 978-3-658-02082-8   ISBN 978-3-658-02083-5 (eBook)
DOI 10.1007/978-3-658-02083-5

Die Deutsche Nationalbibliothek verzeichnet diese Publikation in der Deutschen Nationalbibliografie; detaillierte bibliografische Daten sind im Internet über http://dnb.d-nb.de abrufbar.

Springer Spektrum
© Springer Fachmedien Wiesbaden 2013
Das Werk einschließlich aller seiner Teile ist urheberrechtlich geschützt. Jede Verwertung, die nicht ausdrücklich vom Urheberrechtsgesetz zugelassen ist, bedarf der vorherigen Zustimmung des Verlags. Das gilt insbesondere für Vervielfältigungen, Bearbeitungen, Übersetzungen, Mikroverfilmungen und die Einspeicherung und Verarbeitung in elektronischen Systemen.

Die Wiedergabe von Gebrauchsnamen, Handelsnamen, Warenbezeichnungen usw. in diesem Werk berechtigt auch ohne besondere Kennzeichnung nicht zu der Annahme, dass solche Namen im Sinne der Warenzeichen- und Markenschutz-Gesetzgebung als frei zu betrachten wären und daher von jedermann benutzt werden dürften.

Gedruckt auf säurefreiem und chlorfrei gebleichtem Papier

Springer Spektrum ist eine Marke von Springer DE. Springer DE ist Teil der Fachverlagsgruppe Springer Science+Business Media.
www.springer-spektrum.de

Für meine Freundin und Mutter Erika

Geleitwort

Gerade in Zeiten steigender Heterogenität in allen Lerngruppen erhält ein breites Repertoire unterschiedlicher Strategien zur Differenzierung immer größere Relevanz. Eine konsequente Binnendifferenzierung ist derzeit daher in vielen Bereichen ein zentrales Ziel der Bemühungen um Unterrichtsentwicklung. Zwar wurden in der Unterrichtspraxis vielfältige Differenzierungsstrategien entwickelt und fächerübergreifend erprobt, eine systematische fachdidaktische Forschung über die Bedingungen ihrer Wirksamkeit ist jedoch bislang relativ spärlich gesät. Zu dieser Forschungslücke leistet die vorliegende Arbeit für eine unter mehreren Differenzierungsstrategien einen wichtigen Beitrag.

Als eine unterrichtspraktisch bewährte Differenzierungsstrategie gilt das Angebot selbstdifferenzierender Lernumgebungen, weil diese das Arbeiten auf vielen Wegen und Niveaus ermöglichen und dabei relativ wenig Vorbereitungsaufwand erzeugen. Ein zentrales Qualitätskriterium für die Wirksamkeit dieser Differenzierungsstrategie ist Adaptivität an die individuellen Leistungspotenziale, dass also alle Lernenden tatsächlich auf dem ihnen angemessenen Niveau arbeiten. Obwohl gerade für selbstdifferenzierende (synonym offen differenzierende, natürlich differenzierende) Lernumgebungen postuliert wird, dass die Niveauangemessenheit besser gelingt, weil sich Lehrende und Lernende die Verantwortung für Niveauangemessenheit teilen, gibt es zu dieser Frage bislang keine empirischen Untersuchungen. Empirische Nachweise zum Differenzierungspotenzial beziehen sich bislang nur auf die breite Niveau*streuung* innerhalb von Lerngruppen, nicht aber auf die Niveau*angemessenheit* in Bezug auf individuelle Leistungspotenziale.

Da eine solche Fragestellung nach Bedingungen von Niveauangemessenheit in selbstdifferenzierenden Lernumgebungen höchst sensibel ist gegenüber veränderten Rahmenbedingungen, wurde für das Design der Fallstudie der ökologischen Validität der Datenerhebung eine hohe Priorität eingeräumt und die Studie im Regelunterricht der handlungsforschenden Lehrerin durchgeführt.

Christine Scherres hat für die Video- und Transkriptanalyse der Arbeitsprozesse ein analytisches Instrumentarium zur Untersuchung der Niveauangemessenheit sorgfältig entwickelt, das für sich ein wichtiges Produkt der Forschung ist, denn es ermöglicht über die Codierung der mathematischen Aktivitäten einen intensiven prozessorientierten und gleichermaßen fachspezifischen Zugriff auf die Komplexität der Arbeitsprozesse und ihrer Niveauverläufe. Dies bestätigt die Bedeutung eines genuin fachdidaktischen Blicks auf Unterrichtsprozesse, wie er in der pädagogisch-psychologischen Unterrichtsforschung erst langsam Einzug nimmt.

In fachspezifischer und prozessorientierter Perspektive kann die Autorin zeigen, dass sich Niveauangemessenheit keineswegs automatisch einstellt. Umso wichtiger ist die Analyse der Kontextbedingungen, unter denen Niveauangemessenheit tendenziell eher erreicht werden kann. Durch die Herauspräparierung qualitativer Wirkungszusammenhänge zu den Kontextbedingungen metakognitiver Aktivitäten, kooperatives Arbeiten und Lehrerinterventionen entsteht ein zwar auf eine kleine Fallgruppe bezogenes (20 Kinder in einer Lernumgebung), aber sehr facettenreiches Bild von Arbeitsprozessen und ihren Bedingungskonstellationen.

Mit den abschließenden Empfehlungen für unterrichtliche Konsequenzen verdeutlicht die Autorin die praktische Relevanz ihrer Arbeit.

Susanne Prediger, IEEM, TU Dortmund

Danksagung

Eine Dissertation ist kein Tageswerk, sondern ein Prozess über mehrere Jahre. In diesem Prozess haben mich unterschiedliche Menschen begleitet und unterstützt, denen ich an dieser Stelle von Herzen danken möchte, da ohne sie dieser Prozess undenkbar gewesen wäre.

Meiner Doktormutter Prof. Dr. Susanne Prediger danke ich sowohl für die Bereitstellung des Forschungsthemas, das mir die Möglichkeit gab, wissenschaftlich mit einem kontinuierlichen Blick auf die Schulpraxis tätig zu sein, als auch für ihre konstruktive Unterstützung bei den unterschiedlichen mathematikdidaktischen Herausforderungen meiner Dissertation. Auch bedanke ich mich für ihr Vertrauen in mein wissenschaftliches Arbeiten und in mein Durchhaltevermögen. Ich konnte bei ihr hinsichtlich einer konstruktiven mathematikdidaktischen Forschung immens viel lernen.

Prof. Dr. Stephan Hußmann danke ich für seine Arbeit als Zweitgutachter und für seine Anregungen und kritischen Rückmeldungen insbesondere im Rahmen meiner Vorträge in der Arbeitsgemeinschaft Hußmann-Prediger am IEEM.

Für die unkomplizierte Bereitstellung des PALMA-Tests danke ich Prof. Dr. Rudolf vom Hofe und seinem Team.

Dr. Franziska Siebel hat sich wiederholt mit inhaltlichen Aspekten meiner Arbeit auseinandergesetzt und mir wertvolle Rückmeldungen gegeben, dafür bin ich ihr sehr dankbar.

Für die seelische und praktische Unterstützung sowie für die fachlichen Diskussionen insbesondere in der Endphase meiner Dissertation danke ich Dr. Andrea Schink.

Dem Dortmunder Doktorandenkolloquium und der Arbeitsgemeinschaft Hußmann-Prediger am IEEM sowie sämtlichen IEEM-Teilnehmerinnen und Teilnehmern danke ich für die Möglichkeiten der Präsentation meiner Arbeit in den unterschiedlichen Entstehungsphasen und für die wertvollen Rückmeldungen in konstruktiven und anregenden Runden. Des Weiteren bedanke ich mich als externe Promovierende bei allen Teilnehmerinnen und Teilnehmern des IEEM für die stets freundliche und hilfsbereite Aufnahme im IEEM.

Meiner Freundin und Mutter Erika Scherres gilt ein überaus herzlicher Dank für ihre nicht aufhörende Ermutigung und ihr Vertrauen in mein wissenschaftliches Arbeiten.

Torsten Kroll danke ich für die verständnisvolle und liebevolle Begleitung in den unterschiedlichen Phasen meiner Arbeit.

Ein herzlicher Dank geht an Dr. Aysar Abo-Saleh, der mir immer wieder Mut zugesprochen hat und dafür gesorgt hat, dass ich in aller Ruhe wissenschaftlich tätig sein konnte.

Tanja Niss und Claudia Matthiesen haben meine Dissertation vom Entstehungsprozess bis zum Ende durch viel Zuspruch intensiv begleitet und mich in allen Gemütszuständen bestärkt und ermutigt. Sie waren eine wichtige seelische Stütze für mich; ich bin ihnen sehr dankbar dafür.

Aus meinem Lehrerkollegium danke ich Irene Krogmann und Andre Kruse für die ständige Aufmunterung und auch für die Unterstützung bei schulischen Aktivitäten in meinen arbeitsintensiven Dissertationsphasen. Darüber hinaus bin ich Irene Krogmann überaus dankbar für das unermüdliche Korrekturlesen meiner Arbeit und die beständige seelische Unterstützung, das war großartig. Andre Kruse danke ich zusätzlich für seine Unterstützung in der letzten Phase meiner Dissertation. Mein Dank gilt aus meinem Lehrerkollegium auch Peter Müller-Brüchmann für das Korrekturlesen. Vielen Kollegen und Kolleginnen bin ich für die nicht aufhörende Ermutigung und das interessierte Nachfragen dankbar.

Weitere Menschen haben meinen Prozess der Dissertation in unterschiedlicher Weise begleitet: Stefan Kamp und Hergen Hillen gilt mein herzlicher Dank für ein unermüdliches und vor allem zeitnahes Korrekturlesen. Ulla Lorenz, Robert Tunkel und Joachim Zlatnik danke ich für die seelische Unterstützung und das Korrekturlesen. Ein weiterer Dank für die Begleitung während der Zeit meiner Dissertation geht an Frau Anneliese Kron und Kerensa Hülswitt. All meinen Freunden danke ich für den aufmunternden, liebevollen Beistand in meinen unterschiedlichen Gemütszuständen während meiner Dissertation und für die Organisation meines Lebens in Zeiten meines tiefen fachlichen Versunkenseins.

Ebenso danke ich allen beteiligten Lernenden: Mit großer Motivation und hohem Durchhaltevermögen haben sie ihre Arbeitsprozesse durchgeführt. Ohne ihre Arbeitsprozesse wäre meine Dissertation nicht möglich gewesen.

Christine Scherres

Inhaltsverzeichnis

Einleitung 1

A Theoretische Grundlagen der Untersuchung 7

1 Lernende denken und rechnen unterschiedlich 7

    1.1   Konstruktivismus: theoretische Grundlage individuellen Lernens ... 7
    1.2   Mathematische Aktivitäten im prozessorientierten
         Mathematikunterricht 10
    1.3   Mathematische Aktivitäten als Konkretisierung allgemeiner
         Lernziele 13

2 Unterrichtskonzepte zur Differenzierung 21

    2.1   Äußere Differenzierung: Anpassen der Lerngruppen an
         Ansprüche 23
    2.2   Innere Differenzierung – Adaptieren unterrichtlicher
         Bedingungen an individuelle Lernbedürfnisse 24
    2.3   Selbstdifferenzierung als spezifische Form innerer
         Differenzierung 28
    2.4   Selbstdifferenzierung als ein Teilaspekt der Öffnung von
         Unterricht 30

3 Empirische Befunde und Konzepte von unterrichtlichen
   Kontextbedingungen 35

    3.1   Metakognition 36
    3.2   Lehrerinterventionen 38
    3.3   Kooperation 43

**B Gestaltung der Lernumgebung und aufgabenbezogene
Vorüberlegungen** 49

C Untersuchungsdesign und -methoden 53

4 Untersuchungsanlage und Datenerhebung 53

    4.1   Qualitativer Forschungsansatz 54
    4.2   Einzelfallanalyse 55

4.3	Rahmenbedingungen der Studie	55
4.4	Partnerarbeit und Paarzusammenstellung	56
4.5	Datenerhebung der Arbeitsprozesse durch Videoaufnahmen	58
4.6	Erfassung des Leistungspotenzials	59

5 Durchführung und Datenauswertung ... 61

- 5.1 Datenaufbereitung: Transkription und zusammenfassende Verlaufsprotokolle ... 61
- 5.2 Analyse individueller mathematischer Niveauverläufe ... 62
  - 5.2.1 Übersicht über die schrittweise Entwicklung des Kategoriensystems ... 63
  - 5.2.2 Entwicklung eines theoriegeleiteten Codegerüsts und von aufgabenbezogenen Tätigkeitsbereichen ... 65
  - 5.2.3 Codierung nach mathematischen Aktivitäten ... 66
  - 5.2.4 Kategorisierung zur Erfassung der Niveaustufen ... 70
- 5.3 Analyse der Niveauangemessenheit der mathematischen Niveauverläufe ... 76
- 5.4 Analyse unterrichtlicher Kontextbedingungen ... 78
  - 5.4.1 Metakognition ... 78
  - 5.4.2 Lehrerinterventionen ... 80
  - 5.4.3 Kooperation ... 86
- 5.5 Zusammenfassung ... 89

D Empirische Auswertung und Interpretation ... 91

6 Feinanalyse eines Arbeitsprozesses mit vorrangig niedrigen Arbeitsniveaus ... 91

- 6.1 Verlauf der mathematischen Arbeitsniveaus innerhalb des Arbeitsprozesses ... 92
- 6.2 Zusammenfassung des Verlaufs der mathematischen Arbeitsniveaus ... 101
- 6.3 Passung des Arbeitsniveauverlaufs zum Leistungspotenzial ... 102
- 6.4 Zusammenfassung der Niveauangemessenheit ... 105
- 6.5 Wirkung unterrichtlicher Kontextbedingungen ... 106
  - 6.5.1 Metakognition ... 106
  - 6.5.2 Lehrerinterventionen ... 114
  - 6.5.3 Kooperation ... 122
- 6.6 Zusammenfassung der Feinanalyse ... 127

7 Breitenanalyse ausgewählter Charakteristika einer selbst-
differenzierenden Lernumgebung..131
   7.1   Verlauf mathematischer Arbeitsniveaus..131
   7.2   Passung des Arbeitsniveauverlaufs zum Leistungspotenzial..........148
   7.3   Wirkung unterrichtlicher Kontextbedingungen...............................156
       7.3.1   Metakognition...157
       7.3.2   Lehrerinterventionen..166
       7.3.3   Kooperation..177

8 Zusammenfassung und Einordnung der empirischen Befunde....................187

9 Unterrichtliche Konsequenzen für selbstdifferenzierende
Lernumgebungen..199

10 Literaturverzeichnis..205

11 Anhang..213

Einleitung

Konsequente innere Differenzierung im Mathematikunterricht ist eines der wichtigsten Ziele vieler derzeitiger Bemühungen um Unterrichtsentwicklung in Deutschland. In Nordrhein-Westfalen ist es im Rahmen des Schulgesetzes sogar mit einem explizit formulierten „Recht auf ... individuelle Förderung" verankert worden (Schulgesetz NRW, Erster Teil „Allgemeine Grundlagen", § 1, Stand 01.07.2011). Das Schulgesetz bezieht sämtliche Schularten mit ein und zeigt damit einen Bedarf für Differenzierungskonzepte nicht nur in der Grundschule, sondern auch in der Sekundarstufe.

Einen aktuellen schulpolitischen Anlass zur Auseinandersetzung mit innerer Differenzierung bildet die derzeitige Umwandlung eines dreigliedrigen in ein zweigliedriges Schulsystem:

Durch die sukzessive Einrichtung von Regional- und Gemeinschaftsschulen in vielen Bundesländern lässt sich eine schulpolitische Entwicklung erkennen, die weniger bzw. später auf äußere Differenzierung setzt. Dies führt zu einer großen Varianz an Lernvoraussetzungen in der Sekundarstufe, verbunden mit einer besonderen Herausforderung an die Unterrichtsgestaltung. Notwendig sind deshalb Konzepte innerer Differenzierung, die unterschiedlichen Lernvoraussetzungen gerecht werden. Einerseits ist die Leistungsheterogenität innerhalb von Lerngruppen ein wichtiges Argument für die Auseinandersetzung mit Ansätzen innerer Differenzierung, andererseits spricht auch die im Konstruktivismus verankerte Sensibilität für eine Individualität des mathematischen Denkens Lernender für einen Einsatz von Unterrichtskonzepten innerer Differenzierung.

Ansprüche an gut funktionierende Unterrichtskonzepte innerer Differenzierung können durch eine Reihe von Qualitätskriterien formuliert werden: Unterrichtskonzepte innerer Differenzierung sollen Lernenden mit unterschiedlichen Lernvoraussetzungen günstige Lernchancen ermöglichen und berücksichtigen, dass sich Lernen auf der Basis individueller Lernvoraussetzungen sehr unterschiedlich vollzieht. Wichtig für die Effektivität des Lernens ist, dass Differenzierungskonzepte nicht nur in ihren möglichen Herangehensweisen und Bearbeitungsniveaus breit streuen, sondern auch niveauangemessenes Arbeiten in Bezug auf die individuellen Lernvoraussetzungen ermöglichen. Angemessene Lernniveaus zeichnen sich dadurch aus, dass sie das individuelle mathematische Vorwissen der Lernenden und ihre individuellen Denkweisen berücksichtigen. Stimmt die Passung von Leistungsanforderung und individueller Lernvoraussetzung, werden Unter- bzw. Überforderung vermieden.

Vielversprechende Lösungsansätze bezüglich der genannten Kriterien bieten selbstdifferenzierende Unterrichtskonzepte, die zu den offenen Differenzierungskonzepten zählen. Diese Unterrichtskonzepte zeichnen sich dadurch aus, dass Lernende eigenverantwortlich arbeiten und ihre individuellen Arbeitsniveaus im weitesten Sinne selbst bestimmen. Selbstdifferenzierende Unterrichtskonzepte ermöglichen nicht nur ein Arbeiten auf unterschiedlichen Niveaus, sondern auch auf unterschiedlichen Wegen. Hierbei werden Lern- und Arbeitsprozesse auf der Basis unterschiedlicher Lernvoraussetzungen auf individuellen mathematischen Niveaus ausgeführt. Sind diese Niveaus angemessen auf individuelle Lernvoraussetzungen abgestimmt, bilden selbstdifferenzierende Aufgabenstellungen ein praxisrelevantes Differenzierungskonzept, denn es muss keine aufwendige Leistungsdiagnose vor einer Aufgabenbearbeitung vorgenommen werden. Dadurch werden bei selbstdifferenzierenden Aufgabenstellungen Fehldiagnosen vermieden, die für eine Ausschöpfung von individuellen Lernpotenzialen hinderlich sein könnten. Die Gefahr eines „Schubladendenkens" bei Niveaueinstufungen durch die Lehrkraft bleibt somit aus.

Abschließend lässt sich feststellen, dass Selbstdifferenzierung neben anderen Unterrichtskonzepten eine vielversprechende Möglichkeit im Umgang mit Heterogenität darstellt.

Zahlreiche Praxisberichte für alle Schulstufen zeigen, dass offene Differenzierungskonzepte in unterschiedlicher Ausprägung bereits vielfältig in den Klassenzimmern umgesetzt und erprobt werden. Diese Praxistauglichkeit spricht dafür, dass Selbstdifferenzierung eine wichtige Ergänzung im breiten Repertoire von Differenzierungskonzepten bildet. Umso erstaunlicher scheint es, dass es bislang kaum Untersuchungen darüber gibt, inwieweit selbstdifferenzierende Aufgabenstellungen tatsächlich dem Qualitätsmerkmal eines niveauangemessenen Lernens in Bezug auf individuelle Leistungspotenziale gerecht werden. Bei angemessenen Arbeitsniveaus haben Lernende eine gute Chance, ihr Leistungspotenzial auszuschöpfen. Eine Niveauangemessenheit von initiierten Lernprozessen bleibt in Diskussionen über offene Differenzierungskonzepte – im Gegensatz zu einer Niveaustreuung – oft unerwähnt. Sie wird als selbstverständlich vorausgesetzt, obwohl sie für den individuellen Lernzuwachs von zentraler Bedeutung ist. Umso wichtiger ist die Frage, welche unterrichtlichen Bedingungen notwendig sind, damit Lernprozesse bei selbstdifferenzierender Aufgabenstellung tatsächlich niveauangemessen verlaufen.

Bei dieser Arbeit handelt es sich um eine qualitative Fallstudie, die ein analytisches Instrumentarium zur Untersuchung der Niveauangemessenheit in prozessorientierter Perspektive konstruiert und zeigt, dass sich Niveauangemessenheit bei der vorliegenden selbstdifferenzierenden Aufgabenstellung keineswegs automatisch einstellt. Hierfür werden Arbeitsniveaus bei einer selbstdifferenzierenden Aufgabenstellung detailliert analysiert und lernförderliche Kontextbedingungen in einer selbstdifferenzierenden Lernumgebung rekonstruiert, die Einfluss auf die Niveaus von Lernprozessen haben können: Metakognition, Lehrerinterventionen und „Kooperation von Lernenden untereinander".

Diese unterrichtlichen Kontextbedingungen werden in qualitativen Wirkungszusammenhängen zur Niveauangemessenheit untersucht. Sind förderliche Bedingungen bei selbstdifferenzierenden Lernumgebungen geklärt, bildet die Kenntnis über diese Bedingungen eine Unterstützung für die unterrichtliche Planung und Umsetzung dieser Lernumgebungen: Sie können bei Planungen von selbstdifferenzierenden Lernumgebungen berücksichtigt werden und während eines Arbeitsprozesses regulierend hinsichtlich einer Niveauanpassung eingesetzt werden.

Diese Studie widmet sich nicht nur der Fragestellung, inwieweit Lernende bei einer selbstdifferenzierenden Aufgabenstellung niveauangemessen arbeiten, sondern sie fragt darüber hinaus, wie eine Niveauangemessenheit in einer selbstdifferenzierenden Lernumgebung unterstützt werden kann. Neben dieser noch weiter auszudifferenzierenden Fragestellung werden unterrichtspraktische Konsequenzen aus der Gestaltung selbstdifferenzierender Lernumgebungen gezogen, um ein niveauangemessenes Lernen zu unterstützen.

Bei der Analyse in dieser Studie werden die Arbeitsprozesse hinsichtlich mathematischer Arbeitsniveaus nicht global eingestuft. Stattdessen soll eine mögliche Vielfalt von individuellen mathematischen Arbeitsniveaus innerhalb der Prozesse identifiziert und deren Verlauf beschrieben werden. Aus diesen prozessorientierten Gedanken resultiert die Formulierung einer ersten Forschungsfrage, deren Bearbeitung Aussagen über mathematische Arbeitsniveaus und deren Schwankungen innerhalb von Arbeitsprozessen in einer selbstdifferenzierenden Lernumgebung zulässt:

Frage 1: Wie verlaufen mathematische Arbeitsniveaus innerhalb von Arbeitsprozessen bei einer selbstdifferenzierenden Aufgabenstellung?

Erst auf dieser deskriptiven und niveaubeurteilenden Basis kann sich die Frage zur Niveauangemessenheit anschließen, die die Passungen und Divergenzen zwischen den Arbeitsniveauverläufen und den individuellen Leistungspotenzialen der Lernenden fokussiert:

Frage 2: Wie passen die Arbeitsniveauverläufe in einer selbstdifferenzierenden Lernumgebung zum jeweiligen Leistungspotenzial der Lernenden?

Das hier erwartete Zwischenergebnis, dass sich Niveauangemessenheit bei Selbstdifferenzierung nicht immer automatisch einstellt, führt zu einer dritten Forschungsfrage:

Frage 3: Welcher Zusammenhang besteht zwischen unterrichtlichen Kontextbedingungen – wie Metakognition, Lehrerinterventionen sowie Kooperation – und mathematischen Arbeitsniveaus bei einer selbstdifferenzierenden Aufgabenstellung?

Diese dritte Forschungsfrage zielt auf die Bedingungen zur Herstellung einer höheren Passung zwischen Leistungspotenzialen und individuellen Arbeitsniveaus in einer selbstdifferenzierenden Lernumgebung.

Die formulierten Forschungsfragen nach den Tiefenstrukturen von Arbeitsprozessen legen ein qualitatives Untersuchungsdesign nahe, das an ausgewählten Stellen durch quantifizierende Elemente unterstützt wird. In dieser Studie wird ein Analyseraster entwickelt, das speziell auf die vorliegenden Forschungsfragen abzielt. Dieser Untersuchungsschritt hat zum Ziel, mathematische Arbeitsniveaus innerhalb von Arbeitsprozessen zu beschreiben, auf Niveaustufen einzuordnen und zu analysieren. Neben einem Analyseraster für individuelle mathematische Arbeitsniveaus werden auch Analyseverfahren für unterrichtliche Kontextbedingungen und deren Wirkungszusammenhänge mit individuellen mathematischen Arbeitsniveaus entwickelt und angewendet. Daraus ergibt sich als weiteres Ergebnis dieser Studie ein diagnostisches Inventar, das sich durch unterrichtspraktische Relevanz auszeichnet. Es dient als Rahmung für unterrichtspraktische Überlegungen bezüglich einer Anpassung von selbstdifferenzierenden Lernumgebungen sinnvoll.

Die Vielschichtigkeit dieses Forschungsvorhabens auf inhaltlicher Ebene hat zur Konsequenz, dass auf keine Standardanalyseverfahren zurückgegriffen werden kann. Die Entwicklung bzw. Adaption der analytischen Vorgehensweisen sind vielmehr Forschungsinhalt und auch Ergebnisse dieser Studie. Die Darstellung der Niveauangemessenheit von Arbeitsprozessen in einer selbstdifferenzierenden Lernumgebung gliedert sich systematisch in vier Teile:

In Teil A „Theoretische Grundlagen der Untersuchung" werden inhaltliche Schwerpunkte hinsichtlich einer Niveauangemessenheit mit Fokus auf die Heterogenität von Lerngruppen und einem prozessorientierten Fokus auf Arbeitsprozesse begründet und theoretisch gerahmt. Berücksichtigt wird in diesem Teil auch der Stand der Forschung von Wirkungszusammenhängen der unterrichtlichen Kontextbedingungen Metakognition, Lehrerinterventionen und Kooperation hinsichtlich des Verlaufs von Arbeitsniveaus insbesondere beim eigenverantwortlichen Arbeiten.

Teil B stellt die Gestaltung der selbstdifferenzierenden Lernumgebung „Suche aller Würfelnetze" als exemplarisches Untersuchungsfeld dieser Studie vor. Außerdem werden in diesem Teil aufgabenbezogene Vorüberlegungen vorgenommen, auf die im Rahmen der Untersuchungsmethoden dieser Studie zurückgegriffen wird.

Inhalt des Teils C „Untersuchungsdesign und -methoden" ist die Darstellung der sukzessiven Entwicklung des analytischen Instrumentariums zur Beantwortung der drei Forschungsfragen. Im Zusammenhang mit der Entwicklung des analytischen Instrumentariums wird die Kategorisierung als Auswertungsmethode der Arbeitsprozesse sowie der unterrichtlichen Kontextbedingungen Metakognition, Lehrerinterventionen und Kooperation detailliert und nachvollziehbar dargestellt. Mit Hinblick auf die Frage, ob Lernende ihr Leistungspotenzial ausschöpfen, werden in diesem Teil der Studie die herangezogenen externen Kriterien zur Erfassung der individuellen Leistungspotenziale beschrieben. Außerdem wird auf die Erfassung individueller Leistungspotenziale sowie auf die Konzeptualisierung der Niveauangemessenheit als Passung zwischen Leistungspotenzial und Arbeitsniveau eingegangen.

Der abschließende Teil D „Empirische Auswertung und Interpretation" liefert Auswertungen und Interpretationen der Niveauangemessenheit der zehn Arbeitsprozesse bei der vorliegenden selbstdifferenzierenden Aufgabenstellung. Im Rahmen einer Feinanalyse wird ein Arbeitsprozess exemplarisch detailliert analysiert, weitere neun Arbeitsprozesse werden innerhalb der Breitenanalyse zusammenfassend analysiert. Hierbei werden die Arbeitsprozesse getrennt voneinander, situativ aber auch vergleichend betrachtet. Analyseschwerpunkte sind die Verläufe der mathematischen Arbeitsniveaus als deskriptive Basis, deren Niveauangemessenheit sowie die Wirkungszusammenhänge zwischen den unterrichtlichen Kontextbedingungen Metakognition, Lehrerinterventionen und Kooperation und den mathematischen Arbeitsniveaus. Abschließend werden die wesentlichen Analyseergebnisse der Studie zusammengefasst und erste Konsequenzen für die Unterrichtspraxis gezogen.

A Theoretische Grundlagen der Untersuchung

1 Lernende denken und rechnen unterschiedlich

In diesem Kapitel werden die Individualität des Lernens und die prozessorientierte Sicht für das Lernen von Mathematik theoretisch gerahmt. Diese theoretische Rahmung dient der späteren Bearbeitung der Forschungsfragen dieser Studie.

1.1 Konstruktivismus: theoretische Grundlage individuellen Lernens

In diesem Abschnitt wird ein konstruktivistisches Lernkonzept beschrieben, das für die Bearbeitung der aufgeführten zentralen Forschungsfragen eine sinnvolle theoretische Arbeitsgrundlage bietet: Selbstdifferenzierende Aufgabenstellungen erfordern weitgehend eigenverantwortliche Lernprozesse und zeichnen sich durch einen recht individuellen Wissenserwerb aus. Diese Vorstellung von Lernen harmoniert mit einer konstruktivistischen Sichtweise des Lernens, bei der Wissen aktiv und individuell konstruiert wird. Da es sich beim Konstruktivismus nicht um eine einheitliche Erkenntnistheorie handelt, sondern um Theorieansätze mit gemeinsamem Konsens (Sierpinska/Lermann 1996, S. 843ff.), werden in diesem Abschnitt lediglich die Aspekte aufgeführt, die für den vorliegenden Forschungsgegenstand relevant sind.

In konstruktivistischen Lernansätzen wird Lernen als eine eigenaktive, individuelle Konstruktion von Wissen aufgefasst (Reinmann-Rothmeier/Mandl 1999, S. 22; Malle 1993, S. 3). Bei diesem individuellen Prozess versuchen Lernende, neue Informationen in ihre individuelle Wissensstruktur zu integrieren. Der individuelle Erfahrungshintergrund von Lernenden ist eine Basis für die Konstruktion kognitiver Strukturen. Von Glasersfeld spricht in diesem Zusammenhang von einer „erlebten Wirklichkeit": „Der Wert der kognitiven Strukturen wird also nicht danach bemessen, ob sie eine objektive Realität besser oder schlechter widerspiegeln, sondern einzig und allein nach ihrer Funktion in der erlebten Wirklichkeit" (v. Glasersfeld 1999, S. 501). Wahrnehmungen, Begriffe und Theorien werden in der „erlebten Welt" auf ihre Brauchbarkeit „Viabilität" hin überprüft (v. Glasersfeld 1992, S. 22), wobei es sich um kein Abbild der Wirklichkeit, sondern um eine individuelle Konstruktion der Wirklichkeit handelt. Von Glasersfeld hat zwei Aspekte herausgearbeitet, die für das Lernen wichtig sind (v. Glasersfeld 1992, S. 22): die „Konstruktion von Wissen (kognitiver Strukturen)" und die „Überprüfung der Brauchbarkeit des konstruierten Wissens". Das Konstruieren und das Überprüfen werden durch geeignete Aktivitäten vollzogen. Der radikale Konstruktivismus fasst Lernen als aktive Wissenskonstruktion auf Basis von eigenem Handeln und Erfahrungen auf (v. Glasersfeld 1999, S. 29ff.). Der soziale Konstruktivismus erweitert den radikalen Konstruktivismus um die soziale Dimension der sozialen Interaktionen. Ansätze des sozialen Konstruktivismus sehen im sozialen Austausch die Möglichkeit, Erkenntnisse und Erfahrungen zu gewinnen, die das Individuum in sozialer Isolation allein nicht selbst konstruieren kann, wobei die konstruktivistische Definition von Lernen als aktive Wissenskonstruktion aufgegriffen wird. Die sozial-interaktive Dimension des Lernens bezieht die Möglichkeit mit ein, die Bedeutung von aufgebautem Wissen, Einsicht und „Wahrheit" auszuhandeln (Criblez et al. 2009, S. 129). Interaktionen als soziale Komponente spielen aus unterschiedlichen Gründen eine zentrale Rolle beim Erlernen von Mathematik. Ein zentraler Aspekt, Interaktionen als festen kulturellen Bestandteil beim Mathematiklernen zu akzeptieren, bezieht sich auf ein indirektes Lernen, bei dem Lernende erfahren, „what counts as mathematical thinking by observing what is attended and what kind of solutions are distinguished by the teacher and other students as `insightful`, `simple` or `elegant`" (Voigt 1995, S. 197). Eine individuell konstruierte Vorstellung kann ein Lernender durch Bewertungen innerhalb von Interaktionen qualitativ einordnen.

Vor der konstruktivistischen Auffassung von Lernen hat sich in der Mathematikdidaktik die kognitivistische Auffassung vom Lernen etabliert. Beide Lernkonzepte beruhen auf unterschiedlichen erkenntnistheoretischen Positionen und psychologischen Lerntheorien (Malle 1993, S. 32). In Abgrenzung zur konstruktivistischen Lernauffassung wird bei der kognitivistischen Lernauffassung „Lernen vorrangig als rezeptiver Prozess aufgefasst" (Straka/Macke 2002, S. 146; Reinmann-Rothmeier/Mandl 1999, S. 10), wobei der Lernende eine eher passive Rolle einnimmt. Das Lernen wird als Abbildungsvorgang der zu vermittelnden Lerninhalte von dem Lehrenden auf den Lernenden verstanden (Malle 1993, S. 31). Von Ausubel (1974, S. 24ff.) wurden diese beiden gegensätzlichen Positionen zur Konstruktion von Lernprozessen durch „rezeptives Lernen" und „entdeckendes Lernen" beschrieben. Die jeweilige Auffassung von Lernen bildet explizit oder implizit einen wichtigen Hintergrund für die Unterrichtsgestaltung. Für einen Mathematikunterricht, der ein konstruktivistisches Verständnis von Lernen zugrunde legt, ergeben sich methodisch-didaktische Konsequenzen:

Raum und Anreiz für die Ausführung vielfältiger mathematischer Aktivitäten auf unterschiedlichen Niveaus sollten bei der Gestaltung von Lernumgebungen und bei der Aufgabenkonstruktion berücksichtigt werden.

Die mathematischen Aktivitäten sollten zu den individuellen Wahrnehmungen und Erfahrungen der Lernenden passen, um individuelle Lernprozesse zu initiieren und Wissen zu konstruieren. Dies kann in einem schülerorientierten Unterricht umgesetzt werden, bei dem Lernen als aktiver, selbstgesteuerter Prozess verstanden wird, der auch soziale Prozesse mit einschließt (Reinmann-Rothmeier/Mandl 2001, S. 626ff.).

Wichtig für die Lernmotivation sind konstruktive Rückmeldungen. Denn hierfür ist soziale Interaktion von Lernenden untereinander und auch mit Lehrkräften notwendig. In solchen Prozessen können aufgebaute Wissenskonstrukte auf ihre Brauchbarkeit hin überprüft werden. Individuelle Lernprozesse sollten im Unterricht angemessen unterstützt werden, indem während der Lernprozesse über prozessdiagnostische Kompetenzen der Lehrkraft ein Regulierungsbedarf festgestellt wird und entsprechend reagiert werden kann.

Bei einer konstruktivistischen Lernauffassung stehen Lernende mit ihren Aktivitäten im Mittelpunkt. Die Lehrkraft muss für sie Ziele konkretisieren, Wissensinhalte strukturieren und Lernunterstützungen geben (Criblez et al. 2009, S. 129). Soziale Interaktionen beziehen sich nicht nur auf einen Austausch von Lehrkräften mit Lernenden, sondern vielmehr ist hiermit auch der Austausch von Lernenden untereinander gemeint.

In der vorliegenden Studie werden Lernprozesse bei einer selbstdifferenzierenden Aufgabenstellung analysiert. Für diesen Kontext eignet sich insbesondere eine Auffassung von Mathematiklernen, die das Phänomen der Eigenverantwortung für individuelle Lernprozesse im Rahmen einer subjektiven Wissenskonstruktion berücksichtigt und zusätzlich eine soziale Dimension aufweist. Diese Aspekte sind beim sozialen Konstruktivismus gegeben.

Konstruktivistische Lernansätze verlangen aktives, selbstständiges und individuelles Lernen. Selbstdifferenzierende Aufgabenstellungen bieten hierfür den Kern einer angemessenen Lernumgebung. Die aktive Konstruktion von Wissen findet bei selbstdifferenzierenden Aufgabenstellungen in weitgehend eigenverantwortlichen Arbeitsprozessen statt. Bleibt zu klären, durch welche Aspekte sich ein prozessorientierter Mathematikunterricht auszeichnet. Bewusst wird in der in dieser Studie zugrunde liegenden Lernumgebung nicht von Lernprozessen, sondern von Arbeitsprozessen gesprochen, weil eine langfristige Lernwirkung zwar ein Ziel dieser Aufgabenbearbeitung ist, aber nicht im Mittelpunkt dieser Untersuchung steht.

1.2 Mathematische Aktivitäten im prozessorientierten Mathematikunterricht

Eine prozessorientierte Perspektive auf das Erlernen von Mathematik zu werfen, bedeutet einen Fokus auf die Verläufe mathematischer Arbeitsprozesse und nicht allein auf das Arbeitsergebnis zu richten. In diesem Abschnitt wird die in dieser Studie eingenommene prozessorientierte Sichtweise beim Erlernen von Mathematik begründet.

Unterschiedliche Gründe sprechen dafür, das Niveau eines Arbeitsprozesses nicht allein an der Korrektheit und Vollständigkeit eines Arbeitsergebnisses zu messen, sondern an Arbeitsprozessen und ihren Verläufen: Ein erster Grund liegt in dem in Vorstudien dieser Studie beobachteten Auseinanderfallen der Niveaus von Arbeitsprozessen und Arbeitsergebnissen. Ein zweiter Grund für einen prozessorientierten Fokus liegt in empirischen Befunden zur Unterrichtsqualität, dass die Lernwirksamkeit von Unterrichtsaktivitäten stärker durch die Prozessintensität als durch die Richtigkeit der Ergebnisse bestimmt wird (Blum et al. 2005). Ein weiterer theoretischer Grund findet sich in der in dieser Studie eingenommenen prozessorientierten Perspektive auf Mathematik: Eine prozessorientierte Didaktik richtet den Blick auf Lernvorgänge, die Mathematik entstehen lassen, weniger auf die fertige Mathematik: „Mathematik ist keine Menge von Wissen. Mathematik ist eine Tätigkeit, eine Verhaltensweise, eine Geistesverfassung" (Freudenthal 1982, S. 140). Eine solche Auffassung von Mathematik unterstreicht die Notwendigkeit mathematischer Aktivitäten im Unterricht. Nur über eigenständige Aktivitäten lässt sich Mathematik erlernen: „Eine Geisteshaltung lernt man aber nicht, indem einer einem schnell erzählt, wie er sich zu benehmen hat. Man lernt sie im Tätigsein, indem man Probleme löst, allein oder in der Gruppe – Probleme, in denen Mathematik steckt" (Freudenthal 1982, S. 142). Ausgehend von konstruktivistischen Lernkonzepten wird Lernen im prozessorientierten Mathematikunterricht als aktiver Aufbau, Erweiterung oder Veränderung von Wissensstrukturen verstanden (vgl. Abschnitt 1.1). Dieser Prozess vollzieht sich nach Tulodziecki et al. (2004, S. 33) über eine intensive Auseinandersetzung eines Individuums mit einem Lerngegenstand. Eine solche Auseinandersetzung wird als Aktivität oder Handlung realisiert. Eine Aktivität kann in beliebig viele Teilaktivitäten zerlegt werden. Für die Ausführung einer Aktivität muss bei einem Individuum ein Bedürfnis entstehen: Befinden sich Individuen in einem Spannungszustand, ausgelöst durch Bedürfnisse in einer bestimmten Situation, realisieren sie Aktivitäten (Tulodziecki et al. 2004, S. 35f.). Ausgeführte Aktivitäten bringen Individuen in neue kognitive Situationen, die bewertet werden müssen und von denen weitere Aktivitäten ausgehen.

Vorwissen und Vorerfahrungen beeinflussen solche Aktivitäten. Fischer und Malle stellen fest, dass individuelle mathematische Fähigkeiten einen unmittelbaren Einfluss auf mathematische Aktivitäten haben: Fähigkeiten äußern sich darin, dass Aktivitäten ausgeführt werden können. Fähigkeiten können aber auch durch Aktivitäten weiterentwickelt werden (Fischer/Malle 1985, S. 281). Lompscher bestätigt den Zusammenhang zwischen Fähigkeiten und Aktivitäten aus der psychologisch-didaktischen Sicht, indem er von geistigen Fähigkeiten spricht, die sich in Tätigkeiten ausdrücken können, aber auch über eine Analyse dieser Tätigkeiten erkannt werden können (Lompscher 1972, S. 17).

Im Folgenden wird der Bezug der Aktivitäten zu dem derzeit in der Diskussion so wichtigen Konzept der Kompetenzen kurz geklärt. Mathematische Aktivitäten erhalten damit eine Doppelfunktion: Sie fördern mathematische Fähigkeiten und bieten zusätzlich die Möglichkeit eines Einblicks in bereits vorhandene Fähigkeiten.

In den vergangenen Jahren wurden zur Qualitätssicherung in den Schulen Bildungsstandards formuliert (KMK-Bildungsstandards 2004), denen Kompetenzmodelle (Criblez et al. 2009, S. 36) zugrunde liegen. „Bildungsstandards sind eine Form der Festlegung von Zielen für schulische Lehr- und Lernprozesse" (Klieme 2004, S.11). Bei Kompetenzen handelt es sich im Gegensatz zu Winters allgemeinen Lernzielen (Winter 1975, S. 106ff.) nicht mehr um abstrakte, allgemeine Zielformulierungen, sondern um daraus abgeleitete abprüfbare Könnensanforderungen (Fischer/Malle 1985, S. 278ff.; Blum et al. 2005, S. 268). In Bezug auf die Definition von Kompetenzen hat es in der deutschen Didaktik zunächst einige Vorschläge von Weinert (Klieme 2004, S. 11) gegeben, die unterschiedliche Schwerpunkte aufweisen: Kompetenzen als allgemeine intellektuelle Fähigkeiten, Kompetenzen als funktionale Fähigkeiten, Kompetenzen im Sinne motivationaler Orientierung, Handlungskompetenzen, Metakompetenzen und Schlüsselkompetenzen (als Erweiterung von funktionalen Fähigkeiten über eine breitere Spanne von Situationen und Aufgaben). Unter Einbeziehung unterschiedlicher kognitions- und entwicklungspsychologischer Gesichtspunkte wurde zunächst eine Entscheidung für funktionale Fähigkeiten unter einer Eingrenzung auf kognitive Leistungsdispositionen getroffen (Klieme 2004, S. 10f.). In seinen Ausführungen zu Leistungsmessungen in der Schule hat Weinert die Beschränkung auf kognitive Disposition aufgelöst und eine Erweiterung durch motivationale, volitionale und soziale Bereitschaften und Fähigkeiten bei der Problemlösung in variablen Situationen ergänzt (Klieme 2004, S. 11; Weinert 2002, S. 27ff.).

Zusammenfassend lassen sich drei Kompetenzbereiche formulieren, die sich in der Didaktik etabliert haben: fachliche Kompetenzen, fachübergreifende Kompetenzen und Handlungskompetenzen, die „es erlauben, erworbene Kenntnisse und Fertigkeiten in sehr unterschiedlichen Lebenssituationen erfolgreich, aber auch verantwortlich zu nutzen" (Weinert 2002, S. 28). Auf diese Kompetenzbereiche baut Weinerts oft zitierte Kompetenzdefinition auf: „die bei Individuen verfügbaren oder durch sie erlernbaren kognitiven Fähigkeiten und Fertigkeiten, um bestimmte Probleme zu lösen, sowie die damit verbundenen motivationalen, volitionalen und sozialen Bereitschaften und Fähigkeiten und die Problemlösungen in variablen Situationen erfolgreich und verantwortungsvoll nutzen zu können" (Weinert 2002, S. 27f.). Diese Definition auf anspruchsvollem Niveau wird von Klieme (2004, S. 12) relativiert, da aus seiner Sicht eine zu große Erwartungshaltung in Bezug auf eine breite Anwendbarkeit und Transferierbarkeit von Kompetenzen nicht angemessen erscheint. Diese Haltung wird durch Forschungsbefunde im Sinne der Transferierbarkeit unterstützt (Klieme 2004, S. 12). Klieme (2004, S. 11ff.) plädiert für eine Konkretisierung von allgemeinen Fähigkeiten auf Fachebene, an denen sich auch diese Studie orientiert.

Mathematische Aktivitäten von Lernenden können einen Einblick in deren Denkstrukturen unterstützen und erlauben, auf bereits vorhandene Kompetenzen zu schließen. Aufgabenstellungen unterstützen nicht nur gezielte Operationalisierungen von Kompetenzen (Criblez et al. 2009, S. 38ff.), sondern über Aufgabenstellungen lassen sich Bildungsstandards konkretisieren (Blum et al. 2005, S. 268). Durch die unterschiedlichen Ausprägungen von Fähigkeiten bei Lernenden sind mathematische Aktivitäten durch Individualität gekennzeichnet. Die Individualität mathematischer Aktivitäten ist nicht allein von vorhandenen Fähigkeiten der Lernenden geprägt. Lompscher (1989) beschreibt in seinen Ausführungen die Komplexität von Aktivitäten und zeigt, welche Aspekte einen Einfluss auf Aktivitäten haben können: „Lernergebnisse kommen zustande in Abhängigkeit davon, wie der Lernende dem Lerngegenstand aktiv handelnd gegenübertritt – welche praktisch-gegenständlichen und/oder geistigen Handlungen er mit welcher Zielstellung und Zielstrebigkeit, mit welcher Handlungsplanung und Vorausschau, mit welcher Abfolge von Teilhandlungen, mit welcher Bewusstheit und Konsequenz ausführt, wie er dabei Rückmeldungen vom Handlungsverlauf organisiert bzw. nutzt und den weiteren Handlungsverlauf adäquat und disponibel verändert, welche Motive ihn zum Lernen veranlassen, ob und wie er über Gegenstand, Bedingungen, Mittel, Verlauf und Ergebnis der Lerntätigkeit reflektiert und diese emotional bewertet und verarbeitet usw." (Lompscher 1989, S. 42).

Beim Erlernen von Mathematik geht es nicht um das Ausführen irgendwelcher Aktivitäten, sondern um mathematische Aktivitäten, die zu einer Wissenserweiterung führen: Mathematische Aktivitäten können dazu beitragen, dass kognitive Strukturen, Fähigkeiten und Kompetenzen erweitert oder angepasst werden. Wichtig für den Wissenserwerb sind aktive kognitive Konstruktionsleistungen. Nicht jede Aktivität ist lernförderlich, sondern nur diejenige mit kognitiver Aktivierung. Aktivitäten, denen anspruchsvolle Problemstellungen und Aufgabenstellungen zugrunde liegen, können aktive Konstruktionsleistungen erzeugen (Klieme/Rakoczy 2008, S. 227). Blum et al. (2005) zählen kognitive Aktivierung neben einer fachlich gehaltvollen Unterrichtsgestaltung und einer effektiven und schülerorientierten Unterrichtsführung zu den wichtigsten Qualitätsmerkmalen des Mathematikunterrichts. Die Autoren Blum et al. (2005, S. 267) sehen kognitive Aktivierung von Lernenden in einer Stimulierung von geistigen Schüleraktivitäten, einschließlich metakognitiver Aktivitäten und in einer Förderung der Selbstständigkeit von Lernenden samt individuell-adaptiver Reaktion auf Schüleräußerungen und -probleme. Mayer hebt in seiner Definition von kognitiver Aktivierung hervor, dass die Grundlage für eine kognitive Aktivierung anspruchsvolle Lerngegenstände und Aufgabenstellungen sowie eine angemessene inhaltliche Strukturierung sind, damit ein gewisser kognitiver Anspruch erreicht wird: „The kind of activity that really promotes meaningful learning is cognitive activity (e.g., selecting, organizing, and integrating knowledge) ... the most genuine approach to constructivist learning is learning by thinking. Methods that rely on doing or discussing should be judged not on how much doing or discussing is involved but rather on the degree to which they promote appropriate cognitive processing" (Mayer 2004, S. 17).

Die Bedeutung von mathematischen Aktivitäten für das Erlernen von Mathematik und insbesondere für eine prozessorientierte Sichtweise bei einer Analyse der Niveauangemessenheit wurde in diesem Abschnitt begründet. Das Tätigsein, der Arbeitsprozess selbst, soll in dieser Studie auf seine Niveauverläufe untersucht werden. Hierzu werden einzelne mathematische Aktivitäten als kleinste empirische Einheit eines Arbeitsprozesses analysiert, hinsichtlich ihrer Niveaus konkretisiert und in ihren Verläufen analysiert. Zur Niveaueinstufung von mathematischen Aktivitäten dient der Grad der kognitiven Aktivierung, der nachweislich für den Lernerfolg bedeutsam ist (Blum et al. 2005, S. 267; Klieme et al. 2006). Für diese Studie bedeutet eine prozessorientierte Sichtweise, den Fokus auf individuelle mathematische Aktivitäten zu richten, dem Tätigsein der Lernenden, und das Arbeitsniveau nicht am Arbeitsergebnis, sondern an den Verläufen der mathematischen Aktivitäten zu messen.

Im folgenden Abschnitt wird der Frage nachgegangen, welche mathematischen Aktivitäten inhaltlich explizit für das Fach Mathematik von Bedeutung sind. Diese mathematischen Aktivitäten gilt es, durch Aufgabengestaltung und schülerorientierte Unterrichtsführung im Unterricht anzuregen.

1.3 Mathematische Aktivitäten als Konkretisierung allgemeiner Lernziele

In diesem Abschnitt steht die Umsetzung der fachlichen Anforderungen an das Unterrichtsfach Mathematik durch die Präzisierung allgemeiner Lernziele in Form von mathematischen Aktivitäten im Vordergrund. Eine Ordnung der mathematischen Aktivitäten wird durch deren Bündelung nach Fähigkeitsbereichen erreicht. Neben einer Konkretisierung und Bündelung der allgemeinen Lernziele wird eine Niveaueinordnung theoretisch angebahnt und ein Bezug zu den prozessbezogenen Kompetenzen der Bildungsstandards hergestellt.

Diese theoretische Aufarbeitung ist für die vorliegende Studie wichtig, da eine qualitative Analyse mathematischer Aktivitäten bei konkreter selbstdifferenzierender Aufgabenstellung im Untersuchungsfokus dieser Studie steht. Für das Mathematiklernen genügt es nicht, dass mathematische Aktivitäten von Lernenden ausgeführt werden. Inhalt und kognitives Anspruchsniveau mathematischer Aktivitäten sind von Bedeutung für das Erlernen von Mathematik (vgl. Abschnitt 1.2).

Allgemeine Lernziele des Mathematikunterrichts sind geprägt von gesellschaftlichen Anforderungen und fachlichen Inhalten. Die Formulierungen allgemeiner Lernziele reichen von fachbezogen bis fächerübergreifend (Winter 1975, S. 106ff.; Fischer/Malle 1985, S. 279ff.). Sie sind zwar spezifisch für den Mathematikunterricht als Ganzes, aber nicht unbedingt an konkrete fachliche Inhalte gebunden (Winter 1972; Wittmann 1981, S. 120ff.). Allgemeine Lernziele beschreiben das beabsichtigte Verhalten von Lernenden pauschal. Ihr tatsächliches Verhalten kann sowohl in der Art als auch im Grad vom beabsichtigten Verhalten abweichen. Das bedeutet, dass Lernende Lernziele nur bis zu einem gewissen Niveau erreichen oder auch bestimmte Fähigkeiten überhaupt nicht entwickeln (Bloom 1972, S. 26).

Mathematische Aktivitäten können eine Umsetzung bzw. Operationalisierung allgemeiner Lernziele (Winter 1975, S. 106ff.; Wittmann 1981, S. 120ff.) darstellen, indem diese Lernziele – gebunden an bestimmte Lernsituationen – präzisiert und ausformuliert werden, aber einen Spielraum für eine Auswahl von Lerninhalten lassen (Winter 1972, S. 83ff.). Die Aktivitäten liefern mit ihrer Konkretisierung eine genaue Beschreibung allgemeiner Lernziele (Fischer/Malle 1985, S. 296). Inhaltlich sind allgemeine Lernziele von gesellschaftlichen Anforderungen und Merkmalen des Fachs geprägt. Für ihre Realisierung ist eine Abstimmung von Inhalten, Aktivitäten und Aufgabenstellungen notwendig (Winter 1975, S. 106ff.; Fischer/Malle 1985, S. 282ff.).

Ein konkreter Zusammenhang zwischen mathematischen Aktivitäten und allgemeinen Lernzielen im Mathematikunterricht lässt sich durch die Entstehung allgemeiner Lernziele verdeutlichen: Bei der Spezifizierung von allgemeinen Lernzielen verweist Winter auf die Aktivitäten von Lernenden und stellt sich die Frage: „Welches sind die mathematischen Grundtätigkeiten, die sich aus der 'normalen', alltäglichen Denkpraxis heraus fortstilisiert haben und demgemäß bei ihrer Entwicklung noch am stärksten allgemeine kognitive Anlagen und Fähigkeiten mit beeinflussen könnten?" (Winter 1975, S. 107). Die Grundtätigkeiten systematisiert Winter und ordnet sie allgemeinen Lernzielen zu. Die Fragestellung von Winter verdeutlicht, dass auch er Mathematik nicht als fertige Wissenschaft versteht, sondern es neben der fertigen Mathematik auch noch eine Mathematik als Tätigkeit gibt (Freudenthal 1974b, S. 110).

Winter systematisiert mathematische Grundtätigkeiten inhaltlich in vier Bereiche allgemeiner Lernziele. Er betont, dass es sich lediglich um einen Versuch handle „...die vielfältigen Aktivitäten beim wirklichen Lernen von Mathematik zu bündeln und ihre genetischen Wurzeln freizulegen" (Winter 1975, S. 107ff.). Seine Lernzielformulierungen beschreiben Fähigkeiten, die bei Lernenden ausgebildet werden sollen. Um eine Vorstellung für die Umsetzung der allgemeinen Lernziele zu erhalten, sei hier ein Auszug der ihnen zugeordneten mathematischen Aktivitäten aufgeführt:

a) Der Unterricht soll dem Schüler die Möglichkeit geben, schöpferisch tätig zu sein.
Winter betrachtet bei diesem allgemeinen Lernziel des Mathematikunterrichts Mathematik als schöpferische Wissenschaft. Er fasst heuristische Aktivitäten zusammen, die von Intuition getragen sind (Winter 1975, S. 107ff.): Beobachten, bewusstes Suchen nach Gesetzmäßigkeiten, Symmetrien, Gestalten, Schematisieren einer komplexen Situation, Klassifizieren, Anordnen, Analogisieren, Verallgemeinern, Spezialisieren, Umstrukturieren, Entwerfen und Verwerfen, Vermuten und Prüfen, Formulieren und Umformulieren, Variieren, Bedenken von Alternativen, Zerlegen und Zusammensetzen, Kombinieren und Trennen. Winter betont, dass diese und eventuell weitere Aktivitäten notwendig sind, damit Mathematik überhaupt zu erlernen sei. Ohne sie sei eine Begegnung mit Mathematik nicht möglich. Die Formulierungen der Grundaktivitäten sind weiterhin allgemein gehalten, sodass die Aktivitäten in unterschiedlichen Aufgabensituationen denkbar sind (Winter 1975, S. 107ff.).

b) Der Unterricht soll dem Schüler die Möglichkeit geben, eine rationale Argumentation zu üben.
Bei diesem allgemeinen Lernziel des Mathematikunterrichts betrachtet Winter Mathematik als beweisende, deduzierende Wissenschaft. Dieses Lernziel hat seinen Ursprung in der Mathematik selber als *die* beweisende Wissenschaft. Diese Erkenntnis impliziert logisches Begründen und die Analyse der Begründung. Winter nennt folgende Aktivitäten, die eine Unterstützung bei der Identifizierung von Antworten auf Fragen nach dem „Warum?" und „Wieso?" bieten (Winter 1975, S. 109ff.): Begriffe abgrenzen (definieren), Begriffe miteinander vergleichen, Lösungswege (Konstruktionswege) analysieren, Lösungen testen und kontrollieren, Kontext beachten, Behauptungen anzweifeln, Sätze analysieren, Beispiele für Sätze angeben und mit ihnen Sätze testen, Sätze beweisen, Beweise zergliedern und auf Vollständigkeit überprüfen, Fallunterscheidungen treffen, Satzhierarchien zusammenstellen, Systematisieren, Axiomatisieren, Schreibweise entlarven.

c) Der Unterricht soll dem Schüler die Möglichkeit geben, die praktische Nutzbarkeit der Mathematik zu erfahren.
Bei diesem allgemeinen Lernziel sollen Situationen der Wirklichkeit mathematisiert werden: Beobachten und Beschreiben von Wirklichkeitsausschnit-

ten, Schematisieren, Idealisieren, Sammeln und Ordnen mathematisch relevanter Daten, Beschreiben des Zusammenhangs zwischen den Daten, Auffinden mathematisch sinnvoller Fragestellungen, Formulieren der Fragestellungen in der mathematischen Sprache, Lösen der Fragestellung innerhalb mathematischer Begriffssysteme, Ausdeuten der Lösung, Typisieren von Wirklichkeitssituationen und Interpretieren innermathematischer Aussagen (Winter 1975, S. 110ff.).

d) Der Unterricht soll dem Schüler die Möglichkeit geben, formale Fertigkeiten zu erwerben.

Bei diesem allgemeinen Lernziel geht es um die Förderung von algorithmischen, kalkülhaften Aktivitäten des mathematischen Arbeitens: Unterscheiden von Zeichen und Bezeichnetem, von „Wort" und „Gegenstand", Unterscheiden von Aussagen über das Zeichen, von Artikulation über das Bezeichnete (Metasprache, Objektsprache), Artikulation der Beziehung zwischen Gegenstandsbereich und Sprachbereich, Übertragen von Sachverhalten des Gegenstandbereichs in den Zahlbereich („Codieren"), Ausdeuten von sprachlichen Gebilden („Decodieren"), Handhaben von vorgegebenen Syntaxregeln, speziell Handhaben von Variablen, Termen, Gleichungen und Aufbau von Algorithmen zu geeigneten inhaltlich vorgegebenen Fragestellungen (Winter 1975, S. 113ff.).

Die Grundtätigkeiten nach Winter (1975) können eine Orientierung beim Beobachten von Lernprozessen bieten, die je nach Aufgabenstellung konkretisiert werden müssen. Sie erheben keinen Anspruch auf Vollständigkeit und zeigen ein Bild davon, wie vielfältig mathematische Tätigkeiten sein können. Diese Bündelung nach Winter (1975, S. 106ff.) deckt sich inhaltlich weitgehend mit der Zusammenfassung der Lernziele des Mathematikunterrichts nach Fischer/ Malle (1985, S. 279), die einen Bereich aus der Persönlichkeits- und Sozialentwicklung ergänzen. Die Lernziele nach Winter harmonieren mit dem Analysefokus für die Aufgabenstellung dieser Arbeit. Winter ergänzt seinen Katalog dieser allgemeinen Lernziele, indem er allgemeine Fertigkeiten hinzufügt, die eng mit den Fähigkeiten verknüpft sind (Winter 1972, S. 79ff.):

- Der Schüler kann „klassifizieren".
- Der Schüler kann „ordnen".
- Der Schüler kann „analogieren".
- Der Schüler kann „generalisieren".
- Der Schüler kann „formalisieren".

Die prozessbezogenen mathematischen Kompetenzen der Bildungsstandards sind keine Ablösung der allgemeinen mathematischen Lernziele, vielmehr lässt sich ein Zusammenhang erkennen. In den sechs *„allgemeinen mathematischen*

Kompetenzen" der Bildungsstandards finden sich die mathematischen Grundtätigkeiten nach Winter wieder: mathematisch argumentieren (K1), Probleme mathematisch lösen (K2), mathematisch modellieren (K3), mathematische Darstellungen verwenden (K4), mit symbolischen, formalen und technischen Elementen der Mathematik umgehen (K5) und Kommunizieren (K6) (KMK 2004, S. 8ff.). Es ist naheliegend, dass die Kompetenzen nur erreicht werden können, wenn entsprechende mathematische Aktivitäten ausgeführt werden. Eine Aufgabe von Unterricht ist es, entsprechende prozessorientierte Kompetenzen zu initiieren, sodass die Lernenden die Kompetenzen erreichen und anwenden können.

In den Bildungsstandards werden die Kompetenzen in sogenannte Anforderungsbereiche unterteilt, die sich durch eine unterschiedliche kognitive Komplexität auszeichnen: Anforderungsbereich I: Reproduzieren, Anforderungsbereich II: Zusammenhänge herstellen, Anforderungsbereich III: Verallgemeinern und Reflektieren (Blum et al. 2006, S. 20f.). Die Anforderungsniveaus der Kompetenzbereiche hängen mit dem Schwierigkeitsgrad der Aufgabenstellung zusammen, bei dem das Vorwissen der Lernenden ebenfalls eine Rolle spielt. Diese Anforderungsbereiche können eine Orientierung bei der Niveaueinstufung mathematischer Aktivitäten bieten.

Winter strukturiert allgemeine Lernziele inhaltlich, ordnet ihnen aber keine kognitiven Anspruchsniveaus zu. Die Lernziele bieten eine sinnvolle Orientierungshilfe für die Auswahl von Lerninhalten (Winter 1972, S. 84). Winters Grundaktivitäten sind allgemein formuliert. Sie können auf unterschiedlichen Anspruchsniveaus ausgeführt werden, was eine weitere Ausdifferenzierung in den Formulierungen mathematischer Aktivitäten bei einer konkreten Aufgabenstellung nach sich zieht. Hierbei können die Grundaktivitäten nach Winter (1975) eine Orientierung bieten, um zunächst mathematisch substanzielle Aktivitäten zu identifizieren.

Geht es um eine kognitive Niveaueinstufung beobachteter mathematischer Aktivitäten, ist der Erfahrungshintergrund der Lernenden mit einzubeziehen (Bloom 1972, S. 29). Bei konkreten Aufgabenstellungen kann eine Niveaueinstufung mathematischer Aktivitäten durch folgende Frage realisiert werden: „Inwieweit trägt eine mathematische Aktivität zur Bearbeitung der Aufgabenstellung bei?" Weiterhin kann der kognitive Anspruch einer mathematischen Aktivität einen Hinweis auf eine Niveauzuordnung geben.

Zur Unterstützung der Operationalisierung allgemeiner Lernziele hat Bloom eine fachunabhängige Taxonomie entwickelt, die u. a. von Wilson auf den Mathematikunterricht angepasst wurde (Wittmann 1975, S. 51). Die sechs Hauptklassen der Taxonomie nach Bloom (1972, S. 31ff.) weisen eine hierarchische Anordnung vom Einfachen zum Komplexen bzw. vom Konkreten zum Abstrakten (Bloom 1972, S. 42; Freudenthal 1974a, S. 723ff.) auf:

1. Wissen
2. Verstehen
3. Anwendung
4. Analyse
5. Synthese
6. Bewertung

Für die Adaption der Bloomschen Taxonomie auf den Mathematikunterricht (Wittmann 1975, S. 51) hat Wilson von einer „Rechenfertigkeit" über das „Verstehen" und die „Anwendung" bis hin zur „Analyse" vier kognitive Bereiche herausgearbeitet, die in ihren zugehörigen Denkprozessen einen aufsteigenden kognitiven Anspruch beinhalten. Diesen Bereichen hat er konkrete mathematische Kenntnisse und Fähigkeiten zugeordnet (Wittmann 1975, S. 51), die sich in mathematischen Aktivitäten zeigen können. Eine solche Taxonomie bietet eine Unterstützung bei der qualitativen Einordnung mathematischer Aktivitäten.

Obwohl die mathematischen Aktivitäten von Winter (1975) allgemein formuliert sind, lässt sich über den Grad ihrer kognitiven Aktivierung (vgl. Abschnitt 1.2) eine Niveaueinstufung vornehmen. Außerdem werden diejenigen mathematischen Aktivitäten als kognitiv anspruchsvoll eingestuft, die seit Winter (1975) zunächst als allgemeine Lernziele formuliert wurden und seit den KMK Bildungsstandards (2004) als konkrete prozessbezogene Kompetenzen (s. o.) angestrebt werden. Vor dem Hintergrund dieser angestrebten Kompetenzen werden in dieser Studie die konkreten Aktivitäten der Lernenden in ihren Arbeitsprozessen als situationsbezogene Performanzen bezeichnet. Betrachtet man mathematische Arbeitsprozesse als eine individuelle Auseinandersetzung mit einer Aufgabenstellung, mit der sich Lernende ihr Wissen eigenverantwortlich konstruieren, müssen auch mathematische Aktivitäten beachtet werden, die zunächst kognitiv einem geringeren Anspruch genügen. Nur wenn sämtliche mathematische Aktivitäten in einem eigenverantwortlichen Arbeitsprozess Berücksichtigung finden, wird man der Individualität eines Arbeitsprozesses gerecht.

Die mathematischen Aktivitäten von Winter (1975) werden für die Erfassung von Arbeitsprozessen in dieser Studie aufgabenspezifisch ausformuliert und damit konkretisiert (vgl. Abschnitt 5.2). Eine Orientierung bei der Niveaueinstufung der Aktivitäten bieten auch die sechs Hauptklassen von Bloom (s. o.). Bei der Ausformulierung und Konkretisierung der Aktivitäten in dieser Studie sollen nicht nur Aktivitäten auf hohen Niveaus – mit kognitiver Aktivierung – erfasst werden, sondern die komplette Niveaubandbreite der Arbeitsprozesse inklusive ihrer zu erwartenden Niveauschwankungen. In Bezug auf mathematische Aktivitäten im Zusammenhang mit individuellen Lernvoraussetzungen ist zu erwarten, dass die qualitative Spannbreite mathematischer Aktivitäten auch bei einer einzigen Aufgabenstellung relativ hoch sein wird. Diese Qualitätsbandbreite wird durch die Aktivitäten der Lernenden und deren individuelle Lernvoraussetzungen festgelegt. Diese Überlegungen werden in Kapitel 5 in die Konstruktion eines Analyserasters einfließen. Die grundsätzliche Vorgehensweise und einzelne Ergebnisse wurden bereits in Prediger und Scherres (2012) präsentiert.

2 Unterrichtskonzepte zur Differenzierung

In diesem Kapitel werden Ansprüche von Differenzierung im Unterricht und Ansätze von Differenzierung theoretisch begründet und dargelegt. Differenzierende Maßnahmen im Unterricht ermöglichen einen konstruktiven Umgang mit lernrelevanten Unterschieden. Damit ist Heterogenität innerhalb von Lerngruppen ein zentraler Grund für die Notwendigkeit von Differenzierung. Die Heterogenität wird durch empirische Befunde zur breiten Leistungsstreuung innerhalb von Klassen charakterisiert (z. B. bei Helmke et al. 2003, S. 15f.), aber auch auf eine theoretisch im Konstruktivismus begründete und durch zahlreiche Fallstudien gestützte Sensibilität für die Individualität mathematischen Denkens von Kindern und Jugendlichen (z. B. Selter/Spiegel 1997). Der Bedarf an differenzierendem Unterricht wird durch die Ergebnisse der *Qualitätsuntersuchung an Schulen zum Unterricht in Mathematik „QuaSUM"* im Auftrag des Ministeriums für Bildung, Jugend und Sport des Landes Brandenburg bestätigt: Die folgende Grafik (vgl. Abb. 1) veranschaulicht ein eindrucksvolles Bild von der relativ breiten Leistungsstreuung im Unterrichtsfach Mathematik innerhalb von Klassen der Klassenstufe 5 in Brandenburg (Lehmann et al. 2000):

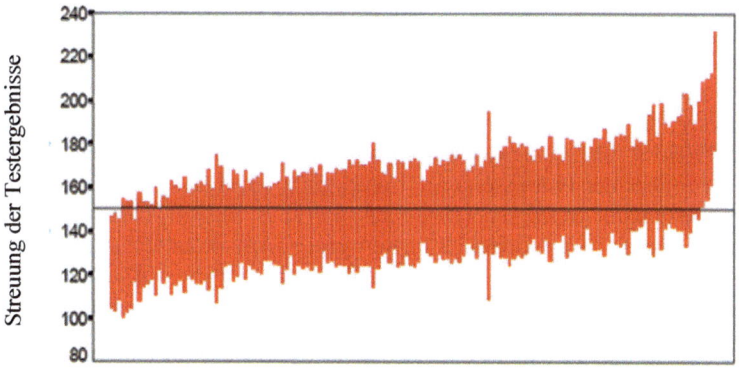

Abb. 1: Leistungsstreuung innerhalb der Klassenstufe 5 im Unterrichtsfach Mathematik in Brandenburg (Lehmann et al. 2000)

In der Abbildung 1 sind die Klassen ohne Rücksicht auf ihre Zugehörigkeit zu einer bestimmten Schule nach ihrer durchschnittlichen Mathematikleistung angeordnet. Jede Klasse ist durch einen Balken dargestellt, wobei die Klassen nach ihren erreichten Durchschnittsleistungen aufsteigend angeordnet sind. Vergleichsweise leistungshomogene Klassen sind durch kürzere Balken gekennzeichnet, solche mit breiterer Leistungsstreuung durch längere Balken. Die horizontale Linie kennzeichnet den Mittelwert über alle Klassen hinweg. Zur zuverlässigen Erfassung der Mathematikleistung wurde ein standardisierter Test (QuaSUM-Test) für das Land Brandenburg entwickelt, mit dem aussagekräftige und vertrauenswürdige Testergebnisse erzielt wurden. Der *QuaSUM-Mathematiktest* für die Klassenstufe 5 umfasst insgesamt 40 Aufgaben mit jeweils 10 Aufgaben zu den Themenbereichen *Zahlenbereiche/Rechnen, Größen, Verhältnisgleichungen/Proportionalität und Geometrie*.

Die breite Streuung der Testergebnisse innerhalb der QuaSUM-Klassen (vgl. Abb. 1) zeigt das hohe Maß an Leistungsheterogenität typischer deutscher Sekundarschulklassen (Lehmann et al. 2000).

Der Begriff „Differenzierung" stammt aus dem Lateinischen „differentia", das ursprünglich die Bedeutung „Unterschied" trägt. Eine Forderung nach Differenzierung im Unterricht meint die Unterschiede zwischen Schülerinnen und Schülern konsequenter zu berücksichtigen.

Zusammenfassend definieren lässt sich Differenzierung als die Berücksichtigung vielfältiger Unterschiede in den Lernvoraussetzungen (Heymann 1991, S. 63ff.), die es im Unterricht zu beachten gilt. Diese beziehen sich nicht nur auf Leistungsunterschiede im engeren Sinne, sondern auch auf unterschiedliche Vorstellungen (Lengnink/Prediger/Weber 2011), Denkstile (z. B. Schwank 2003) und Sprachhintergründe (Özdil/Prediger 2012). Über diese kognitiven Dimensionen hinaus spielen auch affektive und volitionale Aspekte wie „Unterschiede in persönlichen Eigenarten, Haltungen und Einstellungen, in Motivation und Interesse, in sozialen Verhaltensweisen und individuellen Störbarkeiten" (Weinert 1997, S. 50ff.) eine Rolle. Es tritt immer dort ein Differenzierungsbedarf auf, wo nicht der Prämisse gefolgt wird, dass alle Lernenden über gleiche Lernvoraussetzungen verfügen (Heymann 1991, S. 63ff.). Differenzierende Maßnahmen haben den Anspruch, heterogene Lernvoraussetzungen in der Unterrichtsplanung und Unterrichtsgestaltung detailliert zu berücksichtigen.

Der allgemeine Anspruch von Differenzierung besteht darin, dass die Lernchancen des Einzelnen erhöht werden (Bönsch 1991, S. 132ff.). Paradies und Linser (2001, S. 9) schaffen in ihrer Definition von Differenzierung einen inhaltlichen Konsens: „Differenzierung in der Schule und im Unterricht begreift Individualität als konstitutive Basis und verfolgt nur ein einziges Ziel: Jeder einzelne Schüler soll individuell maximal gefordert und damit optimal gefördert werden. Das individuelle Leistungsvermögen und das Lernverhalten sind Grundlage für differenzierende Maßnahmen auf der inhaltlichen, didaktischen, methodischen, sozialen und organisatorischen Ebene" (ähnlich bei Hußmann/Prediger 2007, S. 1f.).

Ein Umgang mit vielfältigen Lernvoraussetzungen kann über eine Anpassung von Lerngruppen an unterrichtliche Ansprüche (äußere Differenzierung) oder über eine Anpassung von unterrichtlichen Bedingungen an unterschiedliche Lernvoraussetzungen (innere Differenzierung) realisiert werden (Klafki 1976, S. 497). Beide Differenzierungsmöglichkeiten verfolgen nach Bönsch das gleiche Ziel, „den Lernenden möglichst optimale Lernchancen zu bieten", sie können eine sinnvolle Ergänzung zueinander darstellen (Bönsch 2004a, S. 12f.).

Innere und äußere Differenzierung ergänzen sich, wenn es um individuelle Lernchancen bei bewusstem Umgang mit unterschiedlichen Lernvoraussetzungen geht. Was konkret unter diesen beiden Differenzierungsformen zu verstehen ist, wird in den folgenden beiden Abschnitten geklärt.

2.1 Äußere Differenzierung: Anpassen der Lerngruppen an Ansprüche

In diesem Abschnitt wird die äußere Differenzierung als ein Differenzierungskonzept dargestellt. Insbesondere werden die Grenzen der äußeren Differenzierung im Umgang mit heterogenen Lerngruppen herausgearbeitet. Die äußere Differenzierung ist eine lerngruppenübergreifende Differenzierungsform. Sie bietet eine Möglichkeit, die Heterogenität von Lernenden herabzusetzen, wobei eine Homogenisierung schon allein von der im Konstruktivismus begründeten Individualität des Lernens (vgl. Abschnitt 1.1) nicht erreicht werden kann.

Bei der äußeren Differenzierung handelt es sich um Gruppierungen der Lernenden nach Kriterien wie Alter, Interesse, Leistungsniveau etc., die eigentliche Unterrichtsmethode aber offen bleibt. Der Anspruch von äußerer Differenzierung ist es, die Heterogenität von Lerngruppen herabzusetzen. Es werden langfristige Lerngruppen gebildet (Heymann 1991, S. 63ff.; Krippner 1992, S. 12).

Äußere Differenzierung kann lediglich die Breite des Spektrums vorhandener Lernvoraussetzungen und Lernfähigkeiten einschränken. Eine schon lang gewonnene Erkenntnis ist, dass eine Homogenisierung aufgrund der Vielzahl von unterschiedlichen Lernvoraussetzungen nicht möglich ist (Heymann 1991, S. 63ff.; Klafki 1976, S. 499ff.). In allen Lerngruppen lassen sich unterschiedliche Lernvoraussetzungen und damit vielfältige Lernbedürfnisse erkennen.

Diese vielfältigen Lernvoraussetzungen und Lernbedürfnisse sind ein Resultat und zugleich Ausgangslage für weitere Lern- und Entwicklungsprozesse und erfordern entsprechende differenzierende Maßnahmen auch innerhalb einer Lerngruppe.

Äußere Differenzierung ist nur ein möglicher Umgang mit Heterogenität. Konzepte der inneren Differenzierung ermöglichen einen lernförderlichen Umgang mit der trotz äußerer Differenzierung verbleibenden Heterogenität. Im Gegensatz zur äußeren Differenzierung setzt sich innere Differenzierung mit einer individuellen Förderung auseinander und weist eine hohe Relevanz bei einem bewussten Umgang mit Heterogenität bei gleichzeitigem Erhalt der Lerngruppen auf. In dieser Studie wird zur Umsetzung von innerer Differenzierung eine selbstdifferenzierende Lernumgebung gewählt. Neben dem bereits erwähnten Anlass für differenzierende Maßnahmen wird in dem nächsten Abschnitt auf die Ansprüche innerer Differenzierung näher eingegangen.

2.2 Innere Differenzierung – Adaptieren unterrichtlicher Bedingungen an individuelle Lernbedürfnisse

Im Unterricht können unterschiedliche Lernvoraussetzungen durch Konzepte der inneren Differenzierung berücksichtigt werden. Der Begriff „innere Differenzierung" wird in dieser Studie synonym verwendet zu „Binnendifferenzierung". Bei innerer Differenzierung handelt es sich um eine gruppeninterne Differenzierung (Klafki 1976, S. 497). Allen Maßnahmen der inneren Differenzierung ist gemeinsam, dass sie auf individuelle Lerndispositionen der jeweiligen Lerngruppe eingehen (Krippner 1992, S. 12f.; Heymann 1991, S. 63ff.). Konzepte der inneren Differenzierung berücksichtigen eine Lernzieldifferenzierung, indem sie „das Lernen im Gleichschritt" auflösen (Hußmann/Prediger 2007; Krippner 1992, S. 18ff.). Dabei lassen sich die unterschiedlichen konkreten Differenzierungsansätze danach strukturieren, in welcher Hinsicht der Gleichschritt aufgelöst wird. Ein Auflösen des Lernens im Gleichschritt ist beispielsweise hinsichtlich folgender Aspekte möglich:

- des nicht mehr zwangsläufig gleichen Lerntempos,
- der nicht mehr zwangsläufig gleichen Zugangsweisen,
- der nicht mehr zwangsläufig gleichen Anspruchsniveaus,
- der nicht mehr zwangsläufig gleichen Lerninhalte und –ziele (Hußmann/ Prediger 2007, S. 1ff.).

Nicht ein einziges Differenzierungskonzept muss sämtliche Differenzierungsaspekte enthalten. Um vielfältigen Lernvoraussetzungen und Lernsituationen gerecht zu werden, sollten von daher wechselnde Differenzierungskonzepte mit unterschiedlicher Schwerpunktsetzung in den jeweiligen Phasen des Unterrichts genutzt werden (Hußmann/Prediger 2007; Klafki 1976, S. 510ff.).

Das Auflösen des Lernens im Gleichschritt geht mit der Konsequenz einher, dass bei Lernenden unterschiedliche Qualifikationsausprägungen resultieren (Krippner 1992, S. 18ff.). Von daher muss akzeptiert werden, dass das unterrichtliche Ziel innerer Differenzierung keine Leistungsnivellierung sein kann. Vielmehr können Maßnahmen der inneren Differenzierung sogar dazu beitragen, dass die Leistungsschere weiter auseinanderklafft (Krippner 1992, S. 18f.).

Klafki schlägt ein Konzept der inneren Differenzierung auf der Ebene der Lernziele und Lerninhalte vor, bei dem Lernziele und Lerninhalte für alle Lernenden einer Lerngruppe verbindlich sind. Der Gesamtkomplex von Inhalten und Zielen für ein Fach muss mindestens in zwei Niveaustufen aufgegliedert werden: Eine Niveaustufe wird durch eine verbindliche Basis an Aufgaben, einem „Fundamentum", definiert. Eine Aufbaustufe, das „Additum", das wahlweise weiter untergliedert werden kann, bildet anspruchsvollere Arbeitsniveaus. Diese Untergliederung muss für einzelne Lerninhalte vorgenommen werden (Klafki 1976, S. 504ff; Krippner 1992, S. 61). Eine Differenzierung hinsichtlich des Lerntempos ist mit diesem Konzept ebenfalls möglich.

Um eine möglichst umfassende individuelle Förderung zu erreichen, ist die Passung der Anforderung an die individuelle Lernvoraussetzung von zentraler Bedeutung. Gemeint ist damit die Relation von tatsächlichen Arbeitsniveaus zu den Lernvoraussetzungen. Schon Krippner (1992, S. 61) weist darauf hin, dass „Unterforderung ebenso übel ist wie Überforderung."

Gerade diese Passung im Hinblick auf das Anspruchsniveau wird durch die empirische Unterrichtsforschung als zentrales Qualitätskriterium an Differenzierungsansätze herausgestellt, wenn sie betont, man solle „Lernprozesse im Bereich individuell angemessener (mittlerer) Aufgabenschwierigkeit sicherstellen" (Weinert und Helmke 1997, S. 200). Mit dieser Forderung wird ein qualitativer Anspruch an die Umsetzung der inneren Differenzierung gestellt, der über ein reines Initiieren von individuellen Lernprozessen hinausgeht. Werden Konzepte der inneren Differenzierung diesem Anspruch gerecht, realisieren sie eine Anpassung von Unterricht an individuelle Lernvoraussetzungen innerhalb einer Lerngruppe. Eine solche Anpassung kann mit dem Konstrukt des *adaptiven Unterrichts* beschrieben werden, mit dem die empirische Unterrichtsforschung die Abhängigkeit des Lernerfolgs von der Passung des Unterrichts an die Individualität betont (Helmke 2009, S. 247; Weinert 1997, S. 50ff.; Corno/Snow 1986, S. 605ff.). Helmke (2009, S. 247) bezeichnet adaptiven Unterricht als einen realistischen Versuch, „mithilfe einer differenziellen Anpassung der Lehrstrategien bei möglichst vielen Schülern ein Optimum erreichbarer Lernfortschritte zu bewirken" und stellt damit die Adaptivität in den Begründungszusammenhang der Differenzierungsdiskussion.

Solche unterrichtlichen Anpassungen können während eines Lernprozesses vorgenommen werden (Mikroadaption). Unterrichtliche Anpassungen in größeren Zeitintervallen bzw. vor einem Lernprozess werden als Makroadaption bezeichnet (Corno/Snow 1986, S. 607; Reisinger 2007, S. 142).

Es handelt sich um eine Makroadaption, wenn eine unterrichtliche Anpassung an individuelle Lernvoraussetzungen vor dem Beginn von Lernprozessen und über einen längeren Zeitraum stattfindet. Hierbei ist der Einsatz von Arbeitsplänen im Unterricht ein mögliches adaptives Differenzierungskonzept. Arbeitspläne können Aufgaben auf unterschiedlichen Niveaus beinhalten, die über einen längeren Zeitraum weitgehend eigenverantwortlich bearbeitet werden können. Differenziert werden hierbei Arbeitsumfang, Lerntempo und Arbeitsniveau.

Eine Mikroadaption hingegen ist vorzufinden, wenn innerhalb einer Unterrichtseinheit das Unterrichtskonzept weiter ausdifferenziert wird, indem beispielsweise individuelle Lernprozesse über gezielte Lehrerimpulse angepasst werden. Mikroadaptionen wirken steuernd auf einen bereits initiierten Lernprozess (Reisinger 2007, S. 142).

Im Folgenden wird auf die Individualisierung als eine Ausprägung von innerer Differenzierung genauer eingegangen.

Differenzierungskonzepte innerhalb einer Lerngruppe stufen Lerninhalte ab, teilen sie auf, verfeinern sie. Meist erhalten mehrere Lernende einer Lerngruppe die gleiche differenzierte Aufgabenstellung, die ein bestimmtes Anspruchsniveau aufweist. Differenzierungsansätze, die jeden einzelnen Schüler maximal fordern und fördern, zählen zu den individualisierenden Ansätzen (Paradies/Linser 2001, S. 9). Bei einem individualisierenden Unterricht wird auf die individuellen Fähigkeiten und Bedürfnisse der Lernenden eingegangen (von der Groeben 2008, S. 41), indem diese dabei unterstützt werden, Verantwortung für das Gelingen ihres individuellen Lernprozess zu übernehmen (Paradies et al. 2010, S. 14).

„Individualisierung verlangt ein tatsächlich auf den Einzelnen zugeschnittenes bzw. von ihm selbst gewähltes Lernangebot, das z. B. hinsichtlich der Ziele, der Inhalte oder der Methoden, der Lernzeit oder der Lernorte von dem der anderen Schülerinnen und Schülern abweicht" (Kunze 2008, S. 18f.).

Individualisierende Differenzierungskonzepte initiieren zwar individuelle Lern- und Arbeitsprozesse, jedoch darf individuelles Arbeiten nicht mit Einzelarbeit verwechselt werden, da Kooperation bei individuellen Lernprozessen einen zu fördernden Aspekt darstellt. Bei weitgehender Individualisierung besteht die Gefahr des Ausschließens sozialen Lernens (Krauthaus/Scherer 2010, S. 4).

Der Anspruch an Individualisierung lässt sich wie folgt definieren (Paradies/Linser 2001, S. 51):

- Der Lernprozess knüpft an die individuellen Lernvoraussetzungen an.
- Die Vorgehensweise während des Lernprozesses wird vom einzelnen Lernenden weitgehend selbst gesteuert.
- Lehrkräfte fördern individuelle Lernwege und greifen sensibel mit Tipps und Ratschlägen leicht steuernd ein, ohne die Individualität zu zerstören.

Paradies erwähnt wichtige Aspekte für einen individualisierenden Unterricht: Sie rückt den Lernprozess in den Mittelpunkt des Lernens und formuliert eine Eigenverantwortlichkeit seitens der Lernenden für ihren individuellen Lernprozess. Außerdem deutet sie auf die Rolle der Lehrkraft in einer beratenden und leicht prozesssteuernden Funktion hin (Paradies/ Linser 2001, S. 51). Diese Form des Lernens geht mit einer konstruktivistischen Lernauffassung einher.

Wird in der Unterrichtspraxis ein effektives Lernen in heterogenen Lerngruppen angestrebt, gewinnen Konzepte innerer Differenzierung, die auf Individualisierung von Lernprozessen abzielen, eine immer stärkere Bedeutung (Helmke 2009, S. 246f.).

Aufgrund der empirisch, theoretisch und schulpolitisch (aktuell durch die Umwandlung eines drei- in ein zweigliedriges Schulsystem) begründeten hohen Relevanz der Binnendifferenzierung gibt es eine Vielzahl unterrichtspraktischer Literatur mit unterschiedlichen Ansätzen und Umsetzungsmöglichkeiten (z. B. Heymann 1991; Krippner 1992; Paradies und Linser 2001; Bönsch 2004; Krauthausen und Scherer 2010 u.v.m.). Allerdings werden diese Differenzierungskonzepte im Unterricht noch nicht annähernd flächendeckend umgesetzt. Trotz einer hohen Bedeutung der Differenzierung muss ein erhebliches empirisches Forschungsdefizit konstatiert werden: In der Unterrichtsforschung wurde Differenzierung vor allem bezüglich der Wirkungen auf Leistungshomogenisierung untersucht (vgl. den Überblick von Lipowsky 2009). In Studien zum Zusammenhang von Unterrichtsqualität und Leistungszuwächsen taucht der Aspekt Differenzierung in der Regel nur indirekt auf, nämlich als Teilaspekt der drei meist identifizierten Basisdimensionen „Klassenführung", „kognitive Aktivierung" und „Schülerunterstützung" (Klieme et al. 2006; Rakoczy et al. 2010).

In der hier vorliegenden Studie wird die Betrachtung der Adaptivität bei einer selbstdifferenzierenden Aufgabenstellung auf mathematische Anspruchsniveaus eingegrenzt. Es geht nicht nur um eine Niveaustreuung, sondern um eine Passung individueller Arbeitsniveaus und Lernvoraussetzungen. Eine unterrichtliche Anpassung mathematischer Arbeitsniveaus auf individuelle Lernvoraussetzungen ist durch eine Vermeidung von Unter- bzw. Überforderung für die Effektivität von Lernen ein zentraler Aspekt. Um die Passung von Lernvoraussetzungen und Anspruchsniveaus zu beurteilen, müssen nicht nur Anspruchsniveaus konzeptualisiert, sondern auch mögliche Lernvoraussetzungen bestimmt werden (vgl. Abschnitt 5.2 und 5.3). Für eine Konzeptualisierung von Anspruchsniveaus ist eine prozessorientierte Sichtweise bei der vorliegenden selbstdifferenzierenden Aufgabenstellung sinnvoll.

Als offenes Differenzierungskonzept bieten selbstdifferenzierende Aufgabenstellungen Lernenden eine Möglichkeit, ihr Arbeitsniveau weitgehend eigenverantwortlich zu bestimmen. Selbstdifferenzierung birgt die optimistische Hoffnung in sich, dass jeder Lernende optimal gefördert wird. Dem empirischen Teil dieser Studie liegt eine selbstdifferenzierende Aufgabenstellung zugrunde, deshalb wird im folgenden Abschnitt auf die Selbstdifferenzierung als spezielle Form von innerer Differenzierung genauer eingegangen.

2.3 Selbstdifferenzierung als spezifische Form innerer Differenzierung

Nachdem der Anspruch und die Notwendigkeit von innerer Differenzierung im Unterricht dargelegt wurden, wird im folgenden Abschnitt das spezielle Konzept der Selbstdifferenzierung und seine Leistungsfähigkeit als ein offenes Differenzierungskonzept genauer analysiert. Selbstdifferenzierende Unterrichtskonzepte verankern die Verantwortung für individuelle Arbeitsniveaus weitgehend bei den Lernenden, indem ein einziges Lernangebot unterschiedliche Bearbeitungswege- und -niveaus anbietet. Das Konzept der Selbstdifferenzierung birgt in sich ein Differenzierungspotenzial, das nicht nur auf Niveaustreuung, sondern auch auf Niveauangemessenheit setzt.

Bei der inneren Differenzierung lassen sich die Differenzierungsansätze in zwei grundlegende Differenzierungskonzepte zur Herstellung von Adaptivität (vgl. Abschnitt 2.3) einteilen, die die Intention haben, individuellen Lernvoraussetzungen gerecht zu werden: die „geschlossene Differenzierung" und die „offene Differenzierung". Bei der geschlossenen Differenzierung werden Lernenden individuelle Lernwege durch eine Lehrkraft zugewiesen (Heymann 1991, S. 63ff.), wobei die Lehrkraft aber die Alleinverantwortung für die Adaptivität trägt. Das Diagnoseergebnis der Lehrkraft ist mitbestimmend für die Zugangsweisen bzw. die Arbeitsniveaus der Lernenden. Es bleibt offen, ob optimale Arbeitsniveaus getroffen werden (Hußmann/Prediger 2007, S. 2), weil „jede Art der Niveaueinschätzung auch mit dem Risiko von Fehleinschätzungen verbunden ist" (Krippner 1992, S. 50). Bei einer geschlossenen Differenzierung darf die Gefahr des „Schubladendenkens" nicht unterschätzt werden (Stern 2004, S. 36ff.). Die intendierte Adaptivität bei geschlossener Differenzierung ist abhängig von der Diagnosesicherheit der Lehrkraft hinsichtlich der Aufgabenschwierigkeit und den individuellen Lernvoraussetzungen.

Wohingegen bei Selbstdifferenzierung durch die Lernenden, die auch als offene Differenzierung (Heymann 1991) oder natürliche Differenzierung (Wittmann/Müller 2004; Krauthausen/Scherer 2010) bezeichnet wird, die Verantwortung der Adaptivität von der Lehrkraft mit den Lernenden geteilt wird, indem ein gemeinsames Lernangebot unterschiedliche Wege und Niveaus eröffnet, die die Lernenden selbst definieren. Voraussetzung für eine funktionierende Selbstdifferenzierung ist, dass ein gemeinsames Lernangebot nicht nur unterschiedliche Bearbeitungswege, sondern auch unterschiedliche Bearbeitungsniveaus ermöglicht.

Die Grundidee der Selbstdifferenzierung entspricht der frühen Forderung Freudenthals, dass „die Schüler nicht neben,- sondern miteinander am gleichen Gegenstand auf verschiedenen Stufen tätig sind" (Freudenthal 1974, S. 166; zitiert nach Krauthausen/Scherer 2010, S. 1). Selbstdifferenzierung wurde u.a. von Müller und Wittmann in der Grundschule bekannt gemacht: „Die gesamte

Lerngruppe erhält einen Arbeitsauftrag, der den Kindern Wahlmöglichkeiten lässt". Diese Begriffsdefinition von Müller und Wittmann (2004, S. 15) ist recht allgemein gehalten. Konkrete Definitionen lassen sich in der didaktischen Literatur nicht finden. Eine Definition der Ansprüche, die an einen selbstdifferenzierenden Arbeitsauftrag gebunden sind, bleibt aus. Wittmann/Müller (2004) haben zu dem Prinzip der natürlichen Differenzierung Anforderungen an Aufgabenstellungen formuliert, damit diese tatsächlich auf unterschiedlichen Wegen und Niveaus bearbeitet werden können: Das Problem muss für alle Schüler leicht verständlich sein und es muss zusätzlich eine Offenheit gegenüber Lösungswegen aufweisen, d. h., es lässt mehrere Lösungswege oder sogar mehrere Lösungen zu. Es ist nicht durch Routineverfahren lösbar, die Lernenden kennen keine spezifischen Lösungstechniken für das Problem. Das Problem ist offen gegenüber unterschiedlichen Zugangsweisen, z. B. durch „Messen, Zählen, Ausprobieren, Lösen eines Spezialfalls", sodass unterschiedliche Vorgehensweisen entwickelt werden können (Wittmann/Müller 2004, S. 16).

Der Einsatz offener Aufgaben bietet sich für selbstdifferenzierende Aufgabenstellungen an: Alle Lernenden arbeiten an einer gleichen Aufgabenstellung, die unterschiedliche Anspruchsniveaus und Lernwege zulässt (Krippner 1992, S. 41ff.). Offene Aufgaben zählen zu den selbstdifferenzierenden Aufgabenstellungen, die neben dem Arbeitsergebnis stärker den Arbeitsprozess in den Vordergrund rücken (Kittel/Marxer 2005, S. 14ff.). Hirt (2006, S. 263) betont, Selbstdifferenzierung ermögliche, „den Unterricht besser auf das gesamte Begabungsspektrum auszurichten. Alle Schülerinnen und Schüler, die Rechenschwachen wie auch die Hochbegabten, können integrativ und ohne Zusatzaufgaben gefördert werden". Für die Konzeption von offenen Aufgaben schlägt Bruder ein strukturiertes Vorgehen vor, mit dem das Maß der Öffnung von Aufgaben bestimmt werden kann. Bruder (2003, S. 12ff.) unterteilt eine Aufgabenstellung in drei Komponenten: Ausgangs-, Endsituation und Transformation, wobei eine Ausgangssituation über eine Transformation in eine Endsituation überführt werden kann. Aufgaben können je nach Besetzung der Komponenten im Umfang ihrer Offenheit variieren (vgl. auch Blum/Wiegand 2000). Je größer die Offenheit einer Aufgabe ist, d. h., je weniger Komponenten besetzt sind, desto höher ist die Möglichkeit einer Steuerung des Arbeitsniveaus seitens der Lernenden. Das höchste Maß an Offenheit bieten nach Bruder offene Aufgaben, bei denen alle drei Komponenten unbesetzt sind (Bruder 2003, S. 12ff.).

Die Ansprüche an Offenheit gegenüber unterschiedlichen Zugangsweisen, Lösungswegen und Arbeitsniveaus sind oft nicht durch eine isolierte Aufgabenstellung allein realisierbar, sondern erfordern ganzheitliche Lernumgebungen, die eine größere Einheit darstellen, wie die Beispiele von Hengartner et al. (2006) zeigen.

In dieser Studie wird der Begriff Lernumgebung im ganzheitlichen Sinne nach Reinmann-Rothmeier/Mandl (2006) verwendet. Eine Lernumgebung besteht bei Reinmann-Rothmeier/Mandl (2006, S. 616) aus einem „Arrangement von Aufgaben, Unterrichtsmethoden und -techniken sowie von Lernmaterialien und Medien". Neben der Aufgabenstellung können in Lernumgebungen auch unterrichtliche Bedingungen wie Kooperationsform, Lehrerinterventionen, Strategiekonferenzen, Helfersysteme etc. geplant werden. Es handelt sich um unterrichtliche Bedingungen, die das Differenzierungspotenzial in Lernumgebungen über reichhaltige Aufgabenstellungen hinaus unterstützen, die gezielt gestaltet werden können und auch das Differenzierungspotenzial selbstdifferenzierender Lernumgebungen beeinflussen können.

Offen bleibt, ob Lernende in selbstdifferenzierenden Lernumgebungen tatsächlich auf einem für sie angemessenen Niveau arbeiten und ihr Leistungspotenzial ausschöpfen. Wenn aber, wie Helmke betont, die ideale individuelle Förderung unmittelbar an die Anforderung der Adaptivität der Maßnahmen gebunden ist, so müssen sich selbstdifferenzierende Lernumgebungen daran messen lassen, inwieweit sie Hirts (2006) optimistische Einschätzung erfüllen und tatsächlich adaptiv bezüglich der individuellen Lernvoraussetzungen sind.

In vorliegenden Berichten aus systematischer Beobachtung und reflektierter Praxis (wie zum Beispiel Hengartner et al. 2006; Prediger 2009; Krauthausen/Scherer 2010) wird das Differenzierungspotenzial selbstdifferenzierender Aufgaben lediglich durch die Niveaustreuung und weniger durch eine Niveauangemessenheit gefasst.

Die Frage, mit der Krauthausen und Scherer (2010) die Ansätze geschlossener Differenzierung kritisch beleuchten, nämlich inwieweit es tatsächlich gelingt, für jeden Lernenden das angemessene Niveau zu erreichen, soll in dieser Studie daher konsequent auch für Selbstdifferenzierung gestellt werden. Umso wichtiger ist es, der Frage nachzugehen, inwieweit selbstdifferenzierende Lernumgebungen tatsächlich die mit ihnen verknüpfte Hoffnung der leichten Realisierbarkeit an Adaptivität (vgl. Abschnitt 2.3) erfüllen. Allerdings wird in dieser Studie die Adaptivität einer selbstdifferenzierenden Lernumgebung in ihren möglichen Differenzierungsaspekten (Lerntempo, Zugangsweisen, Denkstile etc.) eingeschränkt, indem auf den Differenzierungsaspekt der Anspruchsniveaus fokussiert wird.

2.4 Selbstdifferenzierung als ein Teilaspekt der Öffnung von Unterricht

In diesem Abschnitt wird das Konzept der Selbstdifferenzierung als offenes Differenzierungskonzept in die Bewegung des Offenen Unterrichts eingeordnet. Darüber hinaus werden Ziele der Selbstdifferenzierung mit Zielen des Offenen Unterrichts verglichen.

Bei der viel diskutierten Bewegung des Offenen Unterrichts handelt es sich nicht um eine Unterrichtsmethode, sondern um einen Sammelbegriff für eine andere Praxis des Umgangs mit Kindern in der Schule (Ramseger 1987, S. 6f.). Im Offenen Unterricht spielen in Abgrenzung zum lehrerzentrierten Unterricht die Mitbestimmung und Eigenaktivität der Lernenden und die Übernahme der Verantwortung für die Qualität ihrer individuellen Lernprozesse eine zentrale Rolle (Brügelmann 1998, S. 2ff.; Einsiedler 1998, S. 54). Ein eindeutiger Konsens über die Inhalte Offenen Unterrichts besteht nicht. Man kann von Elementen sprechen, die dem Offenen Unterricht zugeordnet werden können.

Die unterrichtspraktische Umsetzung Offenen Unterrichts kann sehr unterschiedlich aussehen. Viele Varianten und „Abstufungsgrade" von Offenheit sind denkbar (Einsiedler 1998). Allen Konzepten liegt allerdings eine Definition zugrunde, die die Öffnung von Unterricht in drei Dimensionen untergliedert:

- „methodisch-organisatorische Öffnung" von Unterricht: Freiräume für unterschiedliche Lernvoraussetzungen, für unterschiedliche Lernstile und für unterschiedliche Lerntempi ohne starke Lenkung durch eine Lehrkraft
- „didaktisch-inhaltliche Öffnung" von Unterricht: offene Aufgaben, die Raum für selbstständiges Denken, unterschiedliche Bearbeitung, argumentative Auseinandersetzung mit anderen Sichtweisen und Vorgehensweisen und metakognitve Aktivitäten aufweisen.
- „pädagogisch-politische Öffnung" der Schule: (Mit-)Bestimmung von Lernenden über Aufgaben, Inhalte und Selbstkontrollen (Brügelmann 1997, S. 45ff.).

Verschiedene Vertreter Offenen Unterrichts greifen diese Dimensionierung auf und verfeinern sie individuell (Peschel 2003, S. 77). Die Dimensionen definieren einen Anspruch an Offenen Unterricht, der eine strikte Lenkung und Vorgabe der Lernwege durch eine Lehrkraft oder durch Material sowie eine Willkür durch Strukturlosigkeit vermeiden soll.

In der Bewegung des Offenen Unterrichts wird Offenheit verstanden als

- „Offenheit der Lernformen": Offenheit gegenüber den Selbststeuerungskräften, individuellen Lernweisen und Interessen der Kinder,
- „Offenheit zu den Kindern und zwischen den Kindern": Offenheit zum sozialen Austausch und zur Kooperation zwischen den Kindern und
- „Offenheit zum Leben": Offenheit zur Begegnung und Auseinandersetzung mit der Welt. (Wittmann 1996, S. 3ff.; Wittmann 2003, S. 23).

Der Öffnungsgrad dieser drei Bereiche wird in Konzepten des Offenen Unterrichts recht unterschiedlich gehandhabt. Wittmann hat wiederholt kritisiert, dass einige Ansätze des Offenen Unterrichts das Fach außer Acht lassen. Ansätze des Offenen Unterrichts betonen aber eine ‚Begegnung mit der Welt', also eine anwendungsorientierte Mathematik (Wittmann 2003, S. 24). Seine Kritik richtet sich ausschließlich „gegen fachlich nicht gerechtfertigte methodische Festlegungen" (Wittmann 1996, S. 3ff.):

„Mathematische Muster dürfen nicht als fest Gegebenes angesehen werden... Ganz im Gegenteil: Es gehört zu ihrem Wesen, dass man sie erforschen, fortsetzen, ausgestalten und selbst erzeugen kann. [...] Den ‚streng' erscheinenden Regelsystemen der Mathematik wird dadurch die Schärfe genommen, sie lassen Raum für persönliche Sicht- und Ausdrucksweisen und werden zugänglich für die individuelle Bearbeitung. Gleichwohl werden Offenheit und Individualität durch Regeln gezügelt: Es handelt sich um eine ‚Offenheit vom Fach aus" (Wittmann 1996, S. 3ff.). Je offener ein Unterricht ist, desto mehr Eigenverantwortung tragen Lernende für ihren Lernprozess.

Maßnahmen der inneren Differenzierung können sich in Konzepten des Offenen Unterrichts wiederfinden, wobei Offener Unterricht nicht mit innerer Differenzierung gleichzusetzen ist. Jedoch können diese Konzepte dem Offenen Unterricht zugeordnet werden, wenn bei der Aufgabenbearbeitung bzw. innerhalb eines Aufgabenangebots Wahlmöglichkeiten bestehen (Brügelmann 1998, S. 9; Einsiedler 1988, S. 20ff.).

Insbesondere eine didaktisch-inhaltliche Öffnung erfordert eine offene Aufgabenkultur, die u.a. individuelle Lernwege und Verantwortung für den Lernprozess als didaktisches Prinzip vorsieht. Selbstdifferenzierende Aufgabenstellungen passen durchaus in das Konzept Offenen Unterrichts. Sie weisen u. a. eine Offenheit gegenüber möglichen Arbeitsniveaus auf.

Da es zahlreiche Formen Offenen Unterrichts gibt, fällt ein Vergleich mit Konzepten innerer Differenzierung schwer (Einsiedler 1988, S. 20ff.). Sinnvoll vergleichen lassen sich deshalb nur recht allgemeine Ziele von Formen Offenen Unterrichts und innerer Differenzierung:

Ziele Offenen Unterrichts finden sich in einer Persönlichkeitsentwicklung und in der freien Entfaltung mithilfe selbst gewählter Lernaktivitäten der Lernenden wieder, wie beispielsweise eigenständiges Lernen, Lernen organisieren sowie Entscheidungen selbst treffen. Diese recht allgemeinen Ziele weisen durchaus eine Parallele zu den Zielen innerer Differenzierung auf, beschreiben aber nicht die spezifischen Charakteristika innerer Differenzierung (Einsiedler 1988, S. 20ff.). Die Ziele einer offenen Differenzierung orientieren sich eher am Lernprozess und an der Effektivität von Lernen als an einer Persönlichkeitsentwicklung.

In den vorangegangenen Abschnitten wurden unterschiedliche Unterrichtskonzepte zur Differenzierung vorgestellt. Hierbei ging es nicht darum, sämtliche Differenzierungskonzepte aufzuführen, sondern wichtige Differenzierungskonzepte zu strukturieren und einen Überblick über die vielfältigen Möglichkeiten der Differenzierung zu geben. Konkreter wurde auf das Unterrichtskonzept der Selbstdifferenzierung eingegangen, da es Forschungsgegenstand dieser Studie ist. Bei einer Entscheidung für ein Differenzierungskonzept sollte die jeweilige Unterrichtssituation mit einbezogen werden. Der Einsatz von selbstdifferenzierenden Aufgabenstellungen im Unterricht wirft die Frage auf, inwieweit niveauangemessenes Arbeiten bereits in der Planung einer selbstdifferenzierenden Lernumgebung und während des Unterrichts unterstützt werden kann. Solche unterstützenden Maßnahmen werden in dieser Studie als unterrichtliche Kontextbedingungen bezeichnet.

In dem folgenden Kapitel wird die Entscheidung für unterrichtliche Kontextbedingungen in dieser Studie begründet und herausgearbeitet, inwieweit diese Einfluss auf eigenverantwortliche Arbeitsniveaus haben können.

3 Empirische Befunde und Konzepte von unterrichtlichen Kontextbedingungen

Aufgrund der Annahme, dass sich Niveauangemessenheit von Arbeitsprozessen in einer selbstdifferenzierten Lernumgebung keineswegs automatisch einstellt, werden in diesem Kapitel ausgewählte Kontextbedingungen analysiert, die ein niveauangemessenes Arbeiten begünstigen könnten und zur lernförderlichen Unterrichtskultur gehören.

Selbstdifferenzierende Lernumgebungen versprechen ein hohes Differenzierungspotenzial, da neben der Aufgabenstellung auch unterschiedliche Bedingungen wie Kooperationsformen, Interventionen der Lehrkraft, Strategiekonferenzen, Helfersystem etc. gezielt gestaltet werden können (Wollring 2007). Da die defizitäre Forschungslage zum selbstdifferenzierenden Lernen bislang wenig Anhaltspunkte gibt, welche Kontextbedingungen eines niveauangemessenen Arbeitens zu berücksichtigen sind, werden Studien zu Kontextbedingungen für eigenverantwortliches Lernen herangezogen. Unter Berücksichtigung vorliegender Forschungsbefunde für eigenverantwortliches Lernen konzentriert sich diese Studie auf Kontextbedingungen, die in den individuellen Voraussetzungen der Lernenden und in den Bestandteilen der Lernumgebung im engeren Sinne bestehen:

- „metakognitive Aktivitäten": Diese Kontextbedingung steht exemplarisch für individuelle Voraussetzungen der Lernenden, weil Aktivitäten des Nachdenkens über das eigene Denken individuelle metakognitive Fähigkeiten voraussetzen.

- „Lehrerinterventionen": Diese Kontextbedingung steht exemplarisch für einen Bestandteil der Lernumgebung, der im laufenden Arbeitsprozess sogenannte Mikroadaptionen im Sinne von Corno/Snow (1986, S. 607) ermöglicht, also Anpassungen an die situativen Gegebenheiten im bereits laufenden Arbeitsprozess (vgl. Abschnitt 2.2).

- „Kooperationen im Prozess": Diese Kontextbedingung steht exemplarisch für Prozessmerkmale, in die sowohl individuelle Voraussetzungen der Lernenden als auch Bestandteile der Lernumgebung einfließen.

Die Relevanz dieser Kontextbedingungen für ein niveauangemessenes Arbeiten in einer selbstdifferenzierenden Lernumgebung wird in den folgenden Abschnitten begründet. Die ausgewählten unterrichtlichen Kontextbedingungen werden später im empirischen Teil dieser Studie (vgl. Abschnitt 5.4) zur Beantwortung der dritten Forschungsfrage konzeptualisiert: Welcher Zusammenhang besteht zwischen unterrichtlichen Kontextbedingungen – wie Metakognition, Kooperation und Lehrerinterventionen – und mathematischen Arbeitsniveaus bei einer selbstdifferenzierenden Aufgabenstellung?

3.1 Metakognition

„Unter *Kognition* versteht man die mit Erwerb, Organisation und Gebrauch von Wissen verbundene geistige Aktivität, unter *Metakognition* das Empfinden, Kennen und Steuern der eigenen Kognition" (Sjuts 2007, S.16). Diese Definition von Sjuts betrachtet das Wissen über die eigene Kognition und das Steuern der Kognition. Die Steuerung des eigenen Denkens liegt bei Sjuts in den Tätigkeiten „planen", „überwachen" und „prüfen" (Sjuts 2007, S. 91).

Schoenfeld (1992, S. 334) sieht die Metakognition eher als Sammelbegriff: In einem Übersichtsartikel formuliert er, dass Metakognition unterschiedliche Definitionen aufweist. Die Definitionen reichen von dem Wissen über eigene Denkstrategien bis hin zur Selbstregulation beim Problemlösen. Im gemeinsamen Kern der Definitionen liegt das Nachdenken über die eigenen Denkprozesse (Cohors-Fresenborg/Kaune 2007). Eine solche Analyse kann beim Bearbeiten eines mathematischen Problems stattfinden, bei einer Entscheidung für einen Einsatz einer Strategie und beim Formulieren von Fragen über mathematische Problemstellungen.

Den unterschiedlichen Definitionen der Metakognition sind die drei Kernaktivitäten „planen", „überwachen" (Monitoring) und „reflektieren" gemeinsam. Sie werden auch als exekutive Regulationsprozesse bezeichnet (Brown 1984, S. 60ff.). Es gilt als erwiesen, dass die exekutive Metakognition meist in einem recht engen Zusammenhang mit der Lernleistung steht und eine notwendige Voraussetzung für selbstreguliertes Lernen ist (Hasselhorn 1988, S. 482ff.). Die Aktivitäten, die unter dem Begriff Metakognition zusammengefasst werden, sind auf Polyas Handlungsanweisungen für nützliche kognitive Aktivitäten beim Problemlösen (z. B. Polya 1949) zurückzuführen.

Durch einen möglichen positiven Einfluss von metakognitiven Aktivitäten auf mathematische Arbeitsprozesse ist die Metakognition für die Mathematikdidaktik interessant. Studien der pädagogischen Psychologie teilen die Erkenntnis, dass Metakognition eine notwendige – wenn auch keine hinreichende – Bedingung für selbstreguliertes Lernen darstellt (z. B. Boekaerts 1999; Hasselhorn 1988, S. 482ff.).

Die Metakognitionsforschung weist in der Mathematikdidaktik zwei zentrale Stränge auf, die sich inhaltlich ergänzen: Zum einen setzt sie sich mit der Förderung von metakognitiven Kompetenzen bei Lernenden auseinander (Cohors-Fresenborg/Kaune 2003, S. 21ff.). Zum anderen werden metakognitive Aktivitäten in mathematischen Lernprozessen in unterschiedlichen Lernumgebungen analysiert, um den Einfluss metakognitiver Aktivitäten auf mathematische Lernprozesse weiter aufzuschlüsseln (Schoenfeld 1992). Der Einfluss von Metakognition auf das Mathematiklernen wurde von Schoenfeld insbesondere beim mathematischen Problemlösen analysiert. Dabei geht es Schoenfeld darum, mit der Unterstützung von metakognitiven Fähigkeiten mathematisches Denken und Verstehen bei den Lernenden zu fördern. Als einen Bereich der Metakognition führt Schoenfeld (1992, S. 354ff.) Studien zur Selbstregulation durch.

Allein eine Verfügbarkeit von metakognitiven Kompetenzen bei Lernenden garantiert noch nicht deren Einsatz im Lernprozess. Hier spielen auch Motivation und Vorwissen eine wichtige Rolle (Hasselhorn 1992, S. 35ff.). Erst der bewusste Einsatz metakognitiver Strategien und Aktivitäten ermöglicht eine Regulation des eigenen Lernprozesses und eine mögliche Lernwirksamkeit. Schoenfeld (1992, S. 335) fasst diese Erkenntnis zusammen: „It`s not just what you know; it`s how, when, and whether you use it." Beck et al. sprechen in diesem Zusammenhang von „anwendungsfähigem metakognitivem Wissen" und zählen es neben anderen Aspekten zu der Grundlage weitgehend autonomen Lernens, da auftretende Lernschwierigkeiten überwunden werden können (Beck et al. 2008, S. 31).

Wie Schoenfeld (1992) sehen auch Cohors-Fresenborg/Kaune (2007) aufgrund ihrer empirischen Befunde einen Zusammenhang zwischen erfolgreichen Lernern beim mathematischen Problemlösen und dem Ausführen metakognitiver Aktivitäten: Voraussetzung, um die eigene Kognition zu reflektieren und zu steuern, ist ein Wissen über eigene fachliche Kompetenzen und über fachspezifische Strategien, die einen Lösungsprozess vorantragen können.

Ein Einfluss von Metakognition beim mathematischen Denken steht bei Sjuts (2007) u.a. im Mittelpunkt seiner Studien. Er formuliert Voraussetzungen für den Einsatz von Metakognition durch die Lernenden im Unterricht und erwähnt dabei neben „Bereitschaft und Gespür" auch „Motivation und Willenskraft". Weiterhin sollte „die Lösung einer gestellten Aufgabe als Herausforderung empfunden" werden. Hinzu kommt das „Gespür für das Leistungsvermögen eigener kognitiver Aktivitäten" (Sjuts 2007, S. 91). In seiner Mini-Forschung zur Metakognition beim mathematischen Denken kann Sjuts (2007) einen Einsatz metakognitiver Aktivitäten bei leistungsstarken Lernern beobachten.

Es gilt als erwiesen, dass metakognitive Aktivitäten Lernerfolg positiv beeinflussen können, es gibt aber nicht *den* Einflussweg der Metakognition für Lernerfolg (Hasselhorn 1988, S. 482ff.). Ergebnisse von Metaanalysen über den Einfluss unterschiedlicher Determinanten auf die Schulleistung sprechen der Metakognition eine offensichtlich vorrangige Bedeutung für die Schulleistung zu (Helmke/Weinert 1997, S. 74). Der Einsatz metakognitiver Aktivitäten verbessert die Lernleistung nicht automatisch, sondern kann auch zu einer Verlängerung der Bearbeitungszeit bei leichten Aufgaben bzw. sogar zu einem Abbruch der Aufgabenbearbeitung bei sehr schweren Aufgaben führen (Hasselhorn 1988, S. 483). Geht es um eine Verbesserung der Lernleistung durch Metakognition, spielt neben der Art der Aufgabenstellung auch das Zusammenspiel der unterschiedlichen metakognitiven Prozesse eine Rolle. Für das Erlernen von Mathematik ist es wichtig, wie unterrichtliche Bedingungen aussehen, die dazu beitragen, dass sich Metakognition lernwirksam auswirkt.

Die vorliegenden Befunde der Studien aus der pädagogischen Psychologie zum selbstregulierten Lernen (z. B. Boekaerts 1999; Hasselhorn 1988; Schoenfeld 1992) geben Hinweise auf die mögliche Bedeutung metakognitiver Aktivitäten für niveauangemessenes Arbeiten in einer selbstdifferenzierenden Lernumgebung, denn selbstreguliertes Lernen wird in einer selbstdifferenzierenden Lernumgebung von den Lernenden erwartet. Zur Analyse der Metakognition in dieser Studie wird der Konzeptualisierung von Cohors-Fresenborg/Kaune (2007) gefolgt (vgl. Abschnitt 5.4.1).

Bei einer selbstdifferenzierenden Aufgabenstellung können mathematische Arbeitsprozesse eigenverantwortlich geplant, überwacht und reflektiert werden. Auf Basis der bereits vorliegenden Studien lässt sich die recht allgemein gehaltene Wirkungsthese formulieren, dass metakognitive Aktivitäten in einer selbstdifferenzierenden Lernumgebung ein niveauangemessenes Arbeiten unterstützen können. Eine Bestätigung dieser Wirkungsthese ließe den Schluss zu, dass die Förderung metakognitiver Kompetenzen bei Lernenden eine Unterstützung zur Niveauangemessenheit beim Arbeiten in selbstdifferenzierenden Lernumgebungen sein könnte. Die Gültigkeit dieser Wirkungsthese wird in der vorliegenden selbstdifferenzierenden Lernumgebung dieser Studie analysiert (vgl. Abschnitte 6.5.1 und 7.3.1).

3.2 Lehrerinterventionen

In diesem Abschnitt wird die Rolle der Lehrkraft bei Interventionen in einem selbstständigkeitsorientierten Unterricht mit konstruktivistischen Lehrmethoden beschrieben. Anschließend wird auf Lehrerinterventionen als eine mögliche unterrichtliche Kontextbedingung eingegangen, deren Steuerung und Adaptivität in der Verantwortung der Lehrkraft liegt.

Dann et al. definieren die Lehrerintervention während der Gruppenarbeit recht allgemein: „Die Lehrerintervention während der Gruppenarbeit ist eine Unterbrechung der Intragruppenkommunikation durch die Lehrkraft" (Dann et al. 1999, S. 122). Sie sehen in Lehrerinterventionen eine Möglichkeit, den Verlauf und die Ergebnisse eines Gruppenunterrichts zu beeinflussen (Dann et al. 1999, S. 107).

Die Definition von Lehrerinterventionen von Leiß bezieht sich auf den Lernprozess: „Als Lehrerintervention allgemein werden alle verbalen, paraverbalen und nonverbalen Eingriffe des Lehrers in den Lösungsprozess der Schüler bezeichnet" (Leiß 2007, S. 65). Leiß sieht – wie Dann et al. – in Lehrerinterventionen eine Möglichkeit, einen Einfluss auf Lernprozesse zu nehmen.

Bei einer erweiterten Definition von Leiß (Leiß 2007, S. 82) steht neben individuellen Lernprozessen die Adaptivität von Lehrerinterventionen im Vordergrund: „Eine adaptive Lehrerintervention stellt auf der Grundlage von Wissen und/oder einer Diagnose der Lehrkraft einen inhaltlich und methodisch angepassten minimalen Eingriff in den individuellen Lösungsprozess des Schülers dar, wodurch dieser befähigt wird, eine (potentielle) Barriere im Lernprozess zu überbrücken und selbstständig weiterzuarbeiten". Adaptive Lehrerinterventionen zeichnen sich dadurch aus, dass die Lehrkraft ihr Handeln den individuellen Arbeitsprozessen der Lernenden anpasst. Hierbei handelt es sich um Adaptionen auf der Mikroebene. Diese Fähigkeit seitens der Lehrkraft, Unterrichtsvorbereitungen und -handlungen so auf die individuellen Bedürfnisse der Lernenden abzustimmen, dass für jeden Lernenden möglichst günstige Lernbedingungen entstehen, wird als adaptive Lehrkompetenz bezeichnet (Bischoff et al. 2005; Wang 1992).

Zur Adaptivität bei Lehrerinterventionen und den damit verbundenen adaptiven Lehrerkompetenzen liegen derzeit vereinzelt Befunde in Fallstudien vor (u.a. Leiß 2007; Dann et al. 1999). Forschungsbefunde zu adaptiven Lehrkompetenzen im Kontext von selbstreguliertem Unterricht befinden sich in Studien aus der Schweiz (Beck et al. 2008; Brühwiler 2006). Sämtliche Forschungsbefunde bestätigen die Bedeutung von adaptiver Lehrkompetenz für Lernwirksamkeit und in diesem Zusammenhang eine Notwendigkeit von diagnostischen Kompetenzen seitens der Lehrkraft: Forschungsbefunde zeigen, dass Lehrkräfte mit adaptiven Kompetenzen selbstreguliertes Lernen unterstützen können, indem Lernende herausgefordert und angeleitet werden, den eigenen Lernprozess zu regulieren. Unabhängig von der Unterrichtsmethode spielen bei einer Begleitung eigenverantwortlicher Lernprozesse adaptive Planungskompetenzen und auch adaptive Handlungskompetenzen von Lehrkräften eine wichtige Rolle (Beck et al. 2008, S. 40ff.; Brühwiler 2006). Zu diesen Handlungskompetenzen zählen u. a. adaptive Lehrerinterventionen, die eine Lernunterstützung im laufenden Arbeitsprozess bieten können (Reusser 1999, S. 7f.). Übereinstimmend mit einem konstruktivistischen Verständnis von Lernen (vgl. Abschnitt 1.1) veranlasst die Lehrperson durch ihre adaptiven Kompetenzen bei Lernenden eine aktive Auseinandersetzung mit dem Lerngegenstand, sodass es zu handlungsbezogenen und geistigen Aktivitäten kommt, die ein Lernen wahrscheinlich macht (Beck et al. 2008, S. 39f.). Benötigt werden neben anderen Kompetenzen diagnostische Kompetenzen: Durch eine Diagnose vor bzw. zu Beginn einer Intervention kann die Notwendigkeit und die Form der Unterstützung individuell festgestellt werden. Eine Diagnose kann in Form von kurzen Gesprächen oder Beobachtungen stattfinden und bildet den Ausgangspunkt einer Intervention.

Die Lehrkraft erfasst durch das Beobachten nur einen Ausschnitt aus dem Arbeitsprozess und kann sich durch entsprechende Rückfragen weitere Informationen beschaffen (Brodie 2000, S. 9-16).

Während Leiß Lehrerinterventionen in kooperativen Modellierungsprozessen untersucht hat (Leiß 2007), haben Dann et al. in einem Forschungsprojekt die Rolle der Lehrkraft im Gruppenunterricht analysiert (Dann et al. 1999). Beide Untersuchungen arbeiten Aspekte von Interventionen heraus, die sich als lernförderlich bzw. lernhinderlich in weitgehend eigenverantwortlichen Arbeitsprozessen einstufen lassen. Beide Studien definieren Lehrerinterventionen zwar mit unterschiedlichen inhaltlichen Schwerpunkten, stimmen aber weitgehend überein:

Die Entscheidungen für den Inhalt, die Länge und den Zeitpunkt von Lehrerinterventionen liegen in der Verantwortung der Lehrkraft. Das Maß an Unterstützung durch Lehrerinterventionen hängt nicht nur von der Anzahl und der Länge der Interventionen ab, sondern viel mehr von der Qualität (Dann et al. 1999, S. 145). Dann et al. zeigen in ihren Studien eine nicht vorhandene Qualität einer Intervention, wenn das Kontroll- und Lenkungsbedürfnis der Lehrkräfte zu groß ist, wenn sie nicht über das Intragruppengeschehen informiert sind, wenn sie versuchen, Vorstellungen der eigenen Aufgabenbearbeitung durchzusetzen etc. Diese mindere Qualität geht mit schlechteren Arbeitsergebnissen einher und ist für eigenständige Arbeitsprozesse eher lernhinderlich (Dann et al. 1999, S. 145). Weiterhin wird in der Untersuchung von Dann et al. gezeigt, dass die untersuchten Lehrerinterventionen mit einem geringen Maß an Adaptivität mit einer Verschlechterung des Fortgangs der Gruppenarbeit (der inhaltlichen Progression) einhergehen. Diese Lehrerinterventionen zeichnen sich durch eine Zerstörung der gewachsenen Gruppenstruktur und durch einen sogenannten „Mini-Zentralunterricht" aus, der eine recht intensive Lenkung durch die Lehrkraft aufweist (Dann et al. 1999, S. 143). Die Autoren (1999, S. 145) zeigen, dass bei ihren Untersuchungen eine fehlende Gruppenorientierung, d. h. ein Ausbleiben von Informationen über das Intragruppengeschehen vor bzw. zu Beginn der Intervention, und ein geringer Aufgabenbezug während der Intervention zu einer Verschlechterung der inhaltlichen Progression führen kann.

Als theoretische Grundlage zur Konzeptualisierung von Lehrerinterventionen in dieser Studie (vgl. Abschnitt 5.4.2) wird auf die Interventionen in der Studie von Leiß (2007) genauer eingegangen.

Eine diagnostische Phase innerhalb von Lehrerinterventionen lässt sich auch bei Leiß im Rahmen einer Erkenntnisgewinnung zu Beginn der Interventionsphase erkennen. Er führt als Konsens unterschiedlicher Ansätze von Lehrerinterventionen auf, dass im Wesentlichen drei Elemente sowohl bei der Charakterisierung als auch bei der unterrichtlichen Durchführung adaptiver Lehrerinterventionen relevant sind: die Erkenntnisgrundlage, die Ebenen und die Eigenschaften von Interventionen (2007, S. 77ff.).

Die Erkenntnisgrundlage von Interventionen beruht darauf, dass die Lehrkraft Wissen über die allgemeine Lernsituation besitzt, aber auch über eine eventuelle spezifische Problemsituation. Hier sind diagnostische Kompetenzen seitens der Lehrkraft gefragt. Als zentrales Charakteristikum von Lehrerinterventionen erwähnt Leiß die Ebene, auf die sich eine Lehrerintervention bezieht. Lehrerinterventionen können je nach Intention unterschiedliche Ebenen aufweisen. Untersuchungen zeigen, dass zwischen vier Interventionsebenen unterschieden werden kann (Leiß 2007, S. 79):

1. *Organisatorische* Interventionen unterstützen einen reibungslosen und sinnvoll organisierten Ablauf von Arbeitsprozessen.
2. *Affektive* Interventionen haben die Intention, emotionale Aspekte im Lösungsprozess extrinsisch zu beeinflussen.
3. *Strategische* Interventionen beinhalten Unterstützungen aus dem Bereich der Metakognition.
4. *Inhaltliche* Interventionen beziehen sich auf mathematische Hilfestellungen zur vorliegenden Problemsituation.

Neben der Erkenntnisgrundlage von Interventionen und der Ebenen von Interventionen lassen sich Interventionen auch durch Eigenschaften charakterisieren. Interventionen können Eigenschaften, wie z. B. Längen, Äußerungsabsichten, Adressaten, Repräsentationsformen und Bezugsebenen (z. B. problembezogen, beispielbezogen oder allgemein) besitzen (Leiß 2007, S. 81).

Leiß beschreibt einen idealtypischen Ablaufprozess von Lehrerinterventionen wie folgt: ein Problem im Lösungsprozess als Auslöser einer Intervention, die Erkenntnisgewinnung zu Beginn der Intervention, gefolgt von einer Intervention mit ihrer Ebene und ihren Eigenschaften. Lehrerinterventionen können durch eine aufgabenbezogene Konkretisierung ihrer Ebenen einen Einfluss auf den Niveauverlauf individueller Arbeitsprozesse haben. Allerdings kann die Erkenntnisgewinnung auch zu einer bewussten Nichtintervention führen, um dem Arbeitsprozess mehr Zeit zu geben. Intervention und bewusste Nichtintervention führen im Idealfall zur Fortführung des selbstständigen Arbeitsprozesses (Leiß 2007, S. 82).

Die vorliegende Studie analysiert einen möglichen Einfluss von Lehrerinterventionen auf die Verläufe individueller mathematischer Arbeitsniveaus. Von daher liegt der Analysefokus nicht nur auf der Intervention, sondern auf einem möglichen Zusammenhang zwischen Lehrerinterventionen und dem Verlauf mathematischer Arbeitsniveaus. Vor diesem Forschungshintergrund wird eine inhaltliche, prozessorientierte Analyse der Lehrerinterventionen vorgenommen. Es wird nicht nur bei inhaltlichen Barrieren im Problemlöseprozess interveniert, sondern in jedem Arbeitsprozess, um nicht angemessene mathematische

Niveauverläufe zu identifizieren und gezielte Impulse zu setzen. Es gibt nicht „den Auslöser" für eine Intervention, vielmehr existiert ein Bedarf einer diagnostischen Grundlage hinsichtlich einer Erfassung mathematischer Arbeitsniveaus innerhalb von individuellen Arbeitsprozessen. Der Zeitpunkt einer Intervention wird nicht im Vorwege festgesetzt, da es sich um keine Laborsituation, sondern um reale Unterrichtspraxis handelt. Wird im Rahmen der Erkenntnisgewinnung ein Bedarf für eine Anpassung an mathematischen Arbeitsniveaus festgestellt, wird die Intervention auf entsprechender Ebene fortgesetzt. Zeigt die Erkenntnisgewinnung, dass die mathematischen Arbeitsniveaus angemessen verlaufen, wird die Intervention abgeschlossen. In diesem Fall bleibt es bei einem diagnostischen Erfassen der mathematischen Arbeitsniveaus. Unabhängig vom Ergebnis der Erkenntnisgewinnung sollen die individuellen Arbeitsprozesse am Ende des Interventionsprozesses wieder selbstständig verlaufen, im Idealfall sogar niveauangemessen.

Ein idealtypischer Ablauf einer Lehrerintervention in der vorliegenden Studie verdeutlicht die folgende Darstellung (vgl. Abb. 2). Es handelt sich um ein auf die vorliegende Unterrichtssituation modifiziertes Ablaufmodell von Leiß (2007, S. 82).

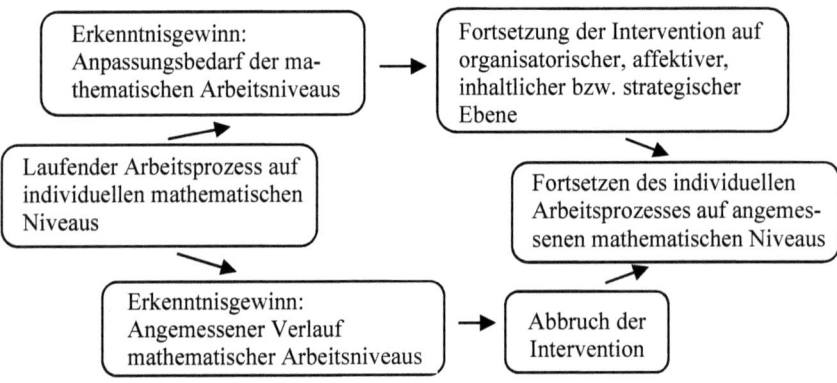

Abb. 2: Modifiziertes Ablaufmodell einer Lehrerintervention bei einer selbstdifferenzierende Aufgabenstellung nach Leiß (2007, S. 82)

Lehrerinterventionen werden in dieser Arbeit als Prozess verstanden, der mit einer Phase der Diagnose beginnt und im Idealfall nach der Intervention den eigenverantwortlichen Arbeitsprozess auf angemessenen mathematischen Niveaus wieder aufnimmt. Adaptive Lehrerinterventionen sind ein sinnvoller Versuch, den Verlauf mathematischer Arbeitsniveaus angemessen und individuell zu regulieren. Hierfür müssen in der Orientierungsphase nicht nur mögliche Probleme im Lösungsprozess erkannt werden, sondern auch mathematische

Arbeitsniveaus erfasst und individuell hinsichtlich ihrer Angemessenheit bewertet werden. Für eine individuelle Diagnose muss die Lehrkraft über das Leistungspotenzial der Lernenden informiert sein, sich ein Bild über den aktuellen Stand im Bearbeitungsprozess der Aufgabestellung machen und die mathematischen Inhalte im Kopf haben, die zu der Lösung der Aufgabe benötigt werden. Impulse gesetzt werden nicht nur bei einem erkennbaren Problem, sondern auch bei mathematischen Arbeitsniveaus, die nicht angemessen sind. Über prozessbezogene Fragen gilt es, eine möglichst detaillierte Vorstellung über das Vorgehen der Lernenden in der Aufgabenbearbeitung zu erhalten.

Die Lehrkraft erhält durch diese Orientierungsphase eine Möglichkeit, Rückschlüsse auf die mathematischen Arbeitsniveaus zu ziehen, um möglichst effektive Impulse zu setzen. Diagnostiziert wird in dieser Phase auch, ob die Lernenden ihr Leistungspotenzial ausschöpfen.

Bei der vorliegenden selbstdifferenzierenden Aufgabenstellung erscheinen alle vier Ebenen der Interventionen sinnvoll.

Lehrerinterventionen gehören zu den unterrichtlichen Kontextbedingungen, die nur grob bei der Unterrichtsgestaltung planbar sind. Dies ist in dem Sinne zu verstehen, dass eine Lehrkraft in die Planung Interventionen mit aufnimmt, die in gewissen Zeitabständen Einblicke in die Arbeitsprozesse ermöglichen. Entscheidungen, Impulse zu setzen, müssen während eines Arbeitsprozesses dann situativ und individuell getroffen werden.

Vor dem Hintergrund der vorliegenden Befunde hinsichtlich der Adaptivität von Lehrerinterventionen in selbstständigkeitsorientierten, eigenverantwortlichen Arbeitsprozessen (u. a. Brühwiler 2008; Leiß 2007) besteht für die vorliegende Studie die Annahme, dass die Adaptivität von Lehrerinterventionen eine niveauanpassende Wirkung zeigen kann. Bestätigt sich diese Wirkungsthese, unterstreicht sie die Rolle der Lehrkraft bei selbstdifferenzierenden Lernumgebungen u. a. hinsichtlich diagnostischer Kompetenzen. Die Gültigkeit dieser Wirkungsthese wird in der vorliegenden selbstdifferenzierenden Lernumgebung dieser Studie analysiert (vgl. Abschnitte 6.5.2 und 7.3.2).

3.3 Kooperation

In diesem Abschnitt werden zunächst Forschungsbefunde, die sich mit dem Zusammenhang zwischen kooperativem Lernen und positiven Lerneffekten auseinandergesetzt haben, dargestellt. Dabei wird unter anderem herausgearbeitet, was unter fachlich gelungener Kooperation zu verstehen ist.

Vorliegende Studien weisen recht unterschiedliche Schwerpunkte auf: Einige Studien untersuchen die Gruppen- oder Partnerarbeit als Sozialform, wohingegen andere Studien die Qualität von Interaktionen der Lernenden in den Mittelpunkt stellen. Diese Forschungslage zur Kooperation wird in diesem Abschnitt aufgearbeitet.

Als „kooperative Lernarrangements" werden solche bezeichnet, „die eine synchrone und koordinierte, kokonstruktive Aktivität der Teilnehmer/innen verlangen, um eine gemeinsame Lösung eines Problems oder ein gemeinsam geteiltes Verständnis einer Situation zu entwickeln" (Pauli/Reusser 2000, S. 421). In dieser Studie wird von einer kooperativen Sequenz gesprochen, wenn nicht nur ein kooperatives Lernangebot gemacht wurde (dies trifft durchgängig zu), sondern sich zwischen den Lernenden tatsächlich ko-konstruktive Aktivitäten entwickeln, wie sie von Pauli und Reusser (2000, S. 421ff.) beschrieben wurden.

Die Kooperationsmuster von Röhr (1995, S. 255ff.) bieten eine Möglichkeit, kooperative Sequenzen innerhalb eines Arbeitsprozesses zu identifizieren, um sie einer Analyse hinsichtlich ihrer Kooperationsintensität zugänglich zu machen. Röhr (1995, S. 255ff.) führt drei unterschiedliche Kooperationsmuster auf, die kooperatives Arbeiten inhaltlich bündeln:

Kooperationsmuster 1: Vorschläge der Kinder für gemeinsames Vorgehen
- von sich aus
- aufbauend auf Gedanken oder Fragen eines Mitschülers

Kooperationsmuster 2: Gemeinsame Entwicklung von Lösungsideen
- anknüpfend an Anregungen eines Kooperationspartners
- als Reaktion auf Fehler der Mitschüler

Kooperationsmuster 3: Argumentatives Vorgehen der Kinder
- als Reaktion auf Fragen der Mitschüler oder wenn es zum Verständnis erforderlich erscheint
- spontan und zur Erklärung eigener Beiträge
- nach der Feststellung eines Fehlers bzw. bei einer Gegenthese

Bei den Kooperationsmustern handelt es sich um Verhaltensmuster, die Röhr (1995, S. 225ff.) durch die Analyse von Interaktionen von Lernenden bei einer kooperativen Aufgabenstellung rekonstruiert hat. Röhr (1995, S. 225) hat diese Kooperationsmuster altersunabhängig in mehreren Klassen und bei unterschiedlichen Aufgabenstellungen erfasst, sie bezeichnet sie als „wiederkehrende Muster". Aussagen über einen Lernerfolg beim Verwenden dieser Muster trifft Röhr nicht. Durch die Kooperationsmuster von Röhr (1995, S. 255ff.) können Interaktionen auf unterschiedlichen Qualitätsniveaus beobachtet werden.

Die Bedeutung kooperativen Arbeitens für Mathematiklernen ist in vielen Zusammenhängen theoretisch aufgearbeitet und empirisch hervorgehoben worden. Theoretisch wurde sie etwa von Steinbring (2005) im Rahmen seiner epistemologischen sozialkonstruktivistischen Theorie des Mathematiklernens begründet. Seinem Ansatz zufolge vollzieht sich Lernen auf der Basis von Interaktionen zum Austausch von Lösungswegen (Steinbring 2005, S. 35).

Empirisch hat die Instruktionspsychologie über viele Jahre divergierende Forschungsergebnisse zur Lernwirksamkeit kooperativen Lernens hervorgebracht (Slavin 1983, S. 429ff.): Einige Studien können eine Lernwirksamkeit von Kooperation nachweisen, andere Studien wiederum bestätigten diesen Einfluss nicht. Diese verschiedenen Forschungsergebnisse resultieren aus Vergleichen von Performanzen bei unterschiedlicher Aufgabenanlage: Aufgabenanlagen, die innerhalb der Gruppe ein kooperatives Arbeiten oder eine Einzelarbeit unterstützen bzw. die Lernenden innerhalb der Gruppe in Konkurrenzsituationen bringen (Slavin 1983, S. 429).

Slavin (1983) analysiert in einer Metaanalyse 46 Forschungsbefunde zu Effekten kooperativen Lernens. Die der Metaanalyse zugrunde liegenden Einzelstudien umfassen jeweils einen Zeitraum von mindestens zwei Wochen und verliefen meisten über einen deutlich längeren Zeitraum. Die Studien wurden teilweise in Grundschulen und zum Teil in weiterführenden Schulen durchgeführt. Ergebnisse aus Kontrollgruppen, in denen keine Kooperation stattfand, dienten einem Vergleich von Lerneffekten. Positive Lerneffekte wiesen 29 der Studien auf, 15 Studien zeigten keine signifikanten Unterschiede zu den Kontrollstudien und 2 Studien zeigten negative Effekte kooperativen Lernens (Slavin 1983, S. 440). Mit seiner Metaanalyse hat Slavin (1983, S. 438ff.) neben den Auswertungen der Kooperation als Sozialform auch herausgearbeitet, dass insbesondere Kooperation, die individuelle Verantwortung innerhalb der Gruppenarbeit und individuelle Leistung und somit Verantwortung einzelner Gruppenmitglieder unterstützen, Lernwirksamkeit zeigen: Von 27 Studien mit einer auf individuelle Verantwortung ausgelegten Aufgabenstellung zeigten 24 Studien (fast 90%) einen positiven Einfluss auf die Lernwirksamkeit. Slavin (1983, S. 441) verdeutlicht mit seinen Analyseergebnissen, dass es positive Lerneffekte begünstigt, wenn Lernende sich nicht aus der Verantwortung für das Lernen innerhalb der Gruppe zurückziehen und anderen die Arbeit überlassen, Gruppenarbeit also nicht in Einzelarbeit zerfällt. Durch individuelles Einbringen aller Gruppenmitglieder in eine kooperative Lernsituation entstehen Interaktionen unter den Lernenden, die eine intensive Auseinandersetzung mit Fachinhalten begünstigen können. Trotz der Bedenken, dass Kooperation nicht funktionieren könnte, betont Slavin auf Basis seiner Forschungsbefunde, dass kooperative Arbeitsweisen auf jeden Fall ihre unterrichtliche Berechtigung haben, zumal keine Gefahr von negativen Effekten hinsichtlich eines Lernerfolgs bestünde (Slavin 1983, S. 431).

Neuere Studien scheinen die oben erwähnten Divergenzen hinsichtlich der Lernwirksamkeit von Kooperation aus Slavins (1983) Forschungsbefunden aufzuklären, indem sie nicht nur die Sozialform, sondern auch die Interaktionsqualität in den Blick nehmen (Götze 2007; Stebler 1999). So zeigen etwa Pauli und Reusser (2000, S. 421ff.) die Bedeutung der Interaktionsqualität in kooperativen Lernsituationen für die Lernwirksamkeit am Beispiel des Auftauchens inhaltlicher Kontroversen: Diese muss von einer intensiven Gegenüberstellung begleitet sein, die reine Existenz von Gegenthesen reicht meist nicht aus (Pauli/Reusser

2000, S. 421 ff.). Weitere Qualitätsmerkmale der Kooperation werden von den Autoren herausgearbeitet: Alle Kooperationspartner sollen aktiv an dem Gespräch beteiligt sein, sie sollen gegenseitig auf Beiträge und Fragen eingehen und diese weiterentwickeln, sie sollen Sachverhalte gründlich klären und Meinungsverschiedenheiten sachbezogen und argumentativ bearbeiten.

Neben einer Beschreibung der Qualitätsmerkmale von Lerndialogen beim kooperativen Arbeiten weisen Pauli und Reusser darauf hin, dass solche Dialoge angeleitet werden müssen und nicht unbedingt spontan in ausreichender Anzahl mit entsprechender Qualität entstehen. Ähnlich wie Pauli und Reusser (2000, S. 421 ff.) geht auch Webb auf die Interaktionen der Lernenden ein: Sie zeigt für das gegenseitige Anbieten und Erhalten von Hilfe der Lernenden untereinander bei auftretenden Problemen, dass eine Begleitung der Hilfestellung durch Erklärungen gegenüber richtigen Lösungen („Das ergibt 8" oder „Das musst Du so machen.") ausschlaggebend für Lernerfolg ist (Webb 1982, S. 642ff.). Webb benennt Interaktionsmuster und stellt jeweils einen anderen Zusammenhang mit Lernerfolg her: Wird auf eine Hilfeanforderung nicht reagiert oder lediglich eine korrekte Antwort ohne Erklärung gegeben, korreliert dies negativ mit dem Lernerfolg. Wohingegen es sich positiv auf den Lernerfolg auswirkt, wenn Erklärungen abgegeben werden (Webb 1982, S. 642ff.). In einer weiteren Studie konnten Webb et al. (2002a) zeigen, dass Lernende von den Hilfestellungen profitierten, wenn sie sich konstruktiv damit auseinandersetzten. Auch die Art der Fragestellung von Hilfesuchenden kann nach den Studienergebnissen von Webb et al. einen Einfluss auf Erklärungen haben: Präzise Fragestellungen bringen eher passende Erklärungsversuche hervor als allgemein formulierte Fragestellungen (Webb et al. 2002a, S. 16).

Die Forschungsbefunde zeigen, dass es offensichtlich von Bedeutung für den Lerneffekt in einer kooperierenden Lernsituation ist, wie Lernende die Situation für ihre Interaktionen nutzen. Lernerfolg beim kooperierenden Arbeiten erfordert Interaktionsqualität (Pauli/Reusser 2000, S. 421ff.)

Weist eine Kooperation die oben beschriebenen Interaktionsmuster auf, die einen positiven Einfluss auf das Lernen haben können, so wird in dieser Studie von „intensiver Interaktion" oder auch von „gelungener Kooperation" gesprochen. Der Grad der Kooperation wird in dieser Studie mit der Kooperationsintensität erfasst, die intensiv oder auch gering sein kann. Eine „gelungene Kooperation" weist eine Kooperationsintensität auf. Ist die Kooperation nicht gelungen, so ist die Kooperationsintensität gering (vgl. Abschnitt 5.4.3).

Auch wenn die Forschungsbefunde zum Zusammenhang zwischen kooperativen Arbeiten und Lernerfolg nicht unmittelbar auf die Niveauangemessenheit des Arbeitens übertragen werden können, stützen sie die These, dass Lernende auch in einer selbstdifferenzierenden, kooperativen Lernumgebung keineswegs automatisch effektiv kooperieren und es vermutlich auf die Kooperationsintensität ankommt, wenn die Kooperation die Niveauangemessenheit beim selbstdifferenzierenden Arbeiten beeinflusst. Diese These ist plausibel, da Kooperation einen Einfluss auf Lernerfolg haben kann und Lernerfolg wiederum – zumindest zeitweise – niveauangemessenes Arbeiten erfordert. In dieser Studie soll die formulierte Wirkungsthese überprüft und bei Bedarf entsprechend differenziert werden (vgl. Abschnitte 6.5.3 und 7.3.3).

Analysiert werden in dieser Studie die prozessorientierte Kooperation und deren Einfluss auf mathematische Arbeitsniveaus innerhalb individueller Arbeitsprozesse. Von Interesse ist die Kooperationsintensität in unterschiedlichen Sequenzen der individuellen Arbeitsprozesse. Insbesondere wird analysiert, inwieweit sich ein Zusammenhang zwischen Kooperationsintensität und niveauangemessenem Arbeiten beobachten lässt.

B Gestaltung der Lernumgebung und aufgabenbezogene Vorüberlegungen

Als exemplarisches Untersuchungsfeld dieser Studie wurde die Lernumgebung „Suche aller Würfelnetze" gewählt. Die offene und mathematisch reichhaltige Aufgabenstellung lautet wie folgt: „Finde möglichst viele unterschiedliche Würfelnetze. Schneide sie aus und klebe sie auf das Ergebnisplakat". Sie hat sich in unterschiedlich ausgestalteten Lernumgebungen (d. h. mit unterschiedlichen Materialen, Rahmenbedingungen, Sozialformen und Hilfestellungen) für die Initiierung entdeckenden Lernens, intensiver mathematischer Aktivitäten und fruchtbarer mathematischer Diskussion bereits bewährt (z. B. Hasemann 1985; Wienecke 1989; Wollring 2007).

Die Aufgabenstellung weist ein recht hohes Differenzierungspotenzial hinsichtlich möglicher Bearbeitungsniveaus auf: Sie lässt das mögliche Einstiegsniveau in die Aufgabenstellung offen und ist auch zieldifferent. Neben diesen beiden Kriterien für Selbstdifferenzierung genügt diese Aufgabenstellung auch in weiteren Aspekten dem didaktischen Anspruch der Selbstdifferenzierung, wie z. B. die Bearbeitungsgeschwindigkeit und die Materialauswahl.

Abb. 3: Ergebnisplakat aus der Studie

Als Material standen den Lernenden Quadratflächen aus Pappe sowie Karopapier unterschiedlicher Karogröße und ein Ergebnisplakat, Schere und Kleber zur Verfügung. Die Quadratflächen dienten der handelnden Unterstützung, damit Würfelnetzentwürfe zunächst gelegt, von den Lernenden analysiert und bei Bedarf variiert werden konnten, bevor sie aus dem Karopapier ausgeschnitten wurden. Beispielsweise boten die Quadratflächen die Möglichkeit, gelegte Netze durch Hochstellen der Quadratflächen auf die Eignung als Würfelnetze zu überprüfen. Jedes Arbeitspaar dokumentierte seine Arbeitsergebnisse auf einem Ergebnisplakat mit der Überschrift „unterschiedliche Würfelnetze" durch Aufkleben von Teilergebnissen (vgl. Abb. 3).

Das Ergebnis der Arbeit besteht in einer Sammlung von maximal 11 unterschiedlichen Würfelnetzen (vgl. Abb. 4).

Die jeweils durch Drehung oder Spiegelung hervorgehenden anderen Vertreter derselben Kongruenzklassen sollen nicht aufgeklebt werden:

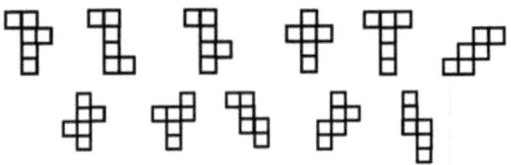

Abb. 4: Vollständige Liste aller unterschiedlichen Würfelnetze

Didaktische aufgabenbezogene Vorüberlegungen

Die Förderung des räumlichen Vorstellungsvermögens ist in Deutschland Gegenstand der Lehrpläne in der Grundschule und wird sinnvollerweise in der 5. Klasse wieder aufgegriffen, da die Entwicklung des räumlichen Vorstellungsvermögens in diesem Alter noch nicht abgeschlossen ist. Zudem ist die Raumvorstellung „eine bedeutsame Komponente der menschlichen Intelligenz und eine zentrale Fähigkeit, die unsere Wahrnehmung und Vorstellung von der Umwelt und damit die Qualität der Interaktion mit ihr nachhaltig beeinflusst" (Maier 1999, S. 4). Die Arbeit mit dem Würfel ist in eine Unterrichtseinheit zur Körpergeometrie eingebettet, bei der Erkenntnisse am Würfel exemplarisch erarbeitet und auf andere Körper übertragen werden. Umgesetzt wird diese Unterrichtseinheit zur Körpergeometrie in einem Stationsbetrieb.

Bei der in dieser Studie formulierten Würfelnetzaufgabe „Finde möglichst viele unterschiedliche Würfelnetze. Schneide sie aus und klebe sie auf das Ergebnisplakat" ergeben sich theoretisch drei aufgabenbezogene Tätigkeitsbereiche, die für die Aufgabenbearbeitung relevant sind:

- (systematisches) Produzieren von Würfelnetzen
- Überprüfen von Netzen auf die Eignung als Würfelnetz
- Identifizieren von kongruenten Würfelnetzen bzw. Netzen

In Bezug auf den letzten Tätigkeitsbereich sei angemerkt, dass das Kongruenzkonzept – anders als bei Wollring (2007), bei dem auch die Erfindung der Kongruenzen im Zentrum der Aktivitäten stand, – zur Reduktion der Komplexität der Lernumgebung und zugunsten einer weitgehend selbstständigen Aufgabenbearbeitung zuvor mit den Lernenden geklärt wurde. Die Aufgabenstellung und das bereitgestellte Material waren so konzipiert, dass die Lernenden Würfelnetze aktiv-konstruierend herstellen konnten. Der Wechsel von der Ebene in den Raum konnte mental oder auch konkret mit Unterstützung des Materials vollzogen werden. Vorstellbar war auch ein Vorgehen, das teilweise mental und teilweise am konkreten Material umgesetzt wird, sodass ein gedankliches Operieren angebahnt wird. Bei dem Produzieren von Würfelnetzen werden die Eigenschaften von Netzen und speziell von Würfelnetzen verinnerlicht.

Während der Aufgabenbearbeitung war zu erwarten, dass das Finden weiterer Würfelnetze für die Lernenden schwieriger wurde, je mehr Würfelnetze bereits vorlagen. Bei dem Erkennen von kongruenten Netzen erschien dies einfacher, wenn die Netze symmetrisch waren.

Allgemeine Erläuterungen zu speziellen Netzen

Im Verlauf der Datenauswertung dieser Studie werden individuelle Arbeitsprozesse analysiert. Einige sprachliche Vereinbarungen sind notwendig, um Handlungen und Produktionen der Lernenden möglichst adäquat zu beschreiben und damit auch die Formulierung der Codes zu unterstützen. Erklärt wird an dieser Stelle, wie bestimmte Begriffe im vorliegenden Kontext zu verstehen sind. Zusätzlich werden Abkürzungen aufgeführt, die im weiteren Verlauf dieser Studie verwendet werden:

a) Würfelnetz (WN): Als „Würfelnetz" wird in dieser Studie ein Netz – bestehend aus sechs gleichgroßen Quadraten – bezeichnet, das durch Zusammenfalten einen Würfel ergibt, also quasi „Schnittmuster zu einem Anzug für einen Würfel" (Wollring 2007, S. 2).

b) Netz: Der Terminus „Netz" ist ein Oberbegriff für die Gesamtheit aller Netze. „Würfelnetze" bilden eine Teilmenge der „Netze".

c) Nicht-WN: Bei einem „Nicht-WN" handelt es sich um ein Netz, das sich nicht zum Würfel falten lässt. Dieser Ausdruck wird bei der Datenanalyse nur verwendet, wenn die Daten eindeutig hergeben, dass es sich um kein „Würfelnetz" handelt.

d) Teilwürfelnetz: Ein „Teilwürfelnetz" ist ein Teil von einem Würfelnetz, d. h. ein Netz mit weniger als sechs Quadratflächen, das zu einem Würfelnetz ergänzt werden kann, z. B. die „Blume" (s. u.).

In der Abbildung 5 werden Begriffe für bestimmte Netzkonstellationen veranschaulicht:

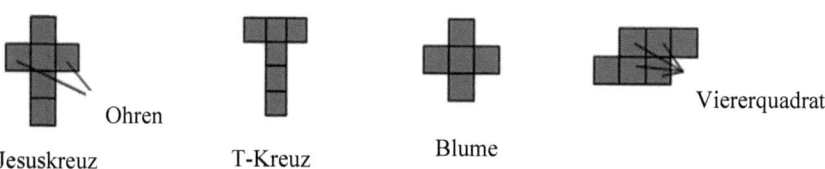

Jesuskreuz Ohren T-Kreuz Blume Viererquadrat

Abb. 5: Markante Netzkonstellationen

C Untersuchungsdesign und -methoden

Die folgenden Kapitel dienen dazu, das methodische Vorgehen im Hinblick auf die Durchführung des Forschungsprozesses und die Auswertung der Ergebnisse darzustellen und zu begründen. Eine detaillierte und schlüssige Beschreibung der Vorgehensweise ist wichtig, damit eine Nachvollziehbarkeit der Studie möglich ist. Bei der Methodik wurde auf kein Standardverfahren zurückgegriffen, sondern es wurden neue Wege erarbeitet, um das indirekt zugängliche Phänomen mathematischer Arbeitsniveaus und ihrer Niveauangemessenheit zu erfassen. Untersuchungsgrundlage dieser Studie sind individuelle Arbeitsprozesse, die auch Lernprozesse mit einschließen, aber nicht ausschließlich auf Lernfortschritte ausgelegt sind. Freudenthal unterstreicht die Wichtigkeit des Beobachtens von Prozessen für die Wissenschaft. Er betont dabei aber auch, dass nicht einfach nur beobachtet, sondern intelligent beobachtet werden soll. „Man muss ehe, man zu beobachten anfängt, wissen, worauf man achten will. Aber man darf das wieder nicht zu genau wissen, denn dann sieht man *nur* das, was man will" (Freudenthal 1974c, S. 123). Vor diesem Hintergrund wurde die Auswertung der vorliegenden Untersuchung geplant.

4 Untersuchungsanlage und Datenerhebung

In diesem Kapitel wird das qualitative Untersuchungsdesign dieser Studie beschrieben und begründet. Zusätzlich werden Entscheidungen für die Untersuchungsmethodik dargelegt. Bei der Entwicklung von Analysekonzepten in dieser Studie sind die drei folgenden Forschungsfragen leitend:

Frage 1: Wie verlaufen mathematische Arbeitsniveaus innerhalb von Arbeitsprozessen bei einer selbstdifferenzierenden Aufgabenstellung?

Frage 2: Wie passen die Arbeitsniveauverläufe in einer selbstdifferenzierenden Lernumgebung zum jeweiligen Leistungspotenzial der Lernenden?

Frage 3: Welcher Zusammenhang besteht zwischen unterrichtlichen Kontexbedingungen – wie Metakognition, Lehrerinterventionen sowie Kooperation – und mathematischen Arbeitsniveaus bei einer selbstdifferenzierenden Aufgabenstellung?

Um die Entwicklung der Analysekonzepte einordnen zu können, werden zunächst Entscheidungen für einen qualitativen Forschungsansatz und für Fallbeispiele als Untersuchungsmethode begründet.

4.1 Qualitativer Forschungsansatz

Individuelle mathematische Aktivitäten von Lernenden und die daraus resultierenden Arbeitsprozesse in einer selbstdifferenzierenden Lernumgebung stehen im Mittelpunkt dieser Studie. Mit Blick auf die formulierten Forschungsfragen nach den Tiefenstrukturen von Arbeitsprozessen gibt es gute Gründe für eine qualitative Vorgehensweise:

So gibt es bisher keine empirischen Befunde und keine standardisierten Analysewerkzeuge, um die Niveauangemessenheit von mathematischen Arbeitsprozessen bei einer selbstdifferenzierenden Aufgabenstellung zu analysieren. Eine standardisierte quantitative Untersuchungsmethode wäre aufgrund dieser fehlenden Vorkenntnisse nicht angemessen gewesen, wie schon Flick betont hat: „Standardisierte [quantitative] Methoden benötigen für die Konzipierung ihrer Erhebungsinstrumente [...] eine feste Vorstellung über den untersuchten Gegenstand, wogegen qualitative Forschung für das Neue im Untersuchten, das Unbekannte im scheinbar Bekannten offen sein kann" (Flick et al. 2003, S. 11ff.).

Ein qualitatives und relativ offenes Vorgehen erschien auch deshalb sinnvoll, da die Vielschichtigkeit und Spannbreite individueller mathematischer Arbeitsniveaus innerhalb von Arbeitsprozessen bei einer selbstdifferenzierenden Aufgabenstellung vor der Studie schwer einzuschätzen waren. Nicht unerwähnt bleiben darf in diesem Zusammenhang, dass sich qualitative und quantitative Vorgehensweisen von der Methodenanlage her nicht gänzlich ausschließen. Sie lassen sich gewinnbringend kombinieren (Engler 1997, S. 71f.). In der vorliegenden Untersuchung wurde eine qualitative Vorgehensweise an wenigen ausgewählten Stellen durch quantifizierende Elemente ergänzt, um die Analyseergebnisse zu stützen.

Qualitative Untersuchungsmethoden bieten eine relative Offenheit gegenüber zu untersuchenden Phänomenen im Gegensatz zu Forschungsstrategien, die beispielsweise mit normativen Konzepten arbeiten. Sie sind „näher an den Daten dran" (Flick et al. 2003, S. 11ff.). Genau diese Offenheit hinsichtlich einer unvoreingenommenen Sicht auf die Daten war bei den Forschungsfragen dieser Studie relevant, da diese unvoreingenommene Sicht auf die Arbeitsprozesse eine Chance bot, der Individualität gerecht zu werden. Die vorliegende Studie zeichnet sich durch eine hohe Gegenstandsnähe im Analyseprozess und durch die Formulierung allgemeiner Tendenzen über individuelle Verläufe mathematischer Arbeitsniveaus und deren Wirkungszusammenhänge mit unterrichtlichen Kontextbedingungen bei der vorliegenden selbstdifferenzierenden Aufgabenstellung aus.

Eine Prüfung vorher aufgestellter Hypothesen mit statistischen Methoden, wie es für viele quantitative Forschungsvorhaben charakteristisch gewesen wäre, war in dieser Studie nicht vorgesehen. Die untersuchte Stichprobe mit einer überschaubaren Anzahl Lernender (n=20) war zu klein, um repräsentative

Analyseergebnisse zu formulieren. Resultate dieser Studie beschreiben über die drei Forschungsfragen hinaus erste Hypothesen über unterrichtliche Kontextbedingungen zur Gestaltung von selbstdifferenzierenden Lernumgebungen, mit denen ein niveauangemessenes Arbeiten Lernender unterstützt werden kann. Ihre weitere systematische Evaluation muss einer späteren Studie vorbehalten bleiben.

4.2 Einzelfallanalyse

In dieser Studie wurde eine Einzelfallanalyse gewählt. In Einzelfallanalysen bemüht man sich, den Mensch in seinem konkreten Kontext und seiner Individualität zu verstehen (Lamnek 1988, S. 204). Eine Einzelfallanalyse bot sich an, da keine Generalisierung von Untersuchungsergebnissen vorgesehen war, sondern eine intensive, detaillierte Beschreibung von individuellen Arbeitsprozessen im Rahmen einer ausgewählten selbstdifferenzierenden Aufgabenstellung. Untersuchungsergebnisse zur Beschreibung von mathematischen Niveauverläufen in Arbeitsprozessen bei einer selbstdifferenzierenden Aufgabenstellung lagen bislang noch nicht vor. Angesichts des spärlichen Forschungsstands erschien daher eine explorative und detaillierte Untersuchung des Gegenstands zweckmäßig.

Einzelfallanalysen bieten die Möglichkeit einer Tiefenanalyse, die bei Forschungsfragen nach den Tiefenstrukturen individueller Arbeitsprozesse angemessen ist. Als Einzelfall wurde in der vorliegenden Untersuchung ein kompletter Arbeitsprozess – unter Einbezug der Kooperation eines Arbeitspaares und weiterer unterrichtlicher Kontextbedingungen – verstanden. Der Arbeitsprozess begann mit dem Lesen der Aufgabenstellung und wurde als abgeschlossen betrachtet, wenn das Arbeitspaar ihn als abgeschlossen erklärte oder in Ausnahmefällen die Lehrerin ihn aus organisatorischen Gründen beenden musste. Vereinzelt wurden Arbeitsprozesse für beendet erklärt, dann aber aus unterschiedlichen Gründen wieder aufgenommen. Solche fortgeführten Arbeitsprozesse galten dann lediglich als temporär beendet. Die aufwendige Analyse erforderte eine Beschränkung auf zehn Arbeitspaare (n=20).

4.3 Rahmenbedingungen der Studie

Da sich die Forschungsfragen auf das Verhalten von Lernenden im Unterricht beziehen, erschien es für die Gewährleistung ökologischer Validität unabdingbar, die Lernenden in einer für sie möglichst natürlichen Unterrichtssituation statt in einer Laborsituation zu beobachten.

Die Daten für diese Studie wurden deshalb im Rahmen einer Unterrichtseinheit „Körpergeometrie" am Ende eines 5. Schuljahres (in der „Realschule Henstedt-Ulzburg") in Schleswig-Holstein von der Mathematik- und Klassenlehrerin erhoben. Die Unterrichtseinheit „Körpergeometrie" war als mehrteiliger Stationsbetrieb aufgearbeitet; die Würfelnetz-Lernumgebung war eine Station. Die zehn jeweils geschlechtshomogen und relativ leistungshomogen zusammengesetzten Paare (vgl. Abschnitt 4.4) im Alter von 10 bis 12 Jahren bearbeiteten die Würfelnetz-Lernumgebung in einem ihnen vertrauten Differenzierungsraum.

In der im regulären Unterricht durchgeführten Aufgabenbearbeitung befanden sich die Arbeitspaare jeweils größtenteils allein in einem Raum. Zuweilen befanden sich zwei Arbeitspaare im gleichen Raum.

Dreizehn Arbeitspaare nahmen an der Studie teil. Alle Arbeitspaare kamen aus der gleichen Klasse. Drei Arbeitspaare standen der Auswertung aufgrund von krankheitsbedingten Ausfällen und defektem Filmmaterial nicht zur Verfügung, sodass zehn Arbeitsprozesse untersucht werden konnten. Innerhalb von zwei Wochen bearbeiteten alle Arbeitspaare die gleiche selbstdifferenzierende Aufgabenstellung. Einige Arbeitspaare mussten den Arbeitsprozess aufgrund des Stundenendes unterbrechen und am Folgetag fortsetzen.

Die Aufgabenbearbeitungen in Partnerarbeit wurden videografiert (vgl. Abschnitt 4.5). Die Studie wurde von der Mathematik- und Klassenlehrerin und gleichzeitig der Autorin dieser Studie im Sinne eines handlungsforschenden Ansatzes (Altrichter/Porsch 1998) durchgeführt. Durch die weitgehende Eigenständigkeit der Lernenden im Arbeitsprozess und durch die Videografie der kompletten Arbeitsprozesse von insgesamt 9h 30 min. Länge wurde die forschungsmethodisch gebotene Distanz der Forscherin zum Forschungsgegenstand gewahrt.

4.4 Partnerarbeit und Paarzusammenstellung

Die selbstdifferenzierende Würfelnetzaufgabe kann grundsätzlich in Einzel-, Partner- oder Gruppenarbeit bearbeitet werden. Die Aufgabenstellung wäre unabhängig von der Sozialform identisch. In dieser Studie fiel die Entscheidung auf eine Partnerarbeit, um die Effekte des kooperativen Arbeitens beobachten zu können. Forschungsmethodisch bieten Kommunikationsprozesse zudem greifbare Möglichkeiten, mathematische Aktivitäten zu identifizieren: Individuelle Denkweisen und Lösungsstrategien sowie Aushandlungsprozesse können über verbale Kommunikation einer Analyse zugänglich gemacht werden. Auf Gruppenarbeit wurde verzichtet, um soziale Aspekte nicht allzu sehr in den Vordergrund treten zu lassen. Eine Partnerarbeit ließ am ehesten ein ausgeglichenes Verhältnis zwischen inhaltlichen und sozialen Aspekten erwarten.

Damit die Partnerarbeit konstruktiv ablief und die Lernzeit möglichst den Aufgabeninhalten gewidmet wurde, wurden einige Vorüberlegungen bezüglich der Paarkonstellationen angestellt. Für die Paarzusammensetzung wurden Aspekte berücksichtigt, die einer Partnerarbeit förderlich sind: Die Lernenden einer Paarkonstellation sollten sich sozial akzeptieren und freiwillig miteinander arbeiten. Freundschaften innerhalb eines Arbeitspaares können die Zusammenarbeit sogar begünstigen, da unter diesen Umständen keine Kommunikationsbarrieren bestehen. Diese Aspekte sind förderlich für soziale Interaktionen, eine Voraussetzung für das Lernen voneinander (Webb et al. 2002b, S. 982). Götze (2007, S. 37ff.) nennt Befunde zum individuellen Lernzuwachs in der Gruppenarbeit und fasst zusammen, dass nicht die Gruppenzusammensetzung für den Lernzuwachs verantwortlich ist, sondern die „Art der Interaktion".

Unterscheiden sich die Lernvoraussetzungen der Arbeitspartner zu sehr, kann eine Zusammenarbeit erschwert werden: Bei einem zu großen Leistungsgefälle besteht die Gefahr, dass die Ergebnisse nicht gemeinsam, sondern von dem leistungsstärkeren Arbeitspartner erarbeitet werden. Selten profitieren bei einem ausgeprägten Leistungsgefälle beide Arbeitspartner von der Kooperation. Setzt sich die Sicht- und Vorgehensweise des leistungsstärkeren Partners durch, läuft das Arbeitsergebnis quasi auf dessen Einzelresultat hinaus, was in dieser Studie nicht gewünscht war. Insbesondere in Hinblick auf die Datenauswertung musste bedacht werden, dass – bei einem ausgeprägten Leistungsgefälle innerhalb eines Arbeitspaares – ein Lernender sich dem anderen unterordnen kann und erwartete Verhaltensmuster wie Aushandlungs- oder Abstimmungsprozesse nicht stattfinden.

Leistungshomogene Arbeitspaare können sich leichter auf eine Sicht- und Vorgehensweise einigen, die Diskrepanz der Ebenen, auf denen sie kommunizieren, ist überwindbar, sodass eine sinnvolle inhaltliche Kommunikation möglich und auch eher wahrscheinlich ist. Bei einem geringen Kompetenzgefälle fällt es den Beteiligten leichter, die eigene fachliche Meinung zu äußern und Begründungen auf einem Niveau abzugeben, das für den Arbeitspartner verständlich bzw. angemessen ist. Eine Ausnahme bilden leistungshomogene Arbeitspaare, die relativ niedrige fachliche Voraussetzungen aufweisen. Eine solche Paarkonstellation birgt die Gefahr in sich, dass die fachlichen Ideen gänzlich fehlen und die Aufgabenbearbeitung irgendwann stagniert.

Vor dem oben ausgeführten Hintergrund schienen für die vorliegende Untersuchungsintention Paarzusammensetzungen sinnvoll, die homogen bezüglich ihrer mathematischen Kompetenzen waren, wohingegen Kompetenzen hinsichtlich metakognitiver Kompetenzen und Kooperationsfähigkeit bei der Paarzusammensetzung unberücksichtigt blieben. Dies lag darin begründet, dass hinsichtlich der Metakognition sowohl homogene Arbeitspaare als auch heterogene Arbeitspaare aufschlussreich sein könnten. Die Paarkonstellationen wurden während des Untersuchungsverlaufs nicht gewechselt, da ein mathematischer Niveauverlauf mit wechselnden Arbeitspartnern nicht Gegenstand dieser Untersuchung war.

4.5 Datenerhebung der Arbeitsprozesse durch Videoaufnahmen

Die Interaktionen der Lernenden in den zehn Arbeitsprozessen wurden mit Videoaufnahmen erfasst. Analysegrundlage für diese Studie war Filmmaterial mit einer Gesamtlänge von 9h 30min. Dieses Filmmaterial wurde mit produktbezogenen Daten aus den Arbeitsresultaten und ganzheitlichen Leistungsprofilen (vgl. Abschnitt 4.6) ergänzt, die durch einen normierten Leistungstest (vgl. Abschnitt 4.6) abgesichert wurden. Durch die Videografie der kompletten Arbeitsprozesse wurde neben der weitgehenden Eigenständigkeit der Lernenden in den Arbeitsprozessen die notwendige Distanzierung der Handlungsforscherin (Altrichter/Posch 1998) hergestellt.

Die Entscheidung für eine Datenerhebung durch Videoaufzeichnung von Arbeitsprozessen lag u. a. darin begründet, dass Arbeitsprozesse in einer selbstdifferenzierenden Lernumgebung recht komplex sein können. Es war wichtig, Arbeitsprozesse möglichst uneingeschränkt und authentisch zu erfassen, um diese Komplexität zu erhalten und einer Analyse zugänglich zu machen. Die Datenerhebung sollte die Sicht auf die Daten möglichst wenig einschränken:

„Sie [die Verwendung von Kameras, C.S.] ermöglichen detaillierte Aufzeichnungen von Fakten wie auch eine umfassende und ganzheitliche Darstellung [...] Sie können Fakten und Prozesse einfangen, die zu schnell oder zu komplex für das menschliche Auge sind [...] und sind schließlich weniger selektiv als Beobachtungen" (Flick 2006, S. 222). Ein visuelles Datenmaterial bietet die Möglichkeit – neben verbalen Daten – auch begleitende Handlungen und soziale Interaktionen zu beobachten und zu analysieren. Die Unterrichtssituationen lassen sich über eine indirekte Beobachtung mithilfe des Filmmaterials gleich mehrfach analysieren (Re-Analyse).

Erfahrungen mit Filmaufnahmen zeigen, dass die Videokamera im Klassenraum für die Lernenden zunächst ungewohnt ist und zum Teil auch kurz thematisiert wird, dann aber relativ zügig in den Hintergrund rückt und die Lernenden sich mit den Aufgabeninhalten auseinandersetzen.

Die Untersuchungsergebnisse sollen einen unterstützenden Beitrag zur Umsetzung selbstdifferenzierender Aufgabenstellungen im Mathematikunterricht liefern. Deshalb wurden die Daten in einer authentischen Unterrichtssituation in einem den Lernenden bekannten Umfeld der Schule erhoben, sodass diese sich auf die Aufgabenbearbeitung konzentrieren konnten. Damit waren die Lernenden wie im Schulalltag bemüht, lediglich fachliche Erwartungen zu erfüllen. Sie wurden nicht aus den ihnen bekannten Unterrichtsroutinen und Gewohnheiten gerissen.

4.6 Erfassung des Leistungspotenzials

Eine Erfassung der Leistungspotenziale der Lernenden war mit Blick auf die zweite Forschungsfrage wichtig: Wie passen die Arbeitsniveauverläufe in einer selbstdifferenzierenden Lernumgebung zum jeweiligen Leistungspotenzial der Lernenden? Zur Beantwortung dieser Forschungsfrage wurden die mathematischen Arbeitsniveaus innerhalb von individuellen Arbeitsprozessen, die Performanzen, in Relation zu möglichen mathematischen und metakognitiven Fähigkeiten, den Leistungspotenzialen, von Lernenden gesetzt.

Das Leistungspotenzial der Lernenden wird in dieser Arbeit als die situationsübergreifenden mathematischen und metakognitiven Fähigkeiten der Lernenden und mithilfe folgender drei Instrumente erfasst: einem standardisierten Leistungstest, die Mathematiknote der Lernenden und einem umfassenderem Leistungsprofil. Zur Erfassung der Leistungspotenziale wurden von der handlungsforschenden Fachlehrerin ganzheitliche Leistungsprofile der 20 Lernenden erstellt, die auf Unterrichtsbeobachtungen, Hausaufgaben und Klassenarbeiten basierten.

Die handlungsforschende Fachlehrerin unterrichtete die Lernenden zum Zeitpunkt der Datenerhebung seit knapp einem Jahr im Unterrichtsfach Mathematik. In dieser Zeit wurden vielfältige Unterrichtskonzepte genutzt, um mathematische Arbeitsprozesse anzubahnen, die auf mögliche Leistungsniveaus der Lernenden schließen ließen. Leistungspotenziale können vor allem dann sehr genau beschrieben werden, wenn die Fachkraft über die Möglichkeit verfügt, Lernende über einen längeren Zeitraum in mathematische Arbeitsprozesse einzubinden und dabei zu beobachten. Bei den ganzheitlichen Leistungsprofilen standen vor allem prozessorientierte mathematische Kompetenzen, insbesondere aus dem Bereich der Geometrie, im Vordergrund: Problemlösefähigkeit, analytisches Denkvermögen, mathematische Kreativität und deren Umsetzung (vgl. Abschnitt 6.3). Neben den mathematischen Kompetenzen bezogen sich die Leistungsprofile auch auf arbeitsmethodische Aspekte wie Konzentrations- und Durchhaltevermögen, Exaktheit des Arbeitens und Kooperationsfähigkeit. Beobachtungen im Unterricht wurden durch Beurteilungen aus Klassenarbeiten und den Hausaufgaben ergänzt.

Die ganzheitlichen Leistungsprofile hatten den Vorteil, ein facettenreiches Bild über die längerfristigen Leistungen zu ermöglichen, trugen aber die Gefahr der Subjektivität und fehlenden Distanzierung der Forscherin in sich. Daher wurde zur Triangulierung der Einschätzung der individuellen Leistungspotenziale ein standardisierter Leistungstest eingesetzt. Nach der Bearbeitung der Würfelnetzaufgabe unterzog sich jeder Lernende einem normierten Leistungstest. Aus dem Forschungsprojekt „PALMA" (**P**rojekt zur **A**nalyse der **L**eistungsentwicklung in **Ma**thematik) von Rudolf vom Hofe et al. wurde freundlicherweise ein Testinstrument zur Verfügung gestellt. Die Längsschnittstudie befasst sich mit der Entwicklung und den Bedingungen von Mathematikleistungen in der Sekundarstufe I (vom Hofe et al. 2005, S. 278ff.). Der standardisierte Leistungstest wurde speziell für die Erfassung von mathematischen Fähigkeiten in der Sekundarstufe I aller Schularten entwickelt. Er bezieht prozessorientierte Aktivitäten und inhaltliches Denken mit ein. Der Test wurde nicht nur herangezogen, weil er inhaltlich gut passte, sondern auch, weil er ein relativ großes Leistungsspektrum adäquat abdeckte und für die entsprechende Altersgruppe vorlag. Der Test wurde zeitnah mit der Datenerhebung der vorliegenden Untersuchung in 50-minütiger Einzelarbeit durchgeführt. Eine Möglichkeit zur inhaltlichen Kommunikation wurde den Lernenden während der Testdurchführung nicht gegeben. Testergebnisse dieser Studie befinden sich in Tabelle 2 in Abschnitt 7.1. Diese ganzheitlichen, individuellen Leistungsprofile lieferten für diese Studie Daten, die sich in einem weiteren Analyseschritt in Relation zu Performanzen setzen ließen.

5 Durchführung und Datenauswertung

Dieses Kapitel beschreibt die Durchführung und Vorgehensweise bei der Datenauswertung der Studie in chronologischer Reihenfolge entlang der drei zentralen Forschungsfragen.

5.1 Datenaufbereitung: Transkription und zusammenfassende Verlaufsprotokolle

Mit der Transkription eines kompletten Arbeitsprozesses und der Anfertigung von zusammenfassenden Verlaufsprotokollen der restlichen neun Arbeitsprozesse wurden die Daten direkt aus dem Filmmaterial aufbereitet. Diese Datenaufbereitung schloss die Lücke zwischen der Datenerhebung und Datenanalyse. Die Transkription zielte darauf ab, einen videografierten Arbeitsprozess in einer Form aufzuarbeiten, dass er ohne wesentlichen Informationsverlust vor dem Hintergrund der zu behandelnden Forschungsfragen und ohne Einschränkung durch eine verfrühte Datenselektion analysiert werden konnte.

Das lückenlose Transkript eines Arbeitsprozesses wurde im Rahmen einer Feinanalyse ausgewertet (vgl. Kapitel 6). Transkriptauszüge befinden sich im Anhang dieser Arbeit. In Zweifelsfällen wurde auf das Filmmaterial zurückgegriffen. Es handelte sich um eine mathematikdidaktische Auswertung des Transkripts, keine sprachanalytische, daher wurde von einer Transkription nach linguistischen Standards abgesehen. Das folgende Transkriptionssystem wurde in Anlehnung an die kommentierte Transkription nach Mayring (2002, S. 85ff.) entwickelt. Die Kommentare wurden zugunsten der Lesbarkeit möglichst übersichtlich gehalten:

. .	=	kurze Pause
(geht raus), (Lachen)	=	Charakterisierung von nicht sprachlichen Vorgängen bzw. Sprechweise, Tonfall; die Charakterisierung steht vor den entsprechenden Stellen
(. .),(...)	=	Unverständlich
das	=	auffällige Betonung
jaaa	=	Gedehnt
[ergänzender Kommentar]	=	Kommentar der Betrachterin
[...]	=	Lücke im Transkript.

Bei den zusammenfassenden Verlaufsprotokollen handelt es sich um Beschreibungen der Arbeitsprozesse. Relevante Sequenzen der Arbeitsprozesse wurden innerhalb der zusammenfassenden Verlaufsprotokolle zusätzlich transkribiert. Der stets mögliche Rückgriff auf die Videos während der Analyse führte zur Transkription weiterer relevanter Sequenzen im Verlauf der Studie, insbesondere in Hinblick auf die Auswertung der unterrichtlichen Kontextbedingungen in Bezug auf die 3. Forschungsfrage (vgl. Kapitel 4). Die zusammenfassenden Verlaufsprotokolle wurden im Rahmen der Breitenanalyse ausgewertet (vgl. Kapitel 7). Die Sequenzen in dem Transkript und in den zusammenfassenden Verlaufsprotokollen sind chronologisch durchnummeriert. Werden einzelne Sequenzen in der Analyse (vgl. Kapitel 6 und 7) aufgeführt, wird folgende Nomenklatur verwendet: Beispielsweise eine Sequenz aus dem Arbeitsprozess von Kim und Leonie (KL) wird folgendermaßen gekennzeichnet: KL Sequenz 13. Bei dieser Sequenz handelt es sich um die 13. Sequenz aus dem Arbeitsprozess von Kim und Leonie. Sind lediglich einzelne Zeilen aus der Sequenz aufgeführt, ist die Bezeichnung analog: KL Zeile 13-1, hier ist die erste Aussage aus der 13. Sequenz des Transkripts von Kim und Leonie gemeint.

Zur Veranschaulichung der Fallbeispiele in der Datenauswertung (vgl. Kapitel 6 und 7) werden Sequenzen aus den Arbeitsprozessen gezeigt, bei denen je nach Analysefokus neben dem Arbeitsniveau der Code, die metakognitive Aktivität oder die kooperative Aktivität aufgeführt werden. Sequenzen aus Lehrerinterventionen (vgl. Abschnitte 6.5.2 und 7.3.2) enthalten ausschließlich den Transkriptausschnitt bzw. den Auszug aus dem zusammenfassenden Verlaufsprotokoll, da dort keine Codierung stattgefunden hat (vgl. Abschnitt 5.2.3).

5.2 Analyse individueller mathematischer Niveauverläufe

In diesem Abschnitt wird die Vorgehensweise erläutert, um die Verläufe individueller mathematischer Arbeitsniveaus innerhalb der Arbeitsprozesse bei der vorliegenden selbstdifferenzierenden Würfelnetzaufgabe zu erfassen und darzustellen. Dazu wurde ein weitgehend aufgabenspezifisches Kategoriensystem entwickelt, das von dem Transkript und von den zusammenfassenden Verlaufsprotokollen der Arbeitsprozesse zu individuellen Verlaufsbeschreibungen mathematischer Arbeitsniveaus in Form von Verlaufsplots führte.

Die Vorgehensweise zur Erfassung der individuellen mathematischen Niveauverläufe umfasste neben der Entwicklung von Codes und der Codierung auch die Kategorisierung individueller mathematischer Arbeitsniveaus. Die Beschreibung der Vorgehensweise bei der Datenauswertung in dieser Studie wurde unter Bezugnahme auf die Feinanalyse (vgl. Kapitel 6) vorgenommen, da dort die Vorgehensweise an dem vorliegenden Datenmaterial exemplarisch konkretisiert worden war. Das Codieren und die Entwicklung eines Kategoriensystems waren nicht nur ein Aspekt der Datenanalyse, dieser Analyseschritt führte zur Beantwortung der ersten Forschungsfrage: Wie verlaufen mathematische Arbeitsniveaus innerhalb von Arbeitsprozessen bei einer selbstdifferenzierenden Aufgabenstellung? Im weiteren Verlauf der Datenauswertung wurde das Kategoriensystem erweitert (vgl. Abschnitt 5.4), um eine Analysegrundlage für die unterrichtlichen Kontextbedingungen zu schaffen.

5.2.1 Übersicht über die schrittweise Entwicklung des Kategoriensystems

Um eine Orientierung bei der schrittweisen Entwicklung des Kategoriensystems zu geben, wird in nachfolgenden Abbildung 6 eine grobe Übersicht über die einzelnen Analyseschritte in chronologischer Reihenfolge von der Videographie bis zu der Darstellung der individuellen Niveauverläufe in Verlaufsplots gegeben: Die Analyseschritte der Feinanalyse (vgl. Kapitel 6) sind identisch zu denen in der Breitenanalyse (vgl. Kapitel 7), die einzelnen Analyseschritte werden im Rahmen der Breitenanalyse jedoch nicht so detailliert dargelegt.

Zu Beginn der Analyse (*Schritt 1*) wurde das komplette Filmmaterial grob gesichtet, um einen Eindruck davon zu erhalten, wie die Arbeitspaare mit der Aufgabenstellung umgingen, wie mathematische Aktivitäten innerhalb der Arbeitsprozesse verliefen und wie die Lernenden die Lernzeit nutzten. Diese erste Sichtung des Filmmaterials diente zusätzlich einer Sensibilisierung der Forscherin für mathematische Aktivitäten in der vorhandenen selbstdifferenzierenden Würfelnetz-Lernumgebung. Aus den Videoaufnahmen wurde der Arbeitsprozess eines Arbeitspaares für die Feinanalyse (vgl. Kapitel 6) ausgewählt. Kriterium war, dass der gewählte Arbeitsprozess facettenreich war und eine vergleichbar große Bandbreite von mathematischen Arbeitsniveaus und Niveauwechseln bot. Die übrigen neun Arbeitsprozesse wurden anschließend einer Breitenanalyse unterzogen (vgl. Kapitel 7).

Die Datenaufbereitung des Filmmaterials wurde mit der Transkription und Anfertigung von zusammenfassenden Verlaufsprotokollen der kompletten Arbeitsprozesse (*Schritt 2*) fortgesetzt.

Eine Codegenerierung auf Basis des Transkripts und der zusammenfassenden Verlaufsprotokolle (*Schritt 3*) erweiterte ein bisheriges theoriegeleitetes minimales Codegerüst, das während der aufgabenbezogenen Vorüberlegungen erstellt worden war und direkt am Datenmaterial erweitert wurde. Die Codierung samt der Entwicklung eines Codegerüsts war ein zentraler Analyseschritt, da die Arbeitsprozesse über mathematische Aktivitäten, die Codes, erfasst wurden (vgl. Abschnitt 5.2.2).

Durch Gruppierung der Codes in unterschiedliche aufgabenbezogene Anspruchsebenen wurden mathematische Niveaustufen herausgearbeitet. Für die Bildung des Kategoriensystems wurden die Codes zusätzlich inhaltlichen Tätigkeitsbereichen zugeordnet (*Schritt 4*) (vgl. Abschnitt 5.2.4).

Verlaufstypen von individuellen Arbeitsprozessen wurden durch unterschiedliche Kriterien gebildet (*Schritt 5*), z. B. durch „die vorrangige Niveauhöhe im Prozessverlauf" (vgl. Abschnitt 5.2.4).

Mathematische Aktivitäten hatten bei der Analyse der Arbeitsprozesse in dieser Studie eine große Bedeutung, da sie nicht nur für die Prozesserfassung dienlich waren, sondern auch für eine mathematische Bewertung. Um die Verläufe der mathematischen Arbeitsniveaus der zehn Arbeitsprozesse einer weiteren Analyse zugänglich zu machen, wurden diese zusammenfassend in Verlaufsplots dargestellt (*Schritt 6*) (vgl. Abschnitt 5.2.4).

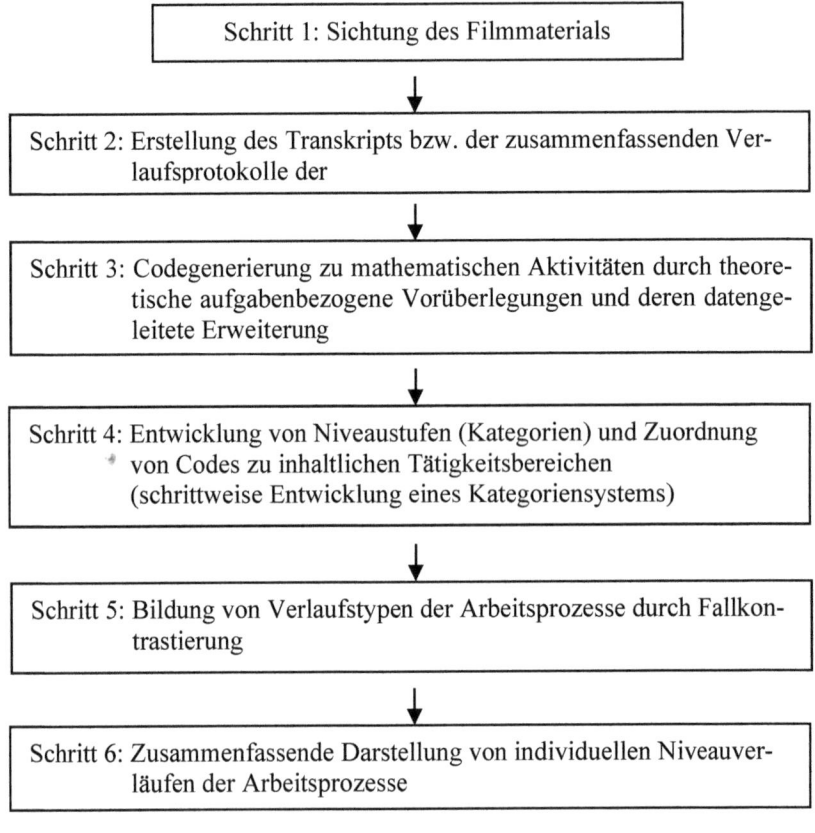

Abb. 6: Übersicht über die schrittweise Entwicklung des Kategoriensystems

5.2.2 Entwicklung eines theoriegeleiteten Codegerüsts und von aufgabenbezogenen Tätigkeitsbereichen

Zum Einstieg in die Analyse wurde auf die theoretischen aufgabenbezogenen Vorüberlegungen (vgl. Teil B „Gestaltung der Lernumgebung und aufgabenbezogene Vorüberlegungen") zurückgegriffen. Diese theoretische Auseinandersetzung mit der Aufgabenstellung führte zur Entwicklung eines ersten theoriegeleiteten Codegerüsts (Böhm 2000), indem aufgabenspezifische mathematische Aktivitäten entlang der zentralen Themen der Aufgabenbearbeitung theoretisch herausgearbeitet und als Codes formuliert wurden:

- Suchen nach möglichen Netzen (durch kombinatorische oder geometrische Überlegungen);
- Überprüfen eines Netzes auf Eignung als Würfelnetz (durch materialgestütztes oder mentales Hochstellen zum Würfel);
- Überprüfen, ob ein gefundenes Würfelnetz bereits gefunden worden ist (durch Vergleich mit Drehen und Spiegeln, materialgestützt oder mental);
- Klassifizieren von Würfelnetzen nach unterschiedlichen Kriterien wie Symmetrie oder auch „längste Kette von Quadratflächen" (durch Vergleichen und Spiegeln, materialgestützt);
- Identifizieren eines als Würfelnetz festgehaltenen Nicht-Würfelnetzes (durch materialgestütztes oder mentales Hochklappen zum Würfel oder durch geometrische Überlegung);
- Überprüfen und Argumentieren der Vollständigkeit der gefundenen Würfelnetze.

Diese Codes bildeten ein Codegerüst, das eine erste Orientierung beim weiteren Codieren bot. Zusätzlich wurde die Forscherin durch die ersten Überlegungen zu einem prozessorientierten Umgang mit der selbstdifferenzierenden Würfelnetzaufgabe für mögliche Aufgabenbearbeitungen sensibilisiert. Dies schärfte den uneingeschränkten Blick für aufgabenspezifische mathematische Aktivitäten.

Das in diesem Abschnitt vorgestellte minimale theoretische Codegerüst war noch recht allgemein und beinhaltete keine Individualität und mögliche Vielfalt hinsichtlich der mathematischen Aktivitäten. Von daher war es für einen ersten Einstieg in die Analyse der individuellen Arbeitsprozesse zunächst ausreichend, musste aber durch Codes direkt aus dem Datenmaterial erweitert werden (vgl. Abschnitt 5.2.3), wenn es den vorliegenden individuellen Arbeitsprozessen gerecht werden wollte.

Eine weitere theoretische Grundlage bei der Entwicklung und Formulierung von Codes waren typische Aktivitäten beim mathematischen Arbeiten, wie sie bei Winter (1975) in der Liste allgemeiner Lernziele und bei Fischer und Malle (1985) zusammengefasst sind (vgl. Abschnitt 1.3).

Die aufgabenbezogenen Vorüberlegungen führten nicht nur zu ersten Codes, sondern auch zu fachlichen Tätigkeitsbereichen (vgl. Teil B „Gestaltung der Lernumgebung und aufgabenbezogene Vorüberlegungen"), die wesentliche Teilarbeitsschritte des Lösungsprozesses innerhalb der Aufgabenbearbeitung widerspiegelten. Diese Tätigkeitsbereiche waren durch eine Arbeitsniveauunabhängigkeit gekennzeichnet und konnten daher seitens der Lernenden auf unterschiedlichen Arbeitsniveaus bearbeitet werden:

- „Suchen nach Würfelnetzen"
- „Prüfen eines Netzes auf Eignung als Würfelnetz"
- „Prüfen eines Würfelnetzes auf bereits vorhandenes Würfelnetz".

Bei der späteren Analyse boten diese Tätigkeitsbereiche eine Stütze.

In den weiteren Analyseschritten wurde das minimale Codegerüst zunächst zu einem umfassenden Codegerüst erweitert, das auch mathematisch nicht tragfähige Aktivitäten erfasste. Die fachlichen Tätigkeitsbereiche wurden später für die Konstruktion des Kategoriensystems verwendet.

5.2.3 Codierung nach mathematischen Aktivitäten

In diesem Analyseschritt zur Datenauswertung wird die Generierung weiterer Codes als Erweiterung des theoriegeleiteten Codegerüsts (vgl. Abschnitt 5.2.2) beschrieben. Auch hier ging es bei der Erweiterung des Codegerüsts um das Codieren hinsichtlich mathematischer Aktivitäten in Arbeitsprozessen. Arbeitsprodukte standen zwar in einem engen Zusammenhang mit den Arbeitsprozessen, wurden aber nicht codiert. In diesem Abschnitt wird nicht nur die Vorgehensweise des Codierens beschrieben, sondern es werden auch die spezifischen Charakteristika von Arbeitsprozessen durch Codes dargelegt.

Das durch aufgabenbezogene theoretische Vorüberlegungen entstandene Codegerüst notwendiger mathematischer Aktivitäten wurde datengeleitet erweitert und ausgeschärft durch aufgabenspezifische Codes für eine datennahe Erfassung der rekonstruierbaren individuellen Aktivitäten. Da die Codes aufgabenspezifisch entwickelt wurden, sind sie nur durch Analogisieren auf andere Aufgabenstellungen übertragbar. Die Codegenerierung wurde bewusst aufgabenspezifisch vorgenommen, damit speziell für die vorliegende selbstdifferenzierende Aufgabenstellung ein Einblick in mögliche mathematische Arbeitsniveaus geschaffen werden konnte. Außerdem war es möglich, die Arbeitsprozesse detailliert und in ihrer Individualität zu erfassen und zu beschreiben. Der größte Teil der Codes wurde auf diese Weise induktiv als Ausdifferenzierung der theoretischen Vorüberlegungen generiert.

Nicht unerwähnt soll bleiben, dass kein Arbeitsprozess durchgängig auf den Niveaus III und IV ablaufen kann, da Phasen mit niedrigerem Ertrag (Arbeitsniveau II) für das Voranbringen genuin zum mathematischen Arbeiten dazugehören.

Tabelle 1 zeigt Beispiele für die Codes dieser Studie aus unterschiedlichen Arbeitsprozessen. Die Entwicklung des Kategoriensystems wird in Abschnitt 5.2.4 ausführlich beschrieben. Die Chronologie der mathematischen Aktivitäten innerhalb von Arbeitsprozessen wird bei dieser tabellarischen Übersicht nicht berücksichtigt.

Aufgabenbezogene Tätigkeitsbereiche: Mathematische Arbeitsniveaus:	Suchen nach WN	Prüfen von Netzen auf Eignung als WN	Prüfen von WN auf bereits vorhandenes WN
IV. Kognitiv anspruchsvolle mathematische Aktivitäten (bringen den Lösungsweg voran und/oder sind kognitiv anspruchsvoll)	produzieren weiteres WN durch systematisches Verändern eines bekannten WN produzieren weiteres WN durch systematisches Verändern eines Nicht-WN systematisieren ihr Vorgehen beim Suchen weiterer WN mathematisch sinnvoll	argumentieren mathematisch korrekt, warum es sich um kein WN handelt argumentieren mathematisch korrekt, warum es sich um ein WN handelt	argumentieren mathematisch korrekt, warum es sich um ein doppeltes WN handelt argumentieren mathematisch korrekt, dass WN unterschiedlich sind, wenn sie nicht durch Drehung zur Deckung gebracht werden können
III. Mathematisch tragfähige Aktivitäten (bringt den Lösungsweg voran)	schlagen sinnvolle Vorgehensweise zum Produzieren von WN vor produzieren weiteres WN durch systematisches Vorgehen rufen bekanntes WN aus dem Gedächtnis ab	identifizieren weiteres WN durch korrektes Prüfverfahren argumentieren mathematisch korrekt, dass WN immer aus sechs Quadratflächen bestehen verallgemeinern Aussage über Netze mit bestimmten Flächenkonstellationen	fertigen Übersicht von allen bereits gefundenen Teilergebnissen an, um doppelte WN zu vermeiden vergleichen produziertes WN systematisch mit bereits vorhandenen WN

Aufgabenbezogene Tätigkeitsbereiche: Mathematische Arbeitsniveaus:	Suchen nach WN	Prüfen von Netzen auf Eignung als WN	Prüfen von WN auf bereits vorhandenes WN
II. Bedingt mathematisch tragfähige Aktivitäten (bringen den Lösungsweg indirekt voran)	produzieren in einer frühen Arbeitsphase Nicht-WN ohne erkennbare Strategie produzieren Nicht-WN durch Verändern eines bereits bekannten WN produzieren Nicht-WN und identifizieren Netz korrekt durch Prüfverfahren produzieren bereits vorhandenes WN suchen in fortgeschrittener Arbeitsphase WN ohne erkennbare Strategie verwerfen doppeltes WN ohne Analyse	verwerfen Nicht-WN ohne Prüfung auf WN verwerfen bereits vorhandenes WN ohne Analyse prüfen Nicht-WN korrekt durch Hochstellen der Quadratflächen auf WN identifizieren doppeltes WN als WN durch korrekt durchgeführtes Prüfverfahren identifizieren doppeltes WN durch korrektes Prüfverfahren identifizieren Nicht-WN durch korrektes Prüfverfahren identifizieren Nicht-WN schneiden WN aus Papier aus und überprüfen es korrekt durch Falten	fertigen Übersicht von allen bereits gefundenen Teilergebnissen an, um doppelte WN zu vermeiden stellen fest, dass wiederholt das gleiche WN als Ergebnis akzeptiert haben
I. Mathematisch nicht tragfähige Aktivitäten (bringen den Lösungsweg nicht voran)	formulieren fachliche Beschränkung beenden Aufgabenbearbeitung vorzeitig nur mit Teilergebnis verwerfen weiteres WN, ohne es auf WN zu prüfen	akzeptieren Nicht-WN als WN durch fehlerhaftes Prüfverfahren identifizieren WN durch fehlerhaftes Prüfverfahren nicht stellen mathematisch nicht korrekte Behauptung auf	akzeptieren doppeltes WN als Teillösung

Tab. 1: Übersicht über die aufgabenspezifischen Codes

Das Transkript und die zusammenfassenden Verlaufsprotokolle wurden nahezu lückenlos codiert, sodass sämtliche ersichtlichen mathematischen Aktivitäten durch Codes erfasst wurden. Da die mathematischen Aktivitäten der Lernenden während einer Intervention der Lehrerin nicht immer eigenverantwortlich ausgeführt wurden, wurden diese Sequenzen nicht codiert.

Ausgewählte Sequenzen aus dem codierten Transkript und aus einem zusammenfassenden Verlaufsprotokoll befinden sich im Anhang dieser Arbeit. Ein Code beinhaltet eine mathematische Aktivität. Die Codes weisen einen tätigkeitsbeschreibenden Charakter auf, z. B. „argumentieren mathematisch korrekt, warum es sich um kein WN handelt". Unterschiedliche Codes können inhaltlich sehr nah beieinanderliegen, sich aber durch Nuancen unterscheiden, z. B. taucht der Code „produzieren weiteres WN" in unterschiedlichen Varianten auf (vgl. Tab. 1). Dies hängt damit zusammen, dass die Codes möglichst genau beschreiben sollten, was den Daten entnommen werden konnte. Die folgenden beiden Codes sind ein weiteres Beispiel für inhaltlich nahe beieinanderliegende Codes: „argumentieren mathematisch korrekt, dass WN immer aus sechs Quadratflächen bestehen" und „treffen Aussage, dass WN immer aus sechs Quadratflächen bestehen". Bei dem an erster Stelle aufgeführten Code wird eine Begründung mitgeliefert, die bei dem zweiten Code nicht vorhanden ist.

Die mathematischen Aktivitäten konnten in den Videoaufzeichnungen mit einem unterschiedlichen Detaillierungsgrad beobachtet werden. Von daher können Codes, die inhaltlich ähnlich waren, eine unterschiedliche Genauigkeit im Hinblick auf ihre Beschreibung aufweisen: „produzieren in einer frühen Arbeitsphase Nicht-WN ohne erkennbare Strategie" und „produzieren Nicht-WN durch Verändern eines bereits bekannten WN". War inhaltlich die Zuordnung zweier Codes zu einer mathematischen Aktivität möglich, wurde situativ nach dem Handlungsstrang des Arbeitsprozesses entschieden.

Das Resultat dieses Analyseschritts war eine aufgabenspezifische Sammlung unterschiedlicher Codes (Auszüge vgl. Tab. 1), die mathematische Aktivitäten der individuellen Arbeitsprozesse beschreiben. Die Codes wurden durch das Einordnen ins Kategoriensystem in einem späteren Analyseschritt niveauspezifisch systematisiert. Es handelte sich um eine Codierung mit dem Ziel der Kategorisierung (vgl. Flick 1998, S. 196).

Wie bereits in Abschnitt 1.2 begründet wurde, wurden in dieser Studie Arbeitsprozesse auf ihre Niveauverläufe hin untersucht, nicht allein auf die Korrektheit und Vollständigkeit der Arbeitsresultate, um die Niveaus von Arbeitsprozessen zu messen. Hierfür wurden einzelne mathematische Aktivitäten als kleinste empirische Einheit der Arbeitsprozesse analysiert, hinsichtlich ihrer Niveaus kategorisiert und in ihren Verläufen betrachtet. Die Gründe für diesen prozessorientierten Fokus lassen sich wie folgt zusammenfassen: Die Niveaus von Arbeitsergebnissen und den dazugehörigen Arbeitsprozessen können auseinanderfallen. Ein zweiter Grund für einen prozessorientierten Fokus liegt in empirischen Befunden zur Unterrichtsqualität, dass die Lernwirksamkeit von Unterrichtsaktivitäten stärker durch die Prozessintensität als durch die Richtigkeit der Ergebnisse bestimmt wird (Blum et al. 2005). Ein dritter, eher theoretischer Grund liegt in der konstruktivistischen Auffassung von Mathematiklernen begründet, in der Lernen als Vorgang aufgefasst wird, der Wissen entstehen lässt: „Mathematik ist keine Menge von Wissen. Mathematik ist eine Tätigkeit, eine Verhaltensweise, eine Geistesverfassung" (Freudenthal 1982, S. 140).

Die Codierung und Kategorisierung der Arbeitsprozesse ermöglichte eine Analyse der mathematischen Aktivitäten als kleinste empirische Einheit und unterstützte eine Analyse der Arbeitsniveaus mit prozessorientierten Fokus.

Die Codierung brach den in Transkriptform vorliegenden Arbeitsprozess und die in den zusammenfassenden Beschreibungen vorliegenden Arbeitsprozesse auf und reduzierte sie auf aussagekräftige Codes, die aufgabenspezifisch und qualitativ auswertbar waren. Die Chronologie des mathematischen Niveauverlaufs blieb bei der Codierung in dem Transkript und den zusammenfassenden Verlaufsprotokollen erhalten.

Mathematischen Aktivitäten wurden mit dieser Vorgehensweise als Prozessqualität auch erfasst, auch wenn sie auf das Arbeitsergebnis (scheinbar) kaum eine Auswirkung hatten. Dies war insbesondere für eine Analyse möglicher Niveauanpassungen innerhalb eines Arbeitsprozesses notwendig. Eine Codegenerierung hinsichtlich sämtlicher mathematischer Aktivitäten erschien von daher sinnvoll, da diese Aktivitäten auf unterschiedlichen Niveaus ablaufen konnten und einen Zugang zu individuellen Arbeitsniveaus innerhalb der Arbeitsprozesse ermöglichten. Die Codes wurden durch intensive Diskussionen im externen Forscherinnenteam validiert und konsensuell auf Interraterreliabilität geprüft.

Allein das Codieren war noch nicht ausreichend, um individuelle Niveauverläufe mathematischer Arbeitsniveaus zu erstellen. Für eine Bewertung der Codes mussten allgemeine Arbeitsniveaus geschaffen werden, denen die Codes zugeordnet wurden. Genau diese Aufgabe leistete das dafür entwickelte Kategoriensystem. Diese Kategorisierung wird in den folgenden beiden Abschnitten genauer erläutert.

5.2.4 Kategorisierung zur Erfassung der Niveaustufen

In diesem Abschnitt wird die Vorgehensweise mithilfe des Kategoriensystems begründet und theoretisch verankert. Der Prozess der schrittweisen Entwicklung des Kategoriensystems zur Erfassung der Niveaustufen wird detailliert dargestellt, da so der Weg von den Videoaufzeichnungen bis zu ersten Analyseergebnissen nachvollziehbar gemacht werden kann.

Begründung der Vorgehensweise mithilfe des Kategoriensystems

Die qualitative Sozialforschung bietet unterschiedliche Vorgehensweisen zur Datenanalyse (Flick 2006, S. 117ff.). Insbesondere für den Bereich der Textanalyse existieren unterschiedliche Verfahren wie die objektive Hermeneutik, die qualitative Inhaltsanalyse (Mayring 2000) und die Codierung bzw. Kategorisierung (Flick 2006, S. 257ff.). Für diese Studie wurde die Entwicklung eines Kategoriensystems als Vorgehensweise für die Datenanalyse genutzt, wobei Annahmen über die zu erwartenden Analyseergebnisse aufgrund von Vorüberlegungen berücksichtigt wurden.

Für die Bearbeitung der ersten Forschungsfrage nach den individuellen Verläufen mathematischer Arbeitsniveaus ging es zunächst darum, die mathematischen Arbeitsniveaus innerhalb von Arbeitsprozessen herauszuarbeiten, um anschließend ihren Verlauf zu beschreiben. Diesbezüglich war die Entwicklung eines Kategoriensystems sinnvoll, das induktives Vorgehen mit einem a priori festgelegten vierstufigen Niveauschema kombinierte (Flick 2006, S. 259ff.). Durch das in dieser Studie entwickelte Kategoriensystem wurden Aspekte aus den Daten herausgefiltert und strukturiert, die zur Bearbeitung der Forschungsfragen beitrugen.

Die Kategorisierung hatte die Deskription und Reduktion von Arbeitsprozessen auf beurteilbare Aspekte zum Ziel; sie ermöglichte es, ausgewählte Sequenzen innerhalb von Arbeitsprozessen unter bestimmten Aspekten zu identifizieren und einer weiteren Analyse zugänglich zu machen. Die Kategorien wurden im Sinne der Fragestellungen der vorliegenden Untersuchung formuliert.

Durch eine Kategorisierung wurden inhaltliche Abstraktionsniveaus erreicht, die einen Vergleich von mathematischen Arbeitsniveaus innerhalb von Arbeitsprozessen und auch zwischen unterschiedlichen Arbeitsprozessen ermöglichte.

Erfassung von mathematischen Niveaustufen und Strukturierung der Codes durch aufgabenbezogene Tätigkeitsbereiche

Durch eine Beschreibung des Kategoriensystems (vgl. Tab. 1) erhält der Leser dieser Studie zunächst eine Vorstellung von dem Kategoriensystem, bevor detailliert auf Einzelheiten eingegangen wird. Leitend bei der Kategorienentwicklung war die Forschungsfrage: Wie verlaufen mathematische Arbeitsniveaus innerhalb von Arbeitsprozessen bei einer selbstdifferenzierenden Aufgabenstellung?

Die Codes wurden hinsichtlich der dadurch ausgedrückten mathematischen Niveaustufen kategorisiert (Codierung und Kategorisierung bei Flick 2006, S. 257ff.). Zusätzlich erfuhren die Codes eine Strukturierung durch Tätigkeitsbereiche entlang aufgabenspezifischer Hauptaktivitäten, die bereits in den aufgabenbezogenen Vorüberlegungen (vgl. Abschnitt 5.2.2) festgesetzt wurden. In

Tabelle 1 sind diese drei aufgabenbezogenen Tätigkeitsbereiche in der horizontalen Gliederung angeordnet. In der vertikalen Ausrichtung der Tabelle 1 umfasst das Kategoriensystem die vier mathematischen Arbeitsniveaus, die eine A-priori-Niveauabstufung von „mathematisch nicht tragfähige Aktivitäten" bis zu „kognitiv anspruchsvollen Aktivitäten" aufweisen. Diese beiden Arbeitsniveaus legen die Niveaubandbreite fest. Dazwischen liegen zwei weitere Niveauabstufungen, die beide mathematisch tragfähig sind. Sie unterschieden sich darin, inwieweit sie den Lösungsweg vorantragen. So sind zum Beispiel die Aktivitäten „vergleichen produziertes WN systematisch mit bereits vorhandenen WN" (Niveau III) und „identifizieren doppeltes WN durch korrektes Prüfverfahren" (Niveau II) inhaltlich recht ähnlich, erhalten aber eine unterschiedliche Niveauzuweisung, da die erste Aktivität zu einem weiteren Würfelnetz führen kann und damit den Lösungsweg weiter voranbringt im Gegensatz zu dem Verwerfen eines doppelten Würfelnetzes.

Es handelt sich um die vier folgenden mathematischen Arbeitsniveaus:

IV. „kognitiv anspruchsvolle Aktivitäten" (bringen den Lösungsweg inhaltlich voran bzw. sind unabhängig von der Aufgabenstellung kognitiv anspruchsvoll)

III. „mathematisch tragfähige Aktivitäten" (bringen den Lösungsweg voran)

II. „mathematisch tragfähige Aktivitäten" (bringen den Lösungsweg nur bedingt voran)

I. „mathematisch nicht tragfähige Aktivitäten" (bringen den Lösungsweg nicht voran bzw. sind mathematisch nicht vertretbar).

Die vier mathematischen Arbeitsniveaus bündeln durch qualitatives Vorgehen die Codes: Das Arbeitsniveau mit dem Label „mathematisch nicht tragfähige Aktivitäten" erfasst mathematische Aktivitäten, die aus mathematischer Sicht oder vor dem Hintergrund der Aufgabenstellung nicht tragfähig sind. Aus mathematischer Sicht ist eine Aktivität nicht tragfähig, wenn sie einen mathematischen Widerspruch beinhaltet. Aufgabenbezogen könnte diese Situation beispielsweise eintreten, wenn ein Netz den Würfelnetzen zugeordnet wird, obwohl es sich um kein Würfelnetzen handelt. Mit Blick auf die Aufgabenstellung ist eine mathematische Aktivität nicht tragfähig, wenn beispielsweise ein Vorantreiben des Lösungsprozesses geradezu verhindert wird. Aufgabeninhalte können durch mathematische Aktivitäten auf diesem Niveau nicht erfolgreich bearbeitet werden.

Das Arbeitsniveau mit dem Label „mathematisch tragfähige Aktivitäten" und dem Zusatz „bringen den Lösungsweg nur bedingt voran" zeichnet sich dadurch aus, dass mathematische Aktivitäten ausgeführt werden, die im mathematischen Sinne zwar korrekt sind, aber den Lösungsprozess der Aufgabe nur indirekt voranbringen. Dieses Arbeitsniveau ist nicht per se überflüssig. Es kann die Qualität der Lösungen verbessern. Mathematische Aktivitäten, die beispielsweise „eine Teillösung überprüfen", wurden diesem Niveau zugeordnet.

Das Arbeitsniveau mit dem Label „mathematisch tragfähige Aktivitäten" und dem Zusatz „bringen den Lösungsweg voran" fördert die Aufgabeninhalte. Dies wäre der Fall, wenn beispielsweise ein Würfelnetz produziert würde. Auf diesem Arbeitsniveau werden mathematische Aktivitäten ausgeführt, die in allgemeiner Form in der Liste mathematischer Aktivitäten von Winter (vgl. Abschnitt 1.3) zu finden sind (Winter 1975, S. 106ff.), allerdings keine kognitive Aktivierung aufweisen.

Das Arbeitsniveau mit dem Label „kognitiv anspruchsvolle Aktivitäten" und dem Zusatz „bringen die Aufgabe inhaltlich voran bzw. sind unabhängig von der Aufgabenstellung kognitiv anspruchsvoll" fällt im Hinblick auf den mathematischen Anspruch in die Bereiche systematisches Arbeiten, mathematisches Argumentieren und Folgern etc. Mathematische Aktivitäten auf diesem Arbeitsniveau zeichnen sich durch eine hohe kognitive Aktivierung aus (vgl. Abschnitt 1.2).

Die Beschreibung der Arbeitsniveaus lieferte Kriterien für die Niveauzuordnung der Codes. Jeder Code wurde einem mathematischen Arbeitsniveau und einem aufgabenbezogenen Tätigkeitsbereich zugeordnet. Identische Codes in unterschiedlichen Arbeitsprozessen wiesen das gleiche Arbeitsniveau auf: Unabhängig von dem Arbeitsprozess wurde beispielsweise der Code „produzieren doppeltes WN" dem Arbeitsniveaus II zugeordnet. Dies war für eine Vergleichbarkeit unterschiedlicher Arbeitsprozesse hinsichtlich ihrer Niveauverläufe notwendig.

Die vier Niveauabstufungen orientieren sich weitgehend an einem prozessorientierten inhaltlichen Fortschreiten der Aufgabenbearbeitung. Eine solche prozessorientierte Betrachtung der Aufgabenbearbeitung ermöglichte es, auch mathematische Aktivitäten zu erfassen, die nicht im direkten Zusammenhang mit einer Produktentwicklung standen. Durch die aufgabenunabhängige Formulierung der Kategorien ist eine Übertragung dieser Kategorien auf andere Aufgabenstellungen durchaus denkbar.

Neben den vier Arbeitsniveaus (vertikale Gliederung der Tab. 1) umfasst das Kategoriensystem drei leitende aufgabenbezogene Tätigkeitsbereiche (horizontale Gliederung der Tabelle 1) aus den theoretischen Vorüberlegungen zur Aufgabenstellung (vgl. Teil B, „Gestaltung der Lernumgebung und aufgabenbezogene Vorüberlegungen" und auch Abschnitt 5.2.2):

- „Suchen nach Würfelnetzen"
- „Prüfen eines Netzes auf Eignung als Würfelnetz"
- „Prüfen eines Würfelnetzes auf bereits vorhandenes Würfelnetz".

Die so entstehenden zwölf Kategorien fasst Codes auf vier Arbeitsniveaus und in drei mathematischen Tätigkeitsbereichen zusammen (vgl. Tab. 1).

Die Entwicklung des Kategoriensystems war ein mehrstufiger Prozess, der in seinem Verlauf ein immer konkreteres Verständnis für unterschiedliche mathematische Arbeitsniveaus innerhalb von Arbeitsprozessen bei der vorliegenden selbstdifferenzierenden Aufgabenstellung lieferte.

Im Rahmen der Datenauswertung der unterrichtlichen Kontextbedingungen wurde das Kategoriensystem für die metakognitiven Aktivitäten und für die kooperativen Aktivitäten erweitert (vgl. Abschnitte 5.4.1 und 5.4.3). Auch das Kategoriensystem wurde in mehreren Diskussionen im externen Forscherinnenteam validiert und konsensuell auf Interraterreliabilität geprüft.

Die Kategorisierung inklusive der knappen und prägnanten Codes führte zu einer differenzierten Sicht auf mathematische Arbeitsniveaus von eigenständigen Arbeitsprozessen bei selbstdifferenzierender Aufgabenstellung. Sie war eine Vorgehensweise zum Operationalisieren von mathematischen Arbeitsniveaus.

Durch die Abstraktion der Arbeitsniveaus von den konkreten Aktivitäten wurde ein Vergleich thematisch unterschiedlicher Sequenzen innerhalb von Arbeitsprozessen und zwischen Arbeitsprozessen ermöglicht. Ein Resultat der Kategorisierung war ein chronologischer Verlauf von mathematischen Arbeitsniveaus innerhalb von Arbeitsprozessen bei der vorliegenden selbstdifferenzierenden Würfelnetzaufgabe.

Diese individuellen Niveauverläufe gaben Antworten auf die erste Forschungsfrage dieser Studie: Wie verlaufen mathematische Arbeitsniveaus innerhalb von Arbeitsprozessen bei einer selbstdifferenzierenden Aufgabenstellung?

Für einen schnellen heuristischen Überblick wurden die Verläufe der Arbeitsniveaus – auf Grundlage der kategorisierten Arbeitsprozesse – in Verlaufsplots (vgl. Abb. 7) kondensiert, ohne jedoch exakte Vermessungen der Arbeitsprozesse anzustreben. Exemplarisch ist hier der Verlaufsplots des Arbeitsprozesses von Celine und Sarah aufgeführt:

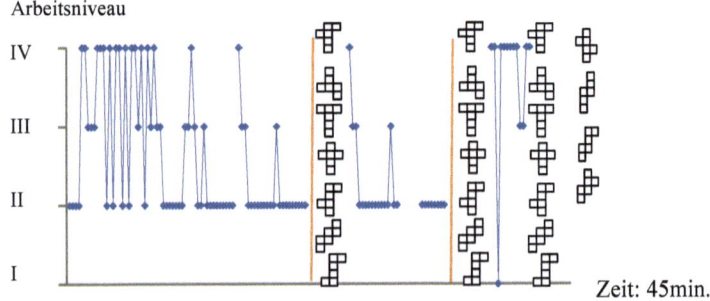

Abb. 7: Verlaufsplot des Arbeitsprozesses von Celine und Sarah im heuristischen Überblick

Die Punkte in dem Verlaufsplot geben die Arbeitsniveaus zu Beginn einer mathematischen Aktivität an, die Trendlinien dienen nur der Nachverfolgung der Verläufe, können aber nicht als Zwischenwerte interpretiert werden. Die Frequenz der Punkte gibt einen Eindruck von der durchaus unterschiedlichen Frequenz der mathematischen Aktivitäten innerhalb eines Arbeitsprozesses aber auch in unterschiedlichen Arbeitsprozessen. Pausen ohne mathematische Aktivitäten im Diagramm sind nicht dargestellt, sodass ein Rückschluss auf die Zuordnung mathematischer Arbeitsniveaus zu bestimmten Zeitpunkten nicht möglich ist. Ist ein eigenverantwortlicher Arbeitsprozess unterbrochen, so ist auch die Trendlinie unterbrochen. Die vertikalen Linien zeigen die Interventionen der Lehrerin. Es handelt sich bei den Netzen an den vertikalen Linien um die Zwischenergebnisse zum Zeitpunkt einer Intervention. Am Ende eines jeden Verlaufsplots sind die Netze als Endergebnisse des jeweiligen Arbeitsprozesses aufgeführt. Hält sich ein Arbeitsprozess über mehrere mathematische Aktivitäten auf dem gleichen Niveau, wird in dieser Studie von einer Niveauphase gesprochen.

Bei den dargestellten Arbeitsprozessen handelt es sich teilweise um komplette Arbeitsprozesse und teilweise nur um sinnvolle Analyseabschnitte, die hinsichtlich der zu beantwortenden Forschungsfragen ausgewählt wurden. Ein Arbeitsprozess ist dann komplett, wenn er von den Lernenden oder von der Lehrerin als beendet erklärt wurde. Das kann zu dem Zeitpunkt sein, wenn das Arbeitspaar alle unterschiedlichen Würfelnetze gefunden hat. Eine Aufgabenbearbeitung konnte auch von Lernenden als beendet erklärt werden, wenn sie zwar nicht alle unterschiedlichen Würfelnetze gefunden hatten, aber der Überzeugung waren, dass sie keine weiteren finden würden. Einige Arbeitspaare verkürzten den Arbeitsprozess durch selbst formulierte fachliche Beschränkungen, indem sie z. B. der Überzeugung waren, dass es nur vier unterschiedliche Würfelnetze gibt.

Die Verlaufsplots visualisieren Bereiche innerhalb von Arbeitsprozessen, die einer weiteren Analyse zugänglich gemacht wurden. Dabei handelte es sich um Sequenzen zwischen Niveauwechseln, Sequenzen mit vorrangigen Arbeitsniveaus und die Niveaubandbreite innerhalb einzelner Arbeitsprozesse.

Bei der Zuordnung der Niveaus wurde ersichtlich, dass Codes eines mathematischen Themas, also mit inhaltlich vergleichbaren Aktivitäten, auf unterschiedlichen Niveaus erfasst werden konnten. Dadurch konnte die Niveaubandbreite der Codes innerhalb eines Themas verdeutlicht werden. Beispielsweise konnten verschiedene Codes, die dem mathematischen Thema „Prüfen von Netzen auf die Eignung als Würfelnetze" zugeordnet waren, unterschiedliche mathematische Niveaus aufweisen. So wurde in einem Arbeitsprozess der Code „korrigieren Fehler, der durch Prüfverfahren aufgedeckt wurde, sodass ein WN entsteht" (Niveau IV) und in dem anderen Arbeitsprozess der Code „verwerfen WN ohne Prüfung" (Niveau I) in Beziehung gesetzt. Inhaltliche Tätigkeitsbereiche konnten auf diese Weise sowohl zwischen unterschiedlichen Arbeitsprozessen als auch innerhalb eines Arbeitsprozesses verglichen werden. Um die Bandbreite möglicher mathematischer Niveauverläufe innerhalb von Arbeitsprozessen im Rahmen einer selbstdifferenzierenden Aufgabenstellung herauszuarbeiten, wurden durch Fallkontrastierung (u. a. Flick 1998, S. 255f.) charakterisierende Eigenschaften herausgearbeitet:

a. die vorrangige Niveauhöhe mathematischer Aktivitäten
b. die Schwankungsfrequenz mathematischer Arbeitsniveaus
c. die Schwankungsbandbreite mathematischer Arbeitsniveaus
d. die Frequenz mathematischer Arbeitsniveaus.

Mit der vorrangigen Niveauhöhe mathematischer Aktivitäten sind die Niveauhöhen gemeint, die den Niveauverlauf durch ihre überwiegende Anzahl prägen. Die Schwankungsfrequenz mathematischer Arbeitsniveaus beschreibt die Anzahl der Niveauwechsel in einem Arbeitsprozess. Die Schwankungsbandbreite beinhaltet die Niveauhöhen, die in einem Niveauverlauf erfasst werden. Die Frequenz mathematischer Arbeitsniveaus zeigt, wie viele mathematische Aktivitäten ausgeführt werden.

In einem Arbeitsprozess können diese charakterisierenden Eigenschaften für komplette Arbeitsprozesse betrachtet werden, aber auch für ausgewählte Sequenzen. Eine Typenbildung von Niveauverläufen konnte über diese Fallkontrastierung angebahnt werden. Exemplarisch wird der Nutzen des Kategoriensystems in der Feinanalyse (Kapitel 6) am Arbeitsprozess von Kim und Leonie verdeutlicht.

5.3 Analyse der Niveauangemessenheit der mathematischen Niveauverläufe

Für die Beantwortung der zweiten Forschungsfrage „Wie passen die Arbeitsniveauverläufe in einer selbstdifferenzierenden Lernumgebung zum jeweiligen Leistungspotenzial der Lernenden?" wurde das Leistungspotenzial der Lernenden in Relation zu den gezeigten mathematischen Niveauverläufen gesetzt. Um den individuellen Niveauschwankungen innerhalb eines Arbeitsprozesses bei der Analyse der Niveauangemessenheit gerecht zu werden, wurde nicht ein einziger Durchschnittswert hinsichtlich der Niveauangemessenheit gebildet. Stattdessen wurden einzelne Niveauphasen innerhalb eines Arbeitsprozesses hinsichtlich ihrer Niveauangemessenheit beurteilt. Hierfür wurden die einzelnen Niveauphasen darauf eingeschätzt, ob sie entsprechend oberhalb oder auch unterhalb des Leistungspotenzials verliefen. Somit wurde auch die Niveauangemessenheit prozessorientiert analysiert, sodass Niveauschwankungen berücksichtigt werden konnten.

Das Leistungspotenzial der Lernenden wurde mithilfe der folgenden drei Instrumente erfasst: den Ergebnissen aus dem PALMA-Leistungstest (vgl. vom Hofe et al., 2005), den ganzheitlichen Leistungsprofilen der handlungsforschenden Lehrerin und den Mathematiknoten (vgl. Abschnitt 4.6). Die Auswertung des PALMA-Leistungstests wurde mit der dafür vorgesehenen standardisierten Auswertungsanleitung vorgenommen. Sie ergab pro Lernenden eine Endsumme von bis zu 80 möglichen Punkten und ermöglichte es, eine Leistungsrangfolge – ähnlich wie bei den Mathematiknoten – innerhalb der Lerngruppe zu erstellen. Außerdem konnten die einzelnen Testergebnisse zur großen PALMA-Stichprobe (n=2059) in Beziehung gesetzt werden. Mit diesen Daten war eine Validierung der mathematischen Fähigkeiten als Bestandteil der ganzheitlichen Leistungsprofile möglich. Als Testergebnis dieser Studie lagen Skalenwerte zwischen 15 und 50 Punkten vor (von insgesamt 80 theoretisch möglichen Punkten) (vgl. Tab. 2 in Abschnitt 7.1). Da sowohl die Testergebnisse als auch die Mathematiknoten weitgehend mit dem Urteil der Lehrerin übereinstimmten, bot der Test die Möglichkeit die Leistungsprofile im sensibelsten Punkt – den mathematischen Fähigkeiten – extern zu validieren.

Die hinsichtlich der Niveauangemessenheit eingeschätzten Phasen wurden als Fälle kontrastiert. Durch die Fallkontrastierung wurden vier Muster der Niveauangemessenheit rekonstruiert, von denen in den meisten Arbeitsprozessen mehrere auftraten:

Angemessenheitsmuster 1: niveauangemessenes Arbeiten über längere Zeit (ggf. mit vorübergehenden Schwankungen nach unten)
Angemessenheitsmuster 2: niveauüberragendes Arbeiten oberhalb des (bislang angenommenen) Leistungspotenzials ohne Überforderung
Angemessenheitsmuster 3: nicht niveauangemessenes Arbeiten unterhalb des Leistungspotenzials über längere Zeit
Angemessenheitsmuster 4: nur zeitweise niveauangemessenes Arbeiten mit verzögertem Einstieg oder Niveau-Abfall unterhalb des Leistungspotenzials (durch Abbruch der Arbeit oder Verflachung)

Ausschlaggebend für die Konstruktion eines Angemessenheitsmusters war die Niveaupassung, die den überwiegenden zeitlichen Anteil innerhalb eines Arbeitsprozesses einnahm und damit den Arbeitsprozess bezüglich seiner Niveauangemessenheit charakterisierte. Ein Vergleich der Niveauangemessenheit der Arbeitsprozesse in dieser Studie ließen wiederkehrende Muster bezüglich der Niveauangemessenheit erkennen. Diese Muster charakterisierten die

Niveauangemessenheit eines Arbeitsprozesses, ersetzten aber keine detaillierte Beurteilung, um Ursachen zu analysieren.

Explizit soll angemerkt werden, dass sich kein Paar überfordert hat, ein (theoretisch denkbares) entsprechendes Angemessenheitsmuster wurde daher nicht aufgeführt. Die Angemessenheitsmuster unterstützen den Vergleich der Niveauangemessenheit zwischen den Arbeitsprozessen, aber auch den Vergleich unterschiedlicher Sequenzen innerhalb eines Arbeitsprozesses.

Neben der Entwicklung der Analyseverfahren für die ersten beiden Forschungsfragen werden in dem folgenden Abschnitt die Vorgehensweise bei der Analyse der unterrichtlichen Kontextbedingungen und deren Einfluss auf die Niveauangemessenheit in der vorliegenden selbstdifferenzierenden Würfelnetz-Lernumgebung dargestellt.

5.4 Analyse unterrichtlicher Kontextbedingungen

Die Datenauswertung in diesem Abschnitt diente der Beantwortung der dritten Forschungsfrage: Welcher Zusammenhang besteht zwischen unterrichtlichen Kontextbedingungen – wie Metakognition, Lehrerinterventionen sowie Kooperation – und mathematischen Arbeitsniveaus bei einer selbstdifferenzierenden Aufgabenstellung?

Für die Konzeptualisierung der Konstrukte „metakognitive Aktivitäten", „Lehrerinterventionen" und „Kooperation" sowie für die Analyseverfahren dieser Fallstudie wurden in Prediger und Scherres (2012) die in den folgenden Abschnitten detailliert ausgeführten Analyseverfahren festgelegt. Sämtliche Analyseschritte hinsichtlich der unterrichtlichen Kontextbedingungen wurden sowohl in der Feinanalyse (vgl. Kapitel 6) als auch in ausgewählten Arbeitsprozesssequenzen der Breitenanalyse (vgl. Kapitel 7) durchgeführt.

5.4.1 Metakognition

Da metakognitive Aktivitäten einen Einfluss auf mathematische Arbeitsniveaus haben können, wurden sie in dieser Studie als Kontextbedingung analysiert. Zur Erfassung der Wirkung metakognitiver Aktivitäten wurden die Arbeitsprozesse nicht nur hinsichtlich ihrer mathematischen Arbeitsniveaus, sondern auch hinsichtlich der rekonstruierbaren metakognitiven Aktivitäten durchgängig kategorisiert. Insbesondere galt es, die Wirkungsthese zu prüfen, dass metakognitive Aktivitäten das niveauangemessene Arbeiten befördern können (vgl. Abschnitt 3.1).

Zur Erfassung der metakognitiven Aktivitäten in den videografierten zehn Arbeitsprozessen wurde in dieser Studie ein Kategoriensystem von Cohors-Fresenborg/Kaune (2007) adaptiert, mit dem die drei zentralen metakognitiven Aktivitäten „Planung", „Monitoring" und „Reflexion" durch drei Kategorien erfasst und operationalisiert wurden. Diese klassische Dimensionierung von

Metakognition ergab bei der vorliegenden Studie Sinn, da die selbstdifferenzierende Lernumgebung Raum für alle drei Aktivitäten bot und sich diese Aktivitäten durch Interaktionen in der Partnerarbeit identifizieren ließen. Der ausschlaggebende Grund für den Verzicht auf die Kategorie „Diskursivität" als vierte metakognitive Aktivität (vgl. Cohors-Fresenborg/Kaune, 2007, S. 11/12) in dieser Studie war, dass der Untersuchungsfokus nicht auf einer Förderung metakognitiver Aktivitäten lag, sondern auf einem Einsatz metakognitiver Aktivitäten in einer schülerzentrierten Lernumgebung. Hinzu kommt, dass die dieser Studie zugrunde liegende selbstdifferenzierende Lernumgebung nicht auf eine lehrermoderierte Aktivierung diskursiver Aktivitäten ausgelegt ist. Außerdem weicht die Aufgabenstellung dieser Studie von der von Cohors-Fresenborg/ Kaune (2007) inhaltlich ab.

Die drei Oberkategorien „Planung", „Monitoring" und „Reflexion" enthalten bei Cohors-Fresenborg/Kaune (2007) Unterkategorien, die inhaltlichen Schwerpunkte in Form von inhaltlichen Teilaspekten besitzen. Da bei der selbstdifferenzierenden Aufgabenstellung dieser Studie nicht so viele unterschiedliche metakognitive Aktivitäten bei Lernenden zu erwarten waren und kein Analysefokus auf den Inhalten metakognitiver Aktivitäten lag, wurden diese Subkategorien zusammenfassend betrachtet. Sie dienten der Orientierung bei der Zuweisung der Kategorien und wurden nicht gesondert ausgewiesen.

Codiert und kategorisiert wurden ausschließlich metakognitive Aktivitäten der Lernenden, nicht die der Lehrerin bei ihren gelegentlichen Interventionen. Allerdings wurden in den Sequenzen der Interventionen auch die metakognitiven Aktivitäten der Lernenden nicht codiert, da die Aktivitäten nicht immer eigenverantwortlich ausgeführt wurden.

Beschreibung der Kategorie „Planung"

Cohors-Fresenborg/Kaune (2007, S. 20) weisen Aktivitäten der Kategorie „Planung" zu, in denen „Denkprozesse oder Problemlöseprozesse geplant werden" und der Einsatz entsprechender Werkzeuge festgelegt wird. Zusätzlich werden Planungsaktivitäten kategorisiert, die die Aufgabenstellung in Teilschritte gliedern. Unterrichtsorganisatorische Aktivitäten wie die Entscheidung, welche Person etwas zeichnet, werden in der vorliegenden Studie nicht als metakognitive Aktivitäten kategorisiert. Diese Zuweisung von metakognitiven Aktivitäten der Kategorie „Planung" wurde in dieser Studie wie bei Cohors-Fresenborg/Kaune (2007) praktiziert.

Beschreibung der Kategorie „Monitoring"

„Monitoring" wird bei Cohors-Fresenborg/Kaune (2007) im Sinne von „Kontrollieren" bzw. „Überwachen" der Qualität eines Arbeitsprozesses verwendet. Beim „Monitoring" handelt es sich um einen „Abgleich zwischen den gesetzten Zielen und dem schon Erreichten" (Cohors-Fresenborg/Kaune, 2007, S. 7). Hier wird der Einsatz der geplanten Werkzeuge überwacht. Die Zuweisung von metakognitiven Aktivitäten der Kategorie „Monitoring" wurde in dieser Studie wie bei Cohors-Fresenborg/Kaune (2007) praktiziert.

Bei der vorliegenden Würfelnetzaufgabe wurde der Kategorie „Monitoring" beispielsweise das Überprüfen von produzierten Netzen auf die Eignung als Würfelnetz zugeordnet. Auch ein Überprüfen, ob produzierte Würfelnetze bereits vorhanden sind, wurde der Kategorie „Monitoring" zugewiesen. Hierbei handelt es sich um eine Überwachung von (Zwischen-) Ergebnissen. Aber auch die Überwachung der Effektivität der Vorgehensweise hinsichtlich des gesteckten Ziels zählte zum „Monitoring". „Monitoringaktivitäten" bezogen sich aber nicht nur auf Aktivitäten bei Verdacht eines Fehlers, sondern auch auf die Überwachung der Qualität des mathematischen Arbeitens.

Beschreibung der Kategorie „Reflexion"

Im Gegensatz zum Monitoring hatte die „Reflexion" komplexere Sachverhalte zum Gegenstand. Bei der „Reflexion" wurden über generelle Vorgehensweisen/Methoden und Begriffe nachgedacht und gegebenenfalls Anpassungen vorgenommen (vgl. Cohors-Fresenborg/Kaune 2007).

Die Kategorisierung der metakognitiven Aktivitäten wurde direkt an dem Transkript und den zusammenfassenden Verlaufsprotokollen vorgenommen, in denen sich bereits die Codierungen der mathematischen Aktivitäten befanden. Dieses Vorgehen hatte den Vorteil, dass in der Analyse metakognitive Aktivitäten im direkten Zusammenhang mit den mathematischen Arbeitsniveaus analysiert werden konnten, um nach der durchgängigen Kategorisierung der metakognitiven Aktivitäten in einem weiteren Analyseschritt die Zusammenhänge zu den Arbeitsniveaus und den mathematischen Aktivitäten zu untersuchen. Die Verlaufsplots der mathematischen Arbeitsniveaus wurden um die Kategorien P für „Planung", M für „Monitoring" und R für „Reflexion" ergänzt.

5.4.2 Lehrerinterventionen

Ein Anliegen dieser Studie war es, mögliche Wirkungen von Lehrerinterventionen auf den Verlauf mathematischer Arbeitsniveaus individueller Arbeitsprozesse bei einer selbstdifferenzierenden Aufgabenstellung zu analysieren. Aufgrund von Befunden in der Literatur ließ sich – analog zu den metakognitiven Aktivitäten und der Kooperation (vgl. Abschnitte 5.4.1 und 5.4.3) – ein Wirkungszusammenhang zwischen der Intervention der Lehrerin und dem Verlauf der mathematischen Arbeitsniveaus nach der Intervention vermuten. Insbesondere galt es, die Wirkungsthese zu prüfen, dass die Intervention der Lehrerin das niveauangemessene Arbeiten befördern kann (vgl. Abschnitt 3.2).

Bei den Interventionen der Lehrerin in dieser Studie handelte es sich um Interaktionen zwischen der Lehrerin und den Lernenden am konkreten Arbeitsmaterial. Die Interventionssequenzen waren Bestandteil der Arbeitsprozesse und tauchen sowohl in dem Transkript als auch in den zusammenfassenden Verlaufsprotokollen der Arbeitsprozesse auf. Eine Interventionssequenz begann mit einer Interaktion zwischen der Lehrerin und einem Arbeitspaar und wurde dadurch beendet, dass die Lehrerin den Arbeitsraum verließ.

Um mögliche Wirkungszusammenhänge zwischen einer Intervention und dem Verlauf mathematischer Arbeitsniveaus herauszuarbeiten, wurde nicht nur die Interventionssequenz ausgewertet, sondern auch der mathematische Niveauverlauf vor und nach einer Intervention der Lehrerin verglichen.

Vor dem Hintergrund, dass thematisch verwandte Studien (Leiß 2007) auf die Wichtigkeit von Adaptivität von Lehrerinterventionen hinweisen, wurde die Adaptivität von Interventionen bei der Auswertung berücksichtigt. Dafür spricht, dass auch Beck et al. (2009) in ihrer Studie zeigen, dass adaptive Lehrerkompetenz, insbesondere die Kompetenz, im laufenden Unterricht das Handeln auf die jeweilige Lernsituation der Lernenden abzustimmen, für den Lernerfolg mit verantwortlich ist.

Bei der Analyse der Interventionssequenzen ging es um detaillierte Inhalte der Interaktionen zwischen der Lehrerin und dem Arbeitspaar. Nicht bewertet werden sollte in dieser Analyse das Interventionsverhalten der Lehrerin, das ausschließlich deskriptiv beschrieben wird. Die Analyse für die Interventionen der Lehrerin umfasst folgende Auswertungsschritte:

a) Einordnung von Interventionen der Lehrerin in einen Gesamtarbeitsprozess
b) Vergleich des Verlaufs individueller Arbeitsniveaus vor und nach einer Intervention der Lehrerin
c) Inhaltliche Analyse einzelner Phasen innerhalb der Intervention
d) Analyse der Adaptivität der Interventionen der Lehrerin.

Im Folgenden werden die einzelnen Analyseschritte genauer ausgeführt, damit sie nachvollziehbar sind.

a) Einordnung von Interventionen der Lehrerin in einen Gesamtarbeitsprozess

Um eine Vorstellung über die Interventionen der Lehrerin im Verlauf eines Arbeitsprozesses zu erhalten, wurde zunächst die Einbettung der Interventionen in einen Gesamtarbeitsprozess beschrieben. Hierbei wurden folgende Aspekte berücksichtigt:

- Anzahl an Interventionen im gesamten Arbeitsprozess,
- zeitliche Einordnung der Interventionen innerhalb eines Arbeitsprozesses und
- Länge einzelner Interventionen.

b) Vergleich des Verlaufs individueller Arbeitsniveaus vor und nach einer Intervention der Lehrerin

Ein Vergleich individueller mathematischer Arbeitsniveaus innerhalb eines Arbeitsprozesses vor und nach einer Intervention ließ erkennen, ob eine Intervention mit einer Verlaufsveränderung der mathematischen Arbeitsniveaus nach der Intervention einherging. Bei einer Verlaufsveränderung konnte auf eine Wirkung der Intervention auf den Verlauf mathematischer Arbeitsniveaus geschlossen werden. Unter Berücksichtigung des Leistungspotenzials der Lernenden konnte beurteilt werden, ob es sich um eine niveauanpassende Wirkung handelt.

Für diesen Auswertungsschritt wurden die Verlaufsdiagramme der Niveauverläufe der mathematischen Aktivitäten (vgl. Abschnitte 6.5.2 und 7.3.2) herangezogen. Beispielsweise lässt sich in der Abbildung 7 (vgl. Abschnitt 5.2.4) eine Anhebung der mathematischen Arbeitsniveaus und damit – unter Betrachtung des Leistungspotenzials von Celine und Sarah – eine niveauanpassende Wirkung nach der zweiten Intervention der Lehrerin erkennen, wohingegen die erste Intervention der Lehrerin keine niveauanpassende Wirkung zu haben scheint.

c) Inhaltliche Analyse einzelner Phasen innerhalb der Intervention

Für die inhaltliche Analyse der Interventionen der Lehrerin wurden die Elemente des Ablaufmodells einer Intervention aus Abschnitt 3.2 von Leiß (2007) aufgegriffen und entsprechend der in dieser Studie vorliegenden Aufgabenstellung adaptiert und konkretisiert. Eine Adaption war notwendig, da es sich bei Leiß um Modellierungsprozesse handelt, inhaltlich eine andere Aufgabenstellung und keine selbstdifferenzierende Lernumgebung bestand. Zudem wird bei Leiß das Lehrerverhalten in einer Intervention und nicht die Wirkung auf den Verlauf mathematischer Arbeitsniveaus analysiert.

Im Folgenden wird die Vorgehensweise bei der Auswertung der Orientierungsphase und der Interventionsebenen beschrieben:

Orientierungsphase und Interventionsebenen

In der Orientierungsphase zu Beginn einer Intervention verschafft sich die Lehrerin sich ein Bild von den individuellen Gedankengängen und Vorgehensweisen der Lernenden bei der Aufgabenbearbeitung (vgl. Abschnitt 3.2). Dies geschah in dieser Studie im Gespräch mit den Lernenden am konkreten Arbeitsmaterial. Zusätzliche Unterstützung bot eine Betrachtung der bisherigen Arbeitsergebnisse. Leitend bei der Analyse der Orientierungsphase waren bei der vorliegenden selbstdifferenzierenden Aufgabenstellung folgende Fragen:

- Welche Hinweise lagen vor, dass individuelle Vorgehensweisen und Gedankengänge der Lernenden von der Lehrkraft nachvollzogen werden?
- Inwieweit verschaffte die Lehrkraft sich einen Einblick in die mathematischen Arbeitsniveaus des Arbeitspaares, sodass eine Niveauangemessenheit beurteilt werden konnte?
- Welche Probleme bzw. Hindernisse für ein niveauangemessenes Arbeiten im Arbeitsprozess wurden von der Lehrerin erkannt?

Urteile über die Niveauangemessenheit eines Arbeitsprozesses während einer Intervention erfordert Kenntnis der Lehrerin über das Leistungspotenzial der Lernenden, was in dieser Studie ausführlich erhoben wurde (vgl. Abschnitt 5.3). Ergebnisse aus der Orientierungsphase gaben der Lehrerin eine Basis für angemessene Impulse.

Aufgrund der in der Orientierungsphase gewonnenen Erkenntnisse konnte die Lehrerin gezielt Impulse setzen, um bei Bedarf den Verlauf mathematischer Arbeitsniveaus anzupassen und ein niveauangemessenes Arbeiten zu unterstützen. Diese Impulse wurden durch Interventionsebenen beschrieben und charakterisiert. Die Intervention konnte in der vorliegenden Würfelnetz-Lernumgebung auf organisatorischer, affektiver, inhaltlicher oder strategischer Interventionsebene stattfinden. Eine Kombination der vier Interventionsebenen innerhalb einer Intervention der Lehrerin war bei der vorliegenden Aufgabenstellung denkbar. Die Interventionsebenen bildeten – neben der Adaptivität – die Kategorien für die Analyse der Interventionen der Lehrerin. Das bereits vorliegende Kategoriensystem für mathematische und metakognitive Aktivitäten wurde um diese Kategorien ergänzt. Zugeordnet wurden die Kategorien über spezifische Aspekte, die die jeweilige Interventionsebene auszeichneten:

Inhaltliche Ebene:

Impulse auf der inhaltlichen Ebene waren bei der vorliegenden Aufgabenstellung mathematische Impulse, die sich direkt auf die Aufgabeninhalte bezogen. Die Kategorie „inhaltliche Ebene" wurde beispielsweise zugeordnet, wenn

- mathematische Begriffsklärungen (u. a. das Herausarbeiten der Eigenschaften von Netzen, Würfelnetzen und vom Würfel) gegeben,
- Verfahrensfehler, z. B. bei Prüfverfahren von Netzen auf die Eignung als Würfelnetzen behoben oder
- mathematisch nicht korrekte (Teil-)Ergebnisse besprochen wurden.

Strategische Ebene:

Unterstützungen auf der strategischen Ebene zeichneten sich dadurch aus, dass sie sich vorrangig auf die Gestaltung des Arbeitsprozesses bzw. strategische Vorgehensweisen innerhalb eines Arbeitsprozesses bezogen. Hierbei konnten mathematische und metakognitive Aktivitäten angeleitet werden, indem beispielsweise Lernende darin unterstützt wurden, Vorgehensweisen zu überprüfen, und eine Anleitung auf der Metaebene erhielten.

Affektive Ebene:

Diese Ebene betraf die Befindlichkeiten der Lernenden. Losgelöst von den konkreten Aufgabeninhalten wurden Verstärkungen seitens der Lehrkraft formuliert, die sich auf den Arbeitsprozess auswirken konnten. Die Kategorie „Affektive Ebene" wurde zugeordnet, wenn Impulse

- zur Ermutigung hinsichtlich der Aufgabenbewältigung,
- zur Motivation hinsichtlich einer Fortsetzung der Aufgabenbearbeitung oder
- zur Unterstützung des Durchhaltevermögens gesetzt wurden.

Zu erwarten war, dass Impulse auf dieser Ebene durch das ansprechende Arbeitsmaterial und die motivierende Aufgabenstellung nicht so häufig gesetzt werden mussten.

Organisatorische Ebene:

Die Kategorie „organisatorische Ebene" wurde zugeordnet, wenn Unterstützung hinsichtlich folgender Aspekte geleistet wurde:

- Gestaltung des Arbeitsplatzes
- Organisation der Kooperation

- Organisation der Ergebnispräsentation
- Arbeitsteilung.

Organisatorische Unterstützungen bei der Vervollständigung des Arbeitsmaterials waren nicht zu erwarten, da dies den Lernenden bereits vollständig vorlag. Organisatorische Impulse konnten einen Einfluss auf das Kooperationsverhalten der Lernenden aufweisen.

d) Analyse der Adaptivität der Interventionen der Lehrerin

Von Interesse war für die Analyse, inwieweit die Interventionen der Lehrerin in dieser Studie adaptive Merkmale aufwiesen, sodass von einer adaptiven Intervention (vgl. Abschnitt 3.2) gesprochen werden kann.

Die in der Mathematikdidaktik beschriebenen Merkmale eines adaptiven Lehrerverhaltens sind recht allgemein gehalten und werden erst in ausgewählten Unterrichtssituationen konkretisiert (vgl. u. a. Bischoff et al. 2005). Ein geeignetes Instrument zur Erfassung der Adaptivität von Interventionen einer Lehrerin liegt somit nicht vor. Von daher werden in dieser Studie Merkmale hinsichtlich der Adaptivität von Interventionen der Lehrerin auch zunächst allgemein beschrieben, um sie anschließend in der jeweiligen Unterrichtssituation aufgabenspezifisch auszudifferenzieren:

Leitend bei der Auswertung hinsichtlich von Adaptivität war der Gedanke, dass eine Intervention adaptiv ist, wenn individuelle Vorgehensweisen und Gedankengänge der Lernenden von einer Lehrkraft nicht nur erkannt werden, sondern das Handeln der Lehrerin auch auf diese individuellen Denk- und Vorgehensweisen abgestimmt wurde. Insbesondere bei Schwierigkeiten im Arbeitsprozess wurden einer Intervention adaptive Merkmale zugewiesen, wenn die Schwierigkeit bei der Aufgabenbearbeitung nicht nur erkannt wurde, sondern auch eine Handlung folgte, die auf die individuellen Vorgehensweisen abgestimmt – und somit adaptiv – war (vgl. Bischoff et al. 2005). Eine solche adaptive Unterstützung durch die Lehrerin sollte unter Berücksichtigung der individuellen Leistungspotenziale (vgl. Abschnitt 5.3) der Lernenden durchgeführt werden.

Durch minimale adaptive Unterstützung sollte die Selbstständigkeit der Lernenden im Lösungsprozess während der Intervention erhalten bleiben. Als minimal adaptiv wurde eine Intervention bezeichnet, wenn der Gesprächs- und Aktivitätenanteil der Lehrerin während der Intervention so gering wie möglich ist, somit Aktivitäten der Lernenden im Mittelpunkt stehen. Unter Berücksichtigung der beschrieben Merkmale des Konstrukts „adaptive Intervention der Lehrerin" war beispielsweise bei der vorliegenden Würfelnetz-Lernumgebung denkbar, dass Lernende doppelt produzierte Würfelnetze nicht identifizieren und als Arbeitsergebnisse festhalten. Diese in der Orientierungsphase gewonnene Erkenntnis über eine solche Schwierigkeit im Arbeitsprozess galt es mit einem angemessenen Impuls so zu unterstützen, dass die Lernenden beispielsweise ihr Vorgehen beim Überprüfen von Würfelnetzen auf bereits vorhandene Würfelnetze korrigieren. Adaptiv war eine Intervention in einer solchen Situation, wenn die Lernenden in ihren eigenständigen Arbeitsprozessen, sprich in ihrer individuellen Vorgehensweise beim Überprüfen der Netze unter Berücksichtigung ihres individuellen Leistungspotenzials, unterstützt wurden.

Ein weiteres Merkmal von Adaptivität war die Prozessorientierung: einerseits im Sinne der vorrangigen Orientierung an dem Arbeitsprozess der Lernenden und nicht am Arbeitsprodukt, andererseits in dem Sinne, dass bei den Lernenden durch entsprechende Impulse Aktivitäten prozessorientiert unterstützt werden. Die Adaptivität einer Intervention wurde unabhängig davon analysiert, auf welcher Interventionsebene die Intervention ablief.

Im Rahmen der Feinanalyse (vgl. Abschnitt 6.5.2) werden die einzelnen Analyseschritte der Intervention der Lehrerin exemplarisch durchgeführt und die entsprechenden (Teil-)Ergebnisse dargestellt. Die Interventionen der Lehrerin in der Breitenanalyse (vgl. Abschnitt 7.3.2) werden nach dem gleichen Analyseraster analysiert, die Analyseergebnisse werden jedoch zusammenfassend dargestellt, damit der Analyseumfang begrenzt bleibt.

5.4.3 Kooperation

In Abschnitt 3.3 wurde die These theoretisch hergeleitet und empirisch durch Forschungsbefunde gestützt, dass Kooperation einen Einfluss auf mathematische Arbeitsniveaus hinsichtlich ihrer Niveauangemessenheit haben kann. Von daher erschien es relevant, sie als unterrichtliche Kontextbedingung in der Analyse individueller Arbeitsprozesse bei der selbstdifferenzierenden Aufgabenstellung zu berücksichtigen.

Mithilfe des Analyseverfahrens sollten nicht nur kooperative Sequenzen innerhalb von Arbeitsprozessen identifiziert werden, sondern auch die Kooperationsintensität analysiert werden, um sie mit zeitgleich ablaufenden mathematischen Aktivitäten und Arbeitsniveaus in Beziehung zu setzen. Hierfür wird in diesem Abschnitt ein mehrschrittiges Analyseverfahren vorgestellt. Es galt – analog zu der Auswertung der metakognitiven Aktivitäten – die These zu prüfen, dass kooperative Aktivitäten das niveauangemessene Arbeiten befördern können (vgl. Abschnitt 3.3).

Die Analyse der Kooperation wurde in drei Schritten vorgenommen, die im Analyseprozess sukzessiv abgearbeitet wurden. In einem ersten Analyseschritt wurden diejenigen Sequenzen in den Arbeitsprozessen identifiziert, in denen kooperativ gearbeitet wurde. Deren fachliche Kooperationsintensität wurde in einem zweiten Analyseschritt eingeschätzt, um in einem dritten Analyseschritt den Zusammenhang zur Niveauangemessenheit der Sequenzen im Hinblick auf die oben formulierte Wirkungsthese zu untersuchen. Nachfolgend werden diese drei Auswertungsschritte beschrieben.

1. Analyseschritt „Identifikation von kooperativen Sequenzen"

Die Identifikation von kooperativen Sequenzen in den Arbeitsprozessen wurde mithilfe von Kooperationsmustern durchgeführt. Hierzu wurden vier Kooperationsmuster definiert, denen die Kooperationsmuster von Röhr (1995, S. 225ff.) als Ausgangspunkt zugrunde lagen. Sie wurden für die Analyse in dieser Studie adaptiert, sodass daraus die nachfolgend beschriebenen vier Kooperationsmuster resultierten, die die Kooperationen in Tätigkeitsbereiche bündelten und zusätzlich das bereits bestehende Kategoriensystem um diese Kategorien erweiterten.

- Kooperationsmuster 1: VORGEHEN „V": Wenn Lernende Vorschläge für ein gemeinsames Vorgehen bei der Aufgabenbearbeitung machten, handelte es sich um das Muster „Vorgehen". Die Vorschläge beschrieben, wie eine Arbeit fortgesetzt bzw. effektiver oder inhaltlich auf anderem Wege angegangen werden konnte. Die Vorschläge konnten spontan von den Lernenden selbst kommen, aber auch aufbauend auf Gedanken oder Fragen eines Mitschülers formuliert werden.

- Kooperationsmuster 2: IDEEN-ENTWICKLUNG „I": Wenn Lernende Lösungsansätze bzw. -ideen vorschlugen, auf die der Kooperationspartner einging bzw. die er weiterentwickelte, wurde das Kooperationsmuster „Ideen-Entwickeln" zugeschrieben. Es konnte auf diese Weise zu einer gemeinsamen Entwicklung von Lösungsideen kommen. Die Lösungsideen konnten spontan von einem Lernenden hervorgebracht werden, sie konnten aber auch an die Anregungen eines Kooperationspartners anknüpfen. Es war ebenso möglich, dass solche Lösungsansätze als Reaktion auf die Feststellung eines Fehlers bzw. bei einer Gegenposition vorgeschlagen wurden.

- Kooperationsmuster 3: GEGENPOSITION „G": Bei der Formulierung einer Gegenposition als Reaktion auf einen Vorschlag eines Arbeitspartners wurde das Kooperationsmuster „Gegenposition" zugeschrieben.

- Kooperationsmuster 4: HILFE „H": Wenn Lernende Hilfe gaben oder auch empfingen, handelte es sich um das Kooperationsmuster „Hilfe". Dies konnte durch Reaktion auf Fragen der Mitschüler geschehen. Unterstützung konnte aber auch geleistet werden, wenn es zum inhaltlichen Verständnis erforderlich schien.

Die Analyse der Kooperation wurde in ausgewählten Abschnitten der Arbeitsprozesse vorgenommen. Die Auswahl wurde in Abhängigkeit des Verlaufs der mathematischen Arbeitsniveaus und der anderen Kontextbedingungen vorgenommen.

2. Analyseschritt „Einschätzung der fachlichen Kooperationsintensität"

Um über die Identifikation von kooperativen Sequenzen in den Arbeitsprozessen hinaus eine Einschätzung der Kooperationsintensität vorzunehmen, wurden die oben aufgeführten Kooperationsmuster um entsprechende Indikatoren für Kooperationsintensität ergänzt. Eine Orientierung für die Formulierung der Kooperationsintensität boten Ergebnisse aus Studien effektiver Kooperation (vgl. Pauli/Reusser 2000; Götze 2007). Für die einzelnen Kooperationsmuster wurde jeweils Indikatoren für die Kooperationsintensität formuliert, die beschreiben, welche Aktivitäten der Lernenden eine Kooperationsintensität ausmachten:

- Indikator für Kooperationsintensität VORGEHEN „V": Ausschlaggebend für Kooperationsintensität bei dem Kooperationsmuster „Vorgehen" war, ob es Hinweise im Arbeitsprozess der Lernenden dafür gab, dass ein Kooperationspartner den Vorschlag gedanklich durchdrang und sich gedanklich mit den Aufgabeninhalten auseinandersetzte. Hinweise waren beispielsweise ein argumentatives Vorgehen sowie ein Aufgreifen und Variieren der Vorschläge. Kooperationsintensität ging mit einem Austausch über mathematische Inhalte einher. Übernahm ein Kooperationspartner eine vorgeschlagene Vorgehensweise ohne Austausch über die Inhalte, so war dies ein Indikator für eine geringe Kooperationsintensität. Wurde ein Vorschlag unkommentiert abgelehnt oder sogar ignoriert, wurde das Angebot zur Kooperation nicht wahrgenommen, so war auch dies ein Indikator für eine geringe Kooperationsintensität.

- Indikator für Kooperationsintensität IDEEN-ENTWICKLUNG „I": Durch das Aufgreifen von Lösungsansätzen und -ideen sowie deren gemeinsame Weiterentwicklung konnte eine gemeinschaftliche Lösung entwickelt werden. Ein gemeinsames Entwickeln von Lösungen erforderte ein gedankliches Durchdringen von Aufgabeninhalten und ein argumentatives Bewerten von Lösungsansätzen, was zu einer allmählichen Vertiefung mathematischer Gedanken führen konnte. Ein Austausch auf diesem Niveau wies Kooperationsintensität auf. Wurden Lösungsansätze bzw. -ideen ohne argumentative Bewertung oder gedankliches Durchdringen übernommen, war dies ein Indikator für eine geringe Kooperationsintensität. Fanden Ideen und Lösungsansätze keine Beachtung, so war auch dies ein Indikator für eine geringe Kooperationsintensität.

- Indikator für Kooperationsintensität GEGENPOSITION „G": Für eine Kooperationsintensität mit positiven Lerneffekten reichte das Auftreten von Gegenpositionen nicht aus, vielmehr war hierfür die Qualität des Umgangs mit Gegenpositionen verantwortlich (Pauli/Reusser 2000, S. 425). Indikatoren für eine Kooperationsintensität waren hier ein gedankliches Durchdringen, ein fachliches Kommentieren und ein argumentatives Bewerten der Gegenposition. Hierfür musste ein gemeinsames Verständnis für die inhaltliche Situation bzw. das Problem aufgebaut werden. Gab es Hinweise für einen solchen Verständnisaufbau, war dies ein Indikator für Kooperationsintensität. Wurden hingegen Gegenpositionen kommentarlos angenommen bzw. kommentarlos abgelehnt, war dies ein Indikator für eine geringe Kooperationsintensität.

- Indikator für Kooperationsintensität HILFE „H": Die Intensität der Kooperation hing hier von den Fragestellungen, den Erklärungen oder auch der Auseinandersetzung mit abgegebenen Erklärungen durch den Hilfeempfänger ab: Auf eine konkrete Frage konnte eine zusammenhängende Erklärung oder eine kurzfristige Hilfe folgen (vgl. Pauli/Reusser 2000, S. 426; Webb 1985, S. 34). Zusammenhängende Erklärungen gaben einen Hinweis auf eine Kooperationsintensität, da sie sowohl für den Erklärenden als auch für den Hilfesuchenden positive Lerneffekte bewirken konnten. Eine Kooperationsintensität konnte auch durch eine inhaltliche Auseinandersetzung mit einer erklärenden Hilfestellung zustande kommen, wohingegen bei einer kurzfristigen Hilfe die Kooperationsintensität gering blieb. Eine kurzfristige Hilfe war eine knapp formulierte, oft oberflächliche Hilfe („Ich bearbeite Aufgabe 8") oder ein einfaches Vorsagen der Lösung.

3. Analyseschritt „Erkennen von Zusammenhängen zwischen Kooperationsintensität und niveauangemessenem Arbeiten"

In diesem dritten Analyseschritt wurden innerhalb von kooperativen Sequenzen die mathematischen Arbeitsniveaus im Zusammenhang mit der Kooperationsintensität analysiert und verglichen. Hierbei wurde u. a. gefragt, ob Kooperation automatisch zu einem Arbeiten auf höheren mathematischen Niveaus beitrug. Der Vergleich wurde auf Basis der verbalen Beschreibung der Kooperationsintensität (vgl. Analyseschritt 2) und den mathematischen Arbeitsniveaus als Forschungsbefunde aus der ersten Forschungsfrage dieser Studie durchgeführt. Interessant war u. a., ob Kooperationsintensität zu einer Niveauanpassung durch einen Niveauwechsel von niedrigen auf höhere mathematische Arbeitsniveaus beitragen konnte bzw. ob ein kognitiv anspruchsvolles Arbeiten auf höheren mathematischen Niveaus auch ohne erkennbare Kooperationsintensität bei der selbstdifferenzierenden Aufgabenstellung möglich war. Die Intention dabei war, zu spezifizieren, unter welchen Bedingungen eine Kooperation mathematische Arbeitsniveaus bei der selbstdifferenzierenden Aufgabenstellung beeinflussen konnte.

5.5 Zusammenfassung

In Kapitel 5 wurde das analytische Instrumentarium zur Untersuchung der Niveauangemessenheit in prozessorientierter Perspektive für die in dieser Studie vorliegende selbstdifferenzierende Würfelnetz-Lernumgebung konstruiert.

Das beschrieben analytische Instrumentarium lässt sich in folgenden Schritten zusammenfassen:

Schritt 1: Codierung nach mathematischen Aktivitäten
Schritt 2: Erfassung eines Kategoriensystems zur Erfassung der mathematischen Arbeitsniveaus
Schritt 3: Zusammenfassende Darstellung von Niveauverläufen in Verlaufsplots
Schritt 4: Spezifizierung charakterisierender Eigenschaften von Niveauverläufen durch Fallkontrastierung
Schritt 5: Erfassung des Leistungspotenzials durch Leistungsprofil, Mathematiknote und standardisierten Test
Schritt 6: Analyse der Niveauangemessenheit und Rekonstruktion von vier Angemessenheitsmustern
Schritt 7: Datenauswertung der unterrichtlichen Kontextbedingungen Metakognition, Lehrerinterventionen und Kooperation.

Das Analyseverfahren wurde so entwickelt, dass es Antwort auf die drei Forschungsfragen dieser Studie lieferte:

Frage 1: Wie verlaufen mathematische Arbeitsniveaus innerhalb von Arbeitsprozessen bei einer selbstdifferenzierenden Aufgabenstellung?

Frage 2: Wie passen die Arbeitsniveauverläufe in einer selbstdifferenzierenden Lernumgebung zum jeweiligen Leistungspotenzial der Lernenden?

Frage 3: Welcher Zusammenhang besteht zwischen unterrichtlichen Kontextbedingungen – wie Metakognition, Lehrerinterventionen sowie Kooperation – und mathematischen Arbeitsniveaus bei einer selbstdifferenzierenden Aufgabenstellung?

Diese Analyseschritte wurden im folgenden Teil D im Rahmen der Feinanalyse und der Breitenanalyse an ausgewählten Arbeitsprozessen durchgeführt. Eine chronologische Bearbeitung der Forschungsfragen erschien sinnvoll, da erst die prozessorientierte Analyse der Arbeitsniveaus (*Frage 1*) eine deskriptive und niveaubeurteilende Basis für die Forschungsfrage zur Niveauangemessenheit (*Frage 2*) lieferte. Erst nach Klärung der Niveauangemessenheit konnten Bedingungen zur Herstellung einer höheren Passung zwischen Leistungspotenzialen und Arbeitsniveaus bei der in dieser Studie vorliegenden selbstdifferenzierenden Aufgabenstellung analysiert werden (*Frage 3*).

D Empirische Auswertung und Interpretation

Die empirische Auswertung unterteilt sich in die Fein- und die Breitenanalyse (vgl. Kapitel 6 und 7). Bei der Feinanalyse handelt es sich um eine exemplarische Analyse eines Arbeitsprozesses, alle weiteren neun Arbeitsprozesse werden in der Breitenanalyse vergleichend analysiert. Die Auswertung innerhalb der Feinanalyse verläuft ausführlicher als die Auswertungen innerhalb der Breitenanalyse, um exemplarisch und nachvollziehbar das Codieren und Kategorisieren zu zeigen, während die Breitenanalyse eher weitere Ergebnisse der Auswertung vorstellt.

Für die Feinanalyse wurde der Arbeitsprozess von Kim und Leonie ausgewählt, da dieser facettenreich war und eine vergleichbar große Bandbreite an mathematischen Arbeitsniveaus und Niveauwechsel bot.

6 Feinanalyse eines Arbeitsprozesses mit vorrangig niedrigen Arbeitsniveaus

Im Rahmen der Feinanalyse wird der Verlauf mathematischer Arbeitsniveaus des Arbeitsprozesses von Kim und Leonie erfasst und hinsichtlich einer Niveauangemessenheit und der Wirkung unterrichtlicher Kontextbedingungen auf den Verlauf der Arbeitsniveaus analysiert. Die Feinanalyse in diesem Kapitel gibt erste Antworten auf alle drei Forschungsfragen. In der Breitenanalyse werden diese Antworten ausdifferenziert. Weitere Analyseergebnisse, die zur Beantwortung der Fragen beitragen, werden in der Breitenanalyse herausgearbeitet (vgl. Kapitel 7). Sowohl die Fein- als auch die Breitenanalyse weisen eine einheitliche Auswertungsstruktur in Bezug auf die Analyse der Forschungsfragen auf.

Zur Veranschaulichung der Fallbeispiele in den folgenden Abschnitten werden Sequenzen aus den Arbeitsprozessen gezeigt, bei denen je nach Analysefokus neben den Arbeitsniveaus der mathematische Code, metakognitive Aktivitäten oder kooperative Aktivitäten aufgeführt werden. Sequenzen aus Interventionen der Lehrerin (vgl. Abschnitt 6.5.2) enthalten ausschließlich die betreffenden Transkriptausschnitte, da dort keine Codierung stattgefunden hat (vgl. 5.4.2).

Die Codierung und Kategorisierung des Transkripts des Arbeitsprozesses von Kim und Leonie zur Erfassung der individuellen mathematischen Niveaustufen und deren Verlaufsplot gaben erste Antworten auf die erste Forschungsfrage der vorliegenden Studie: „Wie verlaufen mathematische Arbeitsniveaus innerhalb von Arbeitsprozessen bei einer selbstdifferenzierenden Aufgabenstellung?" Diese deskriptive und niveaubeurteilende Basis für die nachfolgende Beurteilung der Niveauangemessenheit wird in dem folgenden Abschnitt herausgearbeitet.

6.1 Verlauf der mathematischen Arbeitsniveaus innerhalb des Arbeitsprozesses

In diesem Abschnitt wird der Verlauf der mathematischen Arbeitsniveaus des kategorisierten Arbeitsprozesses von Kim und Leonie nach folgender Auswertungsstruktur beschrieben und analysiert:

1. Zusammenfassende inhaltliche Beschreibung des Arbeitsprozesses
2. Verlaufsbeschreibung mathematischer Arbeitsniveaus und Darstellung in einem Verlaufsplot als heuristischer Überblick
3. Analyse des Verlaufs der mathematischen Arbeitsniveaus im Arbeitsprozess
4. Zusammenfassung (vgl. Abschnitt 6.2)

Zunächst wird der Arbeitsprozess von Kim und Leonie zusammenfassend inhaltlich beschrieben, um einen ersten Eindruck über die Aktivitäten zu erhalten, die das Arbeitspaar ausführt:

1. Zusammenfassende inhaltliche Beschreibung des Arbeitsprozesses

Kim und Leonie arbeiten über die Pausenglocke hinaus in die nächste Unterrichtsstunde hinein. Die Mitschüler verbringen die Pause auf dem Hof und können von Kim und Leonie beobachtet werden. Den Äußerungen von Kim und Leonie ist zu entnehmen, dass sie ihre Mitschüler um die Pause beneiden. Sie unterbrechen kurz ihre Arbeit, gehen an die Fensterscheibe und schauen auf den Pausenhof, widmen sich aber – wie auch bei anderen kurzen Unterbrechungen – immer wieder recht zügig der Aufgabenstellung.

Die beiden Mädchen rufen nach dem Lesen der Aufgabenstellung das erste Würfelnetz, das „Jesuskreuz", aus dem Gedächtnis ab und legen es mit den Quadratflächen. Kim beginnt mit dem Zeichnen des „Jesuskreuzes", mit äußerster Sorgfalt. Das Zeichnen nimmt relativ viel Zeit in Anspruch. Währenddessen setzt Leonie die Arbeit an der Aufgabenstellung fort.

Kim und Leonie versuchen gemeinsam, aber auch einzeln, weitere Würfelnetze zu legen. Dies gelingt ihnen nicht, da sie immer wieder das „Jesuskreuz" produzieren. Sie verzweifeln regelrecht daran, dass sie immer wieder zum „Jesuskreuz" gelangen, und verbalisieren dies auch. Kim und Leonie sind sich einig, dass die Aufgabe schwierig ist.

Es gibt Momente während des Arbeitsprozesses, in denen per Zufall ein weiteres Würfelnetz gelegt wird. Allerdings identifizieren die beiden es nicht als solches, weil sie das Prüfverfahren fehlerhaft ausführen, indem sie beispielsweise beim Hochstellen der Quadratflächen das Würfelnetz zertrennen. Dies führt in einer anderen Situation dazu, dass Kim und Leonie ein Nicht-Würfelnetz als Würfelnetz akzeptieren und als Arbeitsresultat durch Zeichnen fixieren.

Aus lauter Verzweiflung darüber, dass sie den Lösungsprozess nicht vorantragen, diskutieren die beiden, ob sie nicht auch doppelte Würfelnetze, die sich lediglich durch Drehung in der Ebene unterscheiden, als Arbeitsergebnisse akzeptieren sollten, entscheiden sich aber dagegen. Kim und Leonie arbeiten zusammen: Sie kommunizieren über die Aufgabeninhalte und gehen bei Bedarf aufeinander ein. Phasenweise arbeiten sie gemeinsam mit einem einzigen Quadratflächensatz, zeitweise hat jede einen Quadratflächensatz, sie gehen aber auf die jeweiligen Arbeiten der Arbeitspartnerin ein. Nach einer Intervention der Lehrerin (vgl. Abschnitt 6.5.2) finden Kim und Leonie weitere Würfelnetze, ihre Vorgehensweise beim Suchen weiterer Würfelnetze ist zunehmend erfolgreicher. Auch beim Überprüfen von Netzen wenden Kim und Leonie größtenteils korrekte Prüfverfahren an.

2. Verlaufsbeschreibung mathematischer Arbeitsniveaus und Darstellung in einem Verlaufsplot als heuristischer Überblick

Der Verlaufsplot (vgl. Abb. 8) als Resultat der Kategorisierung gibt den Verlauf der mathematischen Arbeitsniveaus des insgesamt 1 h 20 min. dauernden Arbeitsprozesses im heuristischen Überblick wieder (vgl. Abschnitt 5.2.4): Nach 33 min. erfährt der Arbeitsprozess eine Intervention der Lehrerin, in der das Arbeitspaar Impulse erhält. Zu diesem Zeitpunkt haben Kim und Leonie zwei Netze als Arbeitsergebnis festgehalten, wobei es sich nur bei dem einen Netz um ein Würfelnetz handelt. Am Ende ihres Arbeitsprozesses haben Kim und Leonie sechs unterschiedliche Würfelnetze produziert (vgl. Abb. 8):

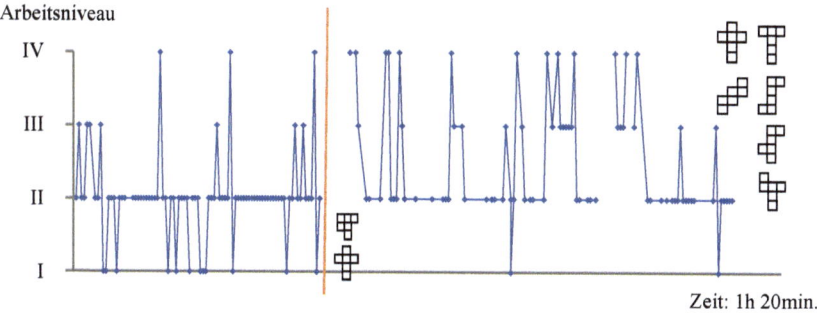

Abb. 8: Verlaufsplot des Arbeitsprozesses von Kim und Leonie im heuristischen Überblick

Sowohl in der Arbeitsphase vor der Intervention der Lehrerin (im Verlaufsplot durch die senkrechte Linie gekennzeichnet) als auch in der Phase nach der Intervention weist der Arbeitsprozess von Kim und Leonie eine recht hohe Frequenz an mathematischen Aktivitäten auf. Längere Unterbrechungen, in denen keine mathematischen Aktivitäten ausgeführt werden, sind nicht vorhanden.

Die Bandbreite der Arbeitsniveaus erstreckt sich über alle vier Niveaustufen. Zahlreiche mathematische Aktivitäten werden auf einem mathematisch tragfähigen Niveau ausgeführt, das den Lösungsweg allerdings nicht voranträgt (Niveau II). Bis zu dem Zeitpunkt der Intervention der Lehrerin liegt der Großteil der Arbeitsniveaus im unteren Niveaubereich des Kategoriensystems (Niveau I und II), nach der Intervention öfter auch im oberen Niveaubereich (Niveau III und IV). Inhaltlich kommen Kim und Leonie nach der Intervention in der Aufgabenbearbeitung voran, da sie eine Vorgehensweise zum Produzieren von Würfelnetzen gefunden haben. Ihre Arbeitsweise gewinnt an Systematik und fachlicher Sorgfalt.

Kognitiv anspruchsvolle mathematische Arbeitsniveaus (Niveau IV) lassen sich vor der Intervention der Lehrerin nur vereinzelt beobachten. Aber auch auf mathematisch nicht tragfähigen Niveaus (Niveau I) arbeiten Kim und Leonie nur punktuell. Ihnen folgen mathematische Aktivitäten, die das Arbeitsniveau wieder anheben. Auffällig sind die recht drastischen Niveauabfälle wie auch Niveauanstiege, also die hohe Schwankungsbandbreite, und zeitweise auch die hohe Schwankungsfrequenz vor der Intervention der Lehrerin.

Nach der Intervention der Lehrerin ist ein nachhaltiger Niveauwechsel zu erkennen, der bis zum Ende des Arbeitsprozesses anhält: Kim und Leonie arbeiten wiederholt auf den Niveaus III und IV und bringen den Lösungsprozess voran.

3. Detaillierte Verlaufsbeschreibung und Analyse mathematischer Arbeitsniveaus

In einer ersten Orientierungsphase mit den Inhalten der Aufgabe (vgl. Abb. 8 links) schwanken die mathematischen Arbeitsniveaus zwischen Niveau II und Niveau III („bringen den Lösungsweg „nicht voran" bzw. „voran"). Nach gut 4 min. ruft Kim ein ihr bereits bekanntes Würfelnetz, das „Jesuskreuz" ✡, aus dem Gedächtnis ab (KL Sequenz 3) und auch Leonie legt kurz danach das „Jesuskreuz" (KL Sequenz 5). Das Arbeitsniveau zeigt auf das Niveau III, weil Kim und Leonie ein weiteres Würfelnetz produzieren, das sie noch nicht als Ergebnis festgehalten haben.

Weil das „Jesuskreuz" von Leonie nachgelegt wird und damit doppelt produziert wird, fällt das Arbeitsniveau zeitnah wieder auf das Niveau II, das höhere

Niveau (III) kann nicht gehalten werden. In der Sequenz KL Sequenz 3 bis 5 wird Kim bewusst, wie Würfelnetze produziert werden:

KL Sequenz 3 bis 5	Code	Arbeitsniveau
3 Als Kim sieht, dass Leonie versucht, ein WN zu legen, indem sie die Quadratflächen auf dem Tisch zu einem Netz zusammenschiebt, verwirft sie sofort den Bau eines Körpers und beginnt mit dem Legen des „Jesuskreuzes", das sie scheinbar aus dem Gedächtnis abrufen kann: ✞	rufen bekanntes WN aus dem Gedächtnis ab	III
4-1 Als Leonie sieht, dass Kim das „Jesuskreuz" legt, verwirft sie ihr Nicht-WN.	verwerfen Nicht-WN ohne Prüfung auf WN	II
4-2 Leonie: „Ach ja, stimmt ja."	—	
5-1 Leonie legt auch das „Jesuskreuz", das sie gerade bei Kim gesehen hat: ✞	legen bereits vorhandenes WN nach	II

Das „Jesuskreuz" wird von dem Arbeitspaar durch gedankliches Hochstellen der Quadratflächen auf die Eignung als Würfelnetz überprüft. Kim deutet dies durch entsprechende Handbewegungen an (KL Sequenz 6).

Kim und Leonie gelangen zu dem richtigen Resultat, dass es sich um ein Würfelnetz handelt (KL Sequenz 6):

KL Sequenz 6	Code	Arbeitsniveau
6-1 Leonie: „So, ungefähr?"		
6-2 Kim und Leonie haben das „Jesuskreuz" vor sich liegen.		
6-3 Kim deutet mit den Fingern an, dass sie in Gedanken die Quadratflächen zum Würfel hochstellt. […]	identifizieren weiteres WN durch korrektes Prüfverfahren	III
6-4 Leonie: „Ok, einer kommt nach oben." [Sie meint damit oben an den Rand des Tisches.]		
6-5 Kim holt sich ihr „Jesuskreuz" wieder, sodass es vor ihr liegt.		
6-6 Kim: „Ich bau einen Zweiten."		

Das Produzieren und Überprüfen des „Jesuskreuzes" hebt das mathematische Arbeitsniveau auf das Niveau III, das den Lösungsweg voranträgt (KL Zeile 6-3):

Bis zur Intervention der Lehrerin wird der Lösungsweg von Kim und Leonie so gut wie nicht vorangetragen. Die mathematischen Aktivitäten bewegen sich auf eher niedrigen Niveaus (Niveau I und II). Kurzzeitig kommt es in dieser Arbeitsphase zwar zu Anhebungen des Arbeitsniveaus (vgl. Abb. 8), das aber zeitnah durch fachliche Fehler wieder abfällt (KL Sequenz 8):

KL Sequenz 8	Code	Arbeitsniveau
8-1 Leonie: „*Warte, man kann das auch so machen.*"		
8-2 Leonie nimmt sich das bereits gelegte „Jesuskreuz" und schiebt die „Ohren" auf gleicher Höhe an den beiden Seiten der Viererkette an die vier Positionen.	schlagen sinnvolle Vorgehensweise zum Produzieren von WN vor	III
8-3 Leonie: „*So!*"		
8-4 Kim unterbricht ihre Arbeit und betrachtet den Prozess des Verschiebens der „Ohren", den Leonie wiederholt.	treffen mathematisch nicht korrekte Aussage, die unbegründet bleibt	I
8-5 Kim: „*Das ergibt dann aber keinen Würfel*"		
8-6 Leonie verwirft ihre Idee, indem sie die Quadratflächen zusammenschiebt.	identifizieren WN durch fehlerhaftes Prüfverfahren nicht	I

Kim und Leonie entwickeln eine mathematisch korrekte Vorgehensweise zum Suchen nach Würfelnetzen (KL Zeilen 8-2 und 8-3). Ihr Arbeitsniveau steigt dadurch zunächst an (Niveau III). Das durch das neue Suchverfahren angestiegene Arbeitsniveau sinkt aber zeitnah wieder (Niveau I), als Kim ein durch Leonie produziertes Würfelnetz ablehnt (KL Zeile 8-5). Obwohl keine Begründung für dieses Ablehnen erfolgt, verwirft Leonie das Würfelnetz (KL Zeile 8-6).

Umgekehrt produzieren sie in den KL Zeilen 32-5 bis 32-11 ein Nicht-Würfelnetz, bei dem sie ein fehlerhaftes Prüfverfahren anwenden und es deshalb nicht verwerfen, sondern als Ergebnis festhalten. Ein Sinken auf das mathematisch nicht tragfähige Niveau I vollzieht sich zeitgleich mit einem fachlichen Fehler (KL Zeilen 32-9 bis 32-11). Diese Sequenz steht exemplarisch für weitere Sequenzen vor der Intervention der Lehrerin, in denen im Arbeitsprozess von

Kim und Leonie ein höhere Arbeitsniveaus aufgrund fachlicher Fehler im Prüfverfahren nicht gehalten werden können (u. a. KL Sequenz 44, s. u.):

KL Sequenz 32 (Zeile 5 bis 11)	Code	Arbeitsniveau
32-5 Leonie schiebt eine Quadratfläche an eine andere Position.		
32-6 Es entsteht wieder das Viererquadrat mit zwei zusätzlichen Quadratflächen, ein Nicht-WN:	produzieren Nicht-WN durch systematisches Verschieben von Quadratflächen	II
32-7 Kim: „Der so, so und so."		
32-8 Sie stellen die Quadratflächen hoch und lassen die letzte Quadratfläche als „Deckel" nach oben „fliegen".		
32-9 Sie finden heraus, dass es sich um ein WN handelt, obwohl es keins ist.	akzeptieren Nicht-WN als WN durch fehlerhaftes Prüfverfahren	I
32-10 Leonie: „Ja"		
32-11 Kim: „Ja, dann lass das uns jetzt zeichnen."	treffen mathematisch nicht korrekte Aussage	I

Vergleichend zu Sequenz 8 unterläuft Kim und Leonie auch in KL Sequenz 44 ein fachlicher Fehler, indem sie ein produziertes Würfelnetz (KL Zeile 44-1) nicht als Ergebnis identifizieren, da sie zeitnah Prüfverfahren mit einem mathematischen Fehler anwenden (KL Zeile 44-6) und anschließend das Würfelnetz verwerfen und wieder ein Nicht-WN produzieren (KL Zeile 44-7):

KL Sequenz 44	Code	Arbeitsniveau
44-1 Leonie verschiebt genau die Quadratfläche, die beim Hochstellen der Quadratflächen mit einer anderen Quadratfläche übereinanderliegt, sodass ein WN mit einer 4er-Kette entsteht, das sie noch nicht haben:	produzieren weiteres WN, das sie nicht als Ergebnis festhalten	III
44-2 Leonie: „So einen haben wir schon?"		
44-3 Kim entfernt sich vom Tisch und schaut nicht hin.		

44-4 Leonie: *„**Den**, Kim!"*		
44-5 Kim ist mit der Schere beschäftigt und geht auf das WN von Leonie nicht ein.		
44-6 Leonie versucht das WN durch Hochklappen einer Quadratfläche zu überprüfen, den Rest prüft sie im Kopf.	identifizieren WN durch fehlerhaftes Prüfverfahren nicht	I
44-7 Sie verwirft das Würfelnetz, indem sie eine Quadratfläche entfernt und durch Verschieben einer weiteren Quadratfläche ein weiteres Nicht-WN produziert: ⊕	produzieren Nicht-WN durch systematisches Verschieben von Quadratflächen	II

Die folgende Sequenzen 15 und 16 stehen exemplarisch für mathematische Aktivitäten, die den Arbeitsprozess von Kim und Leonie bis zur Intervention der Lehrerin prägen:

KL Sequenzen 15 und 16	**Code**	**Arbeitsniveau**
15-1 Leonie „zerstört" eins der „Jesuskreuze" und legt ein WN nach dem gleichen Prinzip wie das „Jesuskreuz": zunächst die Viererreihe und dann die „Ohren". 15-3 Leonie: *„ Guck mal. Ist das ein WN?"* ⊕	produzieren doppeltes WN durch systematisches Verschieben von Quadratflächen	II
16-1 Kim: *„ Das kann man dann aber drehen, und dann ist das das andere. "*	argumentieren mathematisch korrekt, dass WN gleich sind, wenn sie durch Drehung zur Deckung gebracht werden können	IV
16-2 Kim und Leonie verwerfen das doppelte WN.	verwerfen doppeltes WN ohne Analyse	II

Im Verlauf ihres Arbeitsprozesses produzieren Kim und Leonie bis zur Intervention der Lehrerin das „Jesuskreuz", das sie bereits zu Beginn ihres Arbeitsprozesses als Ergebnis festgehalten haben, mehr als zwölf Mal (u. a. in den KL Sequenzen 9, 15/16, 21, 34, 39, 40 und 41).

Kim und Leonie können mathematisch korrekt argumentieren, warum es sich jeweils um ein zu dem bereits gefundenen „Jesuskreuz" kongruentes Würfelnetz handelt (KL Zeile 16-1, s. o.). Diese exakte Begründung hebt das Arbeitsniveau auf ein kognitiv anspruchsvolles Arbeitsniveau (Niveau IV) an. Allerdings verwerfen sie die Doppellösung, ohne sie dahingehend zu analysieren, ob sie das „Jesuskreuz" zu einem neuen Würfelnetz verändern könnten (KL Zeile 16-2). Das Arbeitsniveau fällt auf das Niveau II ab, das den Lösungsweg nicht voranträgt (vgl. Abb. 8).

Die mathematisch nicht tragfähigen Aktivitäten (Niveau I) im Arbeitsprozess von Kim und Leonie bis zum Zeitpunkt der Intervention der Lehrerin sind durch folgende Codes charakterisierbar:

- treffen mathematisch nicht korrekte Aussagen, die unbegründet bleiben (z. B. KL Zeile 8-5)
- treffen mathematisch nicht korrekte Aussagen, die auf fachliche Defizite hindeuten (z. B. KL Zeile 32-10)
- treffen mathematisch nicht korrekte Entscheidung durch Fehler im Prüfverfahren (z. B. KL Zeile 44-6).

Der Arbeitsprozess von Kim und Leonie bis zur Intervention der Lehrerein weist wiederholt Aktivitäten auf, in denen Kim und Leonie Nicht-Würfelnetze bzw. doppelt produzierte Würfelnetze ohne Analyse verwerfen (z. B. KL Zeilen 8-6 und 16-2). Für eine solche Analyse wären mathematische Aktivitäten auf höheren Niveaus (Niveau III und IV) notwendig, die eine fachliche Basis erfordern. Ohne diese Aktivitäten bleibt eine selbstständig nachhaltige Anhebung der Arbeitsniveaus aus.

Die Codes nach der Intervention der Lehrerin weisen andere Inhalte und vorrangige Arbeitsniveaus auf als vor ihrer Intervention. Kim und Leonie systematisieren die Vorgehensweise bei der Suche nach Würfelnetzen:

KL Zeile 66-7	Code	Arbeitsniveau
66-7 Kim verschiebt systematisch eine Quadratfläche, sodass ein WN entsteht:	produzieren weiteres WN durch systematisches Verändern eines Nicht-WN	IV

In der Intervention (KL Sequenz 61, vgl. Anhang) setzt die Lehrerin sowohl strategische Impulse zur Suche nach Würfelnetzen (die „Ohren" an der Viererkette entlang wandern lassen) als auch inhaltliche Impulse zu Prüfvorgehensweisen, die bislang nicht korrekt verliefen (beim Hochstellen der Quadratflächen darauf achten, dass benachbarte Quadratflächen zusammen bleiben).

Im Gegensatz zu der Arbeitsphase vor der Intervention der Lehrerin kann nach der Intervention der Code „produzieren weiteres WN durch systematisches Verändern eines Nicht-WN" in unterschiedlichen Varianten vergeben werden (Niveau III) (z. B. KL Zeile 66-7 und KL Sequenz 71-22), so dass der Arbeitsprozess phasenweise auf höheren Arbeitsniveaus verläuft:

Nicht-Würfelnetze werden nach der Intervention zeitweise nicht mehr verworfen, sondern gezielt verändert (z. B. KL Zeile 71-22):

KL Zeilen 71-21 bis 71-23	Code	Arbeitsniveau
71-21 Kim beendet das Schneiden und widmet sich dem Hochstellen der Quadratflächen von dem Nicht-WN:	identifizieren Nicht-WN durch korrektes Prüfverfahren	II
71-22 Kim bemerkt, dass zwei Quadratflächen beim Hochstellen übereinanderfallen und verschiebt gezielt eine Quadratfläche, bis sie zufrieden ist:	produzieren weiteres WN durch systematisches Verändern eines Nicht-WN	IV
71-23 Kim überprüft das „T-Kreuz".	identifizieren weiteres WN durch korrektes Prüfverfahren	III

Die von Kim und Leonie ausgeführten Prüfverfahren nach der Intervention der Lehrerin sind größtenteils fachlich korrekt (u. a. KL Sequenz 71-23), sodass Arbeitsniveaus auf dem höheren Segment (Niveau III und Niveau IV) gehalten werden können.

Die mathematischen Aktivitäten von Kim und Leonie nach der Intervention der Lehrerin bewegen sich auf höheren Arbeitsniveaus. Die Qualität der Arbeitsniveaus in dieser Phase passt zu den Arbeitsresultaten am Ende des Arbeitsprozesses. Sie produzieren in dieser Phase alle fünf weiteren Würfelnetze mit Viererkette, die durch die in der Intervention vorgeschlagene Vorgehensweise zu finden sind. Mithilfe der Intervention der Lehrerin haben Kim und Leonie eine mathematisch korrekte Vorgehensweise bei der Suche nach weiteren Würfelnetzen gefunden, die den Lösungsweg voranträgt und ein Arbeiten auf höheren Arbeitsniveaus ermöglicht.

6.2 Zusammenfassung des Verlaufs der mathematischen Arbeitsniveaus

In dem vorangegangenen Abschnitt konnte gezeigt werden, inwieweit das verwendete Kategoriensystem eine Beschreibung des Verlaufs der mathematischen Arbeitsniveaus eines Arbeitsprozesses ermöglicht: Neben der Frequenz der mathematischen Aktivitäten konnten deren Niveauschwankungen und deren Niveaubandbreite im Arbeitsprozess von Kim und Leonie erfasst und einer Analyse zugänglich gemacht werden. Die in dem Filmmaterial beobachteten vorrangig niedrigen Arbeitsniveaus (Niveau I und II) und der Niveauwechsel auf Arbeitsniveaus aus dem höheren Segment (Niveau III und IV) zum Zeitpunkt der Intervention der Lehrerin wurden durch das Kategoriensystem erfasst.

Mathematische Arbeitsniveaus konnten über das Kategoriensystem nicht nur identifiziert, sondern durch die aufgabenspezifischen Codes auch inhaltlich genauer analysiert und vergleichbare Situationen innerhalb von Arbeitsprozessen herausgearbeitet werden.

Der Verlaufsplot (vgl. Abb. 8) und das kategorisierte Transkript von Kim und Leonie (vgl. Auszüge im Anhang) boten neben einer Basis für weiterführende Analysen eine erste Antwort auf die Frage nach dem Verlauf mathematischer Arbeitsniveaus innerhalb von Arbeitsprozessen bei einer selbstdifferenzierenden Aufgabenstellung:

1. Der Verlaufsplot des Arbeitsprozesses von Kim und Leonie zeigt, dass insbesondere bis zur Intervention der Lehrerin die Frequenz an mathematischen Aktivitäten recht hoch ist.

2. Die mathematischen Arbeitsniveaus im Arbeitsprozess von Kim und Leonie bewegen sich bis zu der Lehrerintervention nach 33 min. vorrangig im unteren Niveausegment (Niveau I und II) der Niveauabstufungen im Kategoriensystem. Das Arbeitsniveau pendelt sich immer wieder auf einem Niveau ein, das zwar mathematisch tragfähige Aktivitäten aufweist, aber den Lösungsweg nicht voranträgt (Niveau II). Kim und Leonie schaffen es nicht, ihre mathematischen Arbeitsniveaus selbstständig nachhaltig anzuheben.

3. Punktuell zeigt der Arbeitsprozess von Kim und Leonie vor der Intervention der Lehrerin mathematische Aktivitäten auf höheren Niveaus (Niveau III und IV), die aufgrund fachlicher Fehler zeitnah wieder abfallen. Insbesondere diese höheren Arbeitsniveaus deuten die Möglichkeit einer Niveausteigerung bei Kim und Leonie an. Mathematisch nicht tragfähige Arbeitsniveaus (Niveau I) treten nur vereinzelt auf und halten nicht länger an. Ihnen folgen Aktivitäten, die das Arbeitsniveau anheben.

4. Nach der Intervention der Lehrerin ist ein nachhaltiger Niveauwechsel hinsichtlich der vorrangigen Arbeitsniveaus zu erkennen, der bis zum Ende des Arbeitsprozesses anhält: Kim und Leonie arbeiten vermehrt auf Arbeitsniveaus, die den Lösungsweg vorantragen (Niveau III), und auf Niveaus, die kognitiv anspruchsvoll sind (Niveau IV).

5. Die Aktivitäten beim Suchen von weiteren Würfelnetzen beschränken sich bei Kim und Leonie vor der Intervention der Lehrerin eher auf ein Probieren, während sich eine systematische Herangehensweise kaum erkennen lässt. Dies ändert sich mit der Intervention der Lehrerin: Systematische und strategische Vorgehensweisen sind ab diesem Zeitpunkt erkennbar.

Das Arbeitspaar zeigte trotz inhaltlicher Stagnation ein deutliches Durchhaltevermögen und eine hohe Frequenz von Aktivitäten. Ein direkter Rückschluss vom Umfang und von der Qualität der Arbeitsresultate und auch der Zwischenresultate zum Zeitpunkt der Intervention der Lehrerin auf die mathematischen Anstrengungen und die Quantität aller mathematischen Aktivitäten wäre bei Kim und Leonie nicht angemessen.

6.3 Passung des Arbeitsniveauverlaufs zum Leistungspotenzial

Nach der deskriptiven und niveaubeurteilenden Analyse des Arbeitsprozesses im vorangegangenen Abschnitt schließt sich in diesem Abschnitt eine Analyse der Performanzen in Relation zum generellen Leistungspotenzial der Lernenden an, um Tendenzen zu Über- bzw. Unterforderungen zu erkennen und diese weiteren Analysen zugänglich zu machen. Diese Analyse liefert erste Antworten auf die zweite Forschungsfrage: Wie passen die Arbeitsniveauverläufe in einer selbstdifferenzierenden Lernumgebung zum jeweiligen Leistungspotenzial der Lernenden?

Erfasst wurde das Leistungspotenzial mit drei Instrumenten (vgl. Abschnitt 5.3): ein ganzheitliches Leistungsprofil, erstellt durch die Mathematiklehrerin, der Mathematiknote und für die Triangulation Ergebnisse aus dem standardisierten mathematischen Leistungstest, der PALMA-Studie (vom Hofe et al., 2005). Zunächst wird das ganzheitliche Leistungsprofil von Kim und Leonie beschrieben, das anschließend in Relation zu ihrem Niveauverlauf (vgl. Abschnitt 6.1) analysiert wird. Am Ende der Beschreibung des jeweiligen Leistungsprofils werden die Mathematiknote und das Ergebnis aus dem Leistungstest aufgeführt.

Ganzheitliche Leistungsprofile von Kim und Leonie:

Kim und Leonie besuchen die Realschule seit Beginn der 5. Klasse. Die Lehrkräfte der Grundschule hatten beiden Schülerinnen eine Realschulempfehlung gegeben.

Kim kann sich über längere Phasen motiviert mit mathematischen Problemen auseinandersetzen und mathematische Sachverhalte zeitweise gut durchdringen. Hierbei bieten ihr recht ausgeprägtes analytisches Denkvermögen und ihre exakte mathematische Arbeitsweise eine Unterstützung. Kim ist in Problemlöseprozessen häufig auf kreative Ideen von Arbeitspartnern angewiesen, die sie dann allerdings überwiegend sinnvoll umsetzen kann. Kim zeigt stets ein sehr ausgeprägtes Vermögen, inhaltlich mit Partnern zu kooperieren. Dieses Leistungsprofil kondensiert sich zur Mathematiknote „befriedigend" (3), die durch das Abschneiden beim PALMA-Leistungstest mit 28 Punkten im kognitiven Bereich validiert wird.

Leonie zeigt immer wieder, dass sie sich über längere Arbeitszeiten konzentrieren kann. Bei der Bearbeitung von mathematischen Problemen hat sie Durchhaltevermögen, auch wenn Erfolgserlebnisse ausbleiben. In Problemlöseprozessen bringt Leonie sich zwar mit mathematisch sinnvollen Ideen ein, die Umsetzung dieser Ideen gelingt ihr jedoch nicht immer. Das Beschreiben mathematischer Sachverhalte und das Argumentieren fallen ihr schwer. Bei Ansätzen von systematischen Denkweisen und strategischen Vorgehensweisen unterlaufen ihr Fehler, die teilweise zu mathematisch nicht korrekten Aussagen führen. Leonie kann bei einfachen Sachverhalten mathematisch exakt arbeiten und zeigt in Ansätzen ein analytisches Denkvermögen. Die Verknüpfung von mathematischem Vorwissen mit neuen mathematischen Situationen gelingt Leonie nicht immer, sodass sie sich Inhalte wiederholt neu erarbeiten muss. Leonie zeigt generell ein recht gutes Kooperationsvermögen. Sie erkennt ihre Schwierigkeiten und fordert bei Arbeitspartnern gezielt Unterstützung ein. Dieses Leistungsprofil kondensiert sich zur Mathematiknote „ausreichend" (4), die durch das Abschneiden beim PALMA-Leistungstest mit 24 Punkten im kognitiven Bereich validiert wird.

Passung des mathematischen Leistungspotenzials zum Arbeitsniveauverlauf

Das beschriebene Leistungspotenzial von Kim und Leonie wird im Folgenden in Relation zum mathematischen Niveauverlauf ihres Arbeitsprozesses gesetzt. Um die Passungen und Divergenzen zwischen dem Verlauf der mathematischen Arbeitsniveaus und den individuellen Leistungspotenzialen zu beurteilen, wird der Verlauf der mathematischen Arbeitsniveaus aus Abschnitt 6.1 hinzugezogen (vgl. Abb. 9):

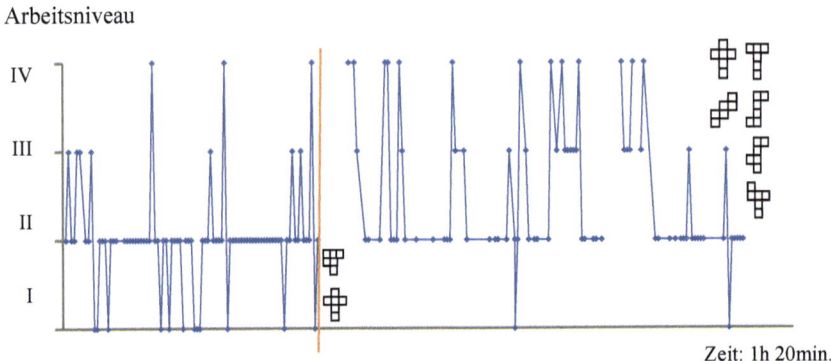

Abb. 9: Verlaufsplot der Arbeitsniveaus von Kim und Leonie im heuristischen Überblick

Die bis zur Intervention der Lehrerin nach 33 min. gezeigten mathematischen Arbeitsniveaus von Kim und Leonie liegen überwiegend unterhalb ihres Leistungspotenzials, was auf ein nicht niveauangemessenes Arbeiten schließen lässt:

Durch ihre Arbeitsniveaus vor der Intervention trugen Kim und Leonie den Lösungsweg kaum voran, obwohl die Beschreibung ihres Leistungspotenzials darauf hindeutet, dass sie in der Lage wären, auf höherem Niveau zu arbeiten. Bestätigt wurde diese Erkenntnis durch den situativen Anstieg der Arbeitsniveaus (vgl. Abb. 9) in der Phase bis zur Intervention.

Nach der Intervention der Lehrerin zeigten Kim und Leonie, dass sie bei der vorliegenden Aufgabenstellung durchaus in der Lage waren, auf mathematisch höheren Niveaus (III und IV) zu arbeiten, ohne sich zu überfordern. Die Arbeitsniveaus passten sich ihren mathematischen Leistungspotenzialen an. Kim und Leonie achteten immer wieder auf ein exaktes mathematisches Arbeiten beim Überprüfen der Netze. Dabei verwarfen sie Nicht-Würfelnetze nicht immer, sondern versuchten sie systematisch zu verändern. Ihre Vorgehensweise beim Suchen weiterer Würfelnetze wurde als systematisch eingeschätzt, wenn auch zu beschränkt zum Finden von Würfelnetzen ohne Viererkette.

Zuordnung von Angemessenheitsmustern

Aufgrund der Analyse der Niveauangemessenheit im Arbeitsprozess von Kim und Leonie können diesem Arbeitsprozess zwei Angemessenheitsmuster zugeordnet werden, die die Niveauangemessenheit zusammenfassend beschreiben (vgl. Abschnitt 5.3).

Mit der Intervention der Lehrerin im Arbeitsprozess von Kim und Leonie fand ein Wechsel im mathematischen Niveauverlauf (vgl. Abschnitt 6.1) und damit auch in der Niveauangemessenheit statt. Dieser Wechsel in der Niveauangemessenheit unterteilt den Arbeitsprozess bezüglich der Niveauangemessenheit in zwei Sequenzen, denen unterschiedliche Angemessenheitsmuster (vgl. Abschnitt 5.3) zugeordnet werden können:

Vor der Intervention der Lehrerin kann das Angemessenheitsmuster 3 (nicht niveauangemessenes Arbeiten unterhalb des Leistungspotenzials über längere Zeit) beobachtet werden. Nach der Intervention der Lehrerin kann das Angemessenheitsmuster 1 (niveauangemessenes Arbeiten über längere Zeit, ggf. mit vorübergehenden Schwankungen nach unten) zugeordnet werden.

6.4 Zusammenfassung der Niveauangemessenheit

Die Analyseergebnisse hinsichtlich der Niveauangemessenheit im Arbeitsprozess von Kim und Leonie haben gezeigt, dass sich ein niveauangemessenes Arbeiten in der vorliegenden selbstdifferenzierenden Würfelnetz-Lernumgebung bei Kim und Leonie nicht automatisch einstellt:

Kim und Leonie wiesen in der Arbeitsphase vor der Intervention der Lehrerin Momente in ihrem Arbeitsprozess auf, in denen mathematische Aktivitäten auf einem anspruchsvolleren Niveau durchaus denkbar gewesen wären. Da sie aber anspruchsvolle Arbeitsniveaus nicht halten konnten, arbeiteten sie bis zur Intervention der Lehrerin nicht niveauangemessen und daher unterhalb ihres Leistungspotenzials (Angemessenheitsmuster 3). Kim und Leonie konnten ihr Arbeitsniveau nicht selbstständig nachhaltig anheben und somit keine Niveauangemessenheit in dieser Arbeitsphase herstellen.

Nach der Intervention der Lehrerin erschien der Arbeitsprozess von Kim und Leonie dann weitgehend niveauangemessen mit vorübergehenden Schwankungen nach unten (Angemessenheitsmuster 1). Das Arbeitspaar zeigte, dass es durchaus auf höheren mathematischen Niveaus arbeiten konnte. Bei einem Abfallen ihres Arbeitsniveaus waren Kim und Leonie in der Lage, dieses wieder anzuheben. Es ließen sich – bei einer Arbeitsweise, die systematisches und exaktes Vorgehen aufwies – kaum noch fachliche Fehler erkennen. Der Arbeitsprozess von Kim und Leonie verläuft scheinbar nicht automatisch niveauangemessen.

Nach ersten Analyseergebnissen zu der zweiten Forschungsfrage nach der Passung zwischen den mathematischen Niveauverläufen und den individuellen Leistungspotenzialen folgt die Frage nach den Bedingungen einer höheren Passung im Kontext der dritten Forschungsfrage: Welcher Zusammenhang besteht zwischen unterrichtlichen Kontextbedingungen – wie Metakognition, Lehrerinterventionen sowie Kooperation – und mathematischen Arbeitsniveaus bei einer selbstdifferenzierenden Aufgabenstellung?

6.5 Wirkung unterrichtlicher Kontextbedingungen

6.5.1 Metakognition

Zur Erfassung der Wirkung metakognitiver Aktivitäten wurde der Arbeitsprozess von Kim und Leonie nicht nur hinsichtlich seiner mathematischen Arbeitsniveaus, sondern auch hinsichtlich der rekonstruierbaren metakognitiven Aktivitäten durchgängig kategorisiert (vgl. Abschnitt 5.4.1 und Anhang).

Der in Abbildung 10 abgebildete Verlaufsplot der Arbeitsniveaus wird für diesen Zweck um die Kategorien P für „Planung", M für „Monitoring" und R für „Reflexion" ergänzt, die in roten Großbuchstaben eingetragen sind.

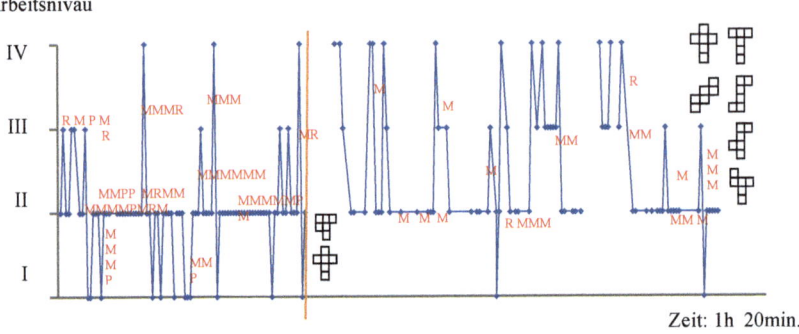

Abb. 10: Verlaufsplot des Arbeitsprozesses von Kim und Leonie im heuristischen Überblick mit metakognitven Aktivitäten (rot)

Der Arbeitsprozess von Kim und Leonie zeigt durchgängig eine auffallend hohe Frequenz selbst initiierter metakognitiver Aktivitäten, insbesondere Monitoringaktivitäten (vgl. Abb. 10).

Alle drei metakognitiven Kategorien „Planung", „Monitoring" und „Reflexion" sind vertreten, wobei Planungsaktivitäten nur vereinzelt im Arbeitsprozess auftauchen. Zu berücksichtigen ist, dass die vorliegende selbstdifferenzierende Aufgabenstellung keine besonderen Planungsaktivitäten erfordert.

Auch in der nicht niveauangemessenen Arbeitsphase bis zur Intervention der Lehrerin liegt eine recht hohe Frequenz metakognitiver Aktivitäten vor, dennoch verhelfen die beständigen metakognitiven Aktivitäten dem Arbeitspaar nicht dazu, die Arbeitsniveaus nachhaltig anzuheben, sodass sie sich intensiver mit dem Lösungsweg auseinandersetzen. Ein niveauangemessenes Arbeiten bleibt also trotz eines hohen Anteils metakognitiver Aktivitäten aus, was einen ersten Hinweis auf eine eingeschränkte Gültigkeit der Wirkungsthese liefert, dass metakognitive Aktivitäten automatisch niveauanhebend wirken können. Verdichtet sind vor allem die Kategorie des „Monitorings" phasenweise aber auch die der „Reflexion" zeitgleich zu den Arbeitsniveaus, die zwar mathematisch tragfähig sind (Niveau II), aber den Lösungsweg nicht vorantragen.

Nach der Intervention der Lehrerin arbeiten Kim und Leonie noch knapp eine Stunde weiter. Die metakognitiven Aktivitäten sind nicht mehr so zahlreich vertreten wie vor der Intervention der Lehrerin, weisen aber noch eine recht hohe Frequenz auf. Planungsaktivitäten lassen sich nicht erkennen, Reflexionsaktivitäten nur vereinzelt. Produzierte Netze werden regelmäßig durch Monitoringaktivitäten auf die Eignung als Würfelnetze überprüft, wohingegen Kim und Leonie ihre Vorgehensweise beim Suchen weiterer Würfelnetze nur zeitweise durch Monitoringaktivitäten überprüfen. Durch das Überwachen der Vorgehensweisen vermeiden sie Verfahrensfehler, die zum Abfall des Arbeitsniveaus führen könnten. Hier liegt die Vermutung nahe, dass metakognitive Aktivitäten ein nachhaltiges Abfallen der Arbeitsniveaus verhindern können.

Im Folgenden liegt der Analyseschwerpunkt hinsichtlich der Wirkung metakognitiver Aktivitäten im Arbeitsprozess von Kim und Leonie auf der Arbeitsphase bis zur Intervention der Lehrerin, da Kim und Leonie in dieser Arbeitsphase zahlreiche Monitoringaktivitäten ausführen, ohne dass es zu einer Niveauanpassung kommt (vgl. Abb. 10). Es werden aber auch metakognitive Aktivitäten vor und nach der Intervention verglichen, da sie eine unterschiedliche Wirkung auf die Arbeitsniveaus zu haben scheinen.

Detaillierte Analyse der Wirkung metakognitiver Aktivitäten im Arbeitsprozess von Kim und Leonie

Zwar hilft das Überwachen durch Monitoringaktivitäten Kim und Leonie, doppelt produzierte Würfelnetze zu identifizieren und somit nicht als Lösungen zu akzeptieren, es trägt aber nicht zu einer Niveauanpassung während des Arbeitsprozesses bei. Diese erfolgreich ausgeführten Monitoringaktivitäten bilden zwar eine notwendige Voraussetzung, um einen weiteren Abfall der Arbeitsniveaus zu verhindern (z. B. KL Sequenzen 9, 15, 18, 22, und 26, in denen doppelte „Jesuskreuze" erkannt werden), verhelfen aber nicht zu einem Anstieg der Arbeitsniveaus. Die bereits in Abschnitt 6.1 analysierte KL Sequenz 8 zeigt exemplarisch, inwieweit Monitoringaktivitäten keine hinreichende Bedingung für ein Anheben der Arbeitsniveaus – und damit für niveauangemessenes Arbeiten – darstellen:

Kim führt durch die Prüfung des Würfelnetzes eine Monitoringaktivität aus, die einen fachlichen Fehler enthält; Sie teilt in KL Zeile 8-5 das Ergebnis ihrer Monitoringaktivität mit, daraufhin verwerfen Kim und Leonie fälschlicherweise ein Würfelnetz (KL Zeile 8-6). Das höhere Arbeitsniveau (Niveau III) kann nicht gehalten werden, obwohl Kim und Leonie eine Monitoringaktivität ausführen. Das Arbeitsniveau fällt auf das Niveau I (KL Sequenz 8-4 und KL

Sequenz 8-5) ab. Eine Reflexion ihrer Erkenntnis aus der Monitoringaktivität bleibt aus:

KL Sequenz 8	Metakognitive Aktivitäten	Arbeitsniveau
8-1 Leonie: *„Warte, man kann das auch so machen."*		
8-2 Leonie nimmt sich das bereits gelegte „Jesuskreuz" und schiebt die „Ohren" auf gleicher Höhe an den beiden Seiten der Viererkette an die vier Positionen.	Reflexion – Nachdenken über Vorgehensweise/ Methode	III
8-3 Leonie: *„So:* ⊥ ⊹ ⊹ ⊤		
8-4 Kim unterbricht ihre Arbeit und betrachtet den Prozess des Verschiebens der „Ohren", den Leonie wiederholt.	Monitoring – (Teil-)Ergebnis prüfen	
8-5 Kim: *„Das ergibt dann aber keinen Würfel."*		I
8-6 Leonie verwirft ihre Idee, indem sie die Quadratflächen zusammenschiebt.	――	I

Die metakognitiven Aktivitäten bei Kim und Leonie bis zur Intervention zeigen zwar keine niveauanpassende Wirkung, aber ihre ausgeführten Monitoringaktivitäten verhindern zeitweise einen weiteren Abfall ihrer Arbeitsniveaus, da sie doppelt produzierte Würfelnetze durch Monitoringaktivitäten identifizieren (KL Zeilen 15-2 und 16-1) und somit nicht als Ergebnis festhalten:

KL Sequenz 15 und 16-1	Metakognitive Aktivitäten	Arbeitsniveau
15-1 Leonie zerstört eines der „Jesuskreuze" und legt ein Netz nach dem gleichen Prinzip wie das „Jesuskreuz": zunächst die Viererreihe und dann die "Ohren". Es entsteht wieder das „Jesuskreuz", nur um 180 Grad gedreht: ⊹		II
15-2 Leonie: *„Guck mal. Ist das ein WN?"*	Monitoring – (Teil-)Ergebnis prüfen	II
16-1 Kim: *„Das kann man dann aber drehen, und dann ist das das andere."*		

Umgekehrt wie in KL Sequenz 8 wird in KL Sequenz 32 (vgl. auch Abschnitt 6.1) eine Monitoringaktivität mit einem fachlichen Fehler ausgeführt, die sogar zeitgleich mit einem Sinken des Arbeitsniveaus (von Niveau II auf Niveau I) einhergeht. Hier wird ein Nicht-Würfelnetz aufgrund eines fachlich nicht korrekten Prüfverfahrens als Würfelnetz akzeptiert. Leonie produziert ein Nicht-Würfelnetz (KL Zeilen 32-5 und 32-6), gemeinsam überprüfen Kim und Leonie das Nicht-Würfelnetz (KL Zeile 32-8) durch eine Monitoringaktivität mit dem fachlich nicht korrekten Resultat, dass es sich um ein Würfelnetz handelt und halten dies durch Zeichnen fest (KL Zeile 32-11). Die Monitoringaktivität verhindert den Abfall des Arbeitsniveaus also nicht:

KL Sequenz 32 (Zeile 5 bis 11)		Metakognitive Aktivitäten	Arbeitsniveau
32-5	Leonie schiebt eine Quadratfläche an eine andere Position.		
32-6	Es entsteht wieder das Viererquadrat mit zwei zusätzlichen Quadratflächen, ein Nicht-WN: ⊞	—	II
32-7	Kim: „Der so, so und so."		
32-8	Sie stellen die Quadratflächen hoch und lassen die letzte Quadratfläche als „Deckel" nach oben „fliegen".	Monitoring – (Teil-)Ergebnis prüfen	
32-9	Sie finden heraus, dass es sich um ein WN handelt, obwohl es keins ist.	Monitoring – (Teil-)Ergebnis prüfen	I
32-10	Leonie: „Ja"		
32-11	Kim: „Ja, dann lass das uns jetzt zeichnen"	Planung – nächsten Arbeitsschritt mitteilen	I

Reflexionsaktivitäten von Kim und Leonie zeichnen sich u. a. dadurch aus, dass sie nach einem neuen Verfahren suchen, um ein weiteres Würfelnetz zu finden. Dabei versuchen sie weniger, ihre bisherige Vorgehensweise beim Suchen nach Würfelnetzen zu regulieren, damit diese zum Erfolg führen. Die Reflexionsphase in KL Sequenz 29 führt nicht zu einer Vorgehensweise, die Kim und Leonie zu weiteren Würfelnetzen verhilft, was sie auch erkennen (KL Zeile 29-13). Sie schaffen es nicht, ihre Ideen mathematisch konsequent umzusetzen, wie in KL Sequenz 29, wo sie ausgehend vom Würfel versuchen, ein weiteres Würfelnetz zu finden, ihnen aber ein mathematischer Fehler unterläuft:

KL Sequenz 29	Metakognitive Aktivitäten	Arbeitsniveau
29-3 Kim und Leonie versuchen, ein weiteres Würfelnetz zu finden, indem sie ihr Vorgehen beim Suchen weiterer Würfelnetze verändern: Vom Würfel ausgehend versuchen sie die Quadratflächen so auf den Tisch zu legen, dass sie zu einem Würfelnetz gelangen.	Reflexion – Regulation von Vorgehensweise/ Methode	II
29-4 Leonie: *„Also ich mach den Untersteller."*		
29-5 Leonie legt eine Quadratfläche hin.	—	
29-6 Gemeinsam stellen sie die „Wände" des Würfels auf.		
29-7 Jede hält zwei „Wände" fest. Sie klappen die "Wände" herunter, sodass die „Blume" entsteht.		
29-8 Kim nimmt sich die letzte Quadratfläche und hält diese in die Luft über den „Untersteller".	—	
29-9 Kim: *„ Und der muss da jetzt noch oben drauf."*		
29-10 Leonie: *„Ja, ist doch ein WN."*		
29-11 Sie legen die Quadratflächen wieder ab.		
29-12 Kim legt die letzte Quadratfläche zögerlich an eine Position, sodass ein Nicht-WN entsteht, nimmt sie aber gleich wieder hoch und deutet eine Position an, die wieder das „Jesuskreuz" entstehen lässt. […]	—	
29-13 Kim: *„Ja, aber das ist dann doch aber wieder so."* [Sie erkennen, dass sie immer wieder zum „Jesuskreuz" gelangen.]	Monitoring – (Teil-)Ergebnis prüfen	II
29-14 Mit unzufriedener Miene stöhnt Leonie laut und schwerfällig, stützt den Kopf ab.		

Weitere Reflexionsaktivitäten bis zur Intervention der Lehrerin beziehen sich auf Teilergebnisse und weniger auf Vorgehensweisen. Die Überprüfung von Teilergebnissen auf die Eignung als Würfelnetz ist durchaus für die Qualität der Lösung wichtig. Allerdings reicht diese Erkenntnis nicht, um das mathematische Arbeitsniveau anzuheben.

Relativ viele metakognitive Aktivitäten von Kim und Leonie überwachen in der nicht niveauangemessenen Arbeitsphase ihre Teilergebnisse, vereinzelt überwachen sie aber auch ihre eigene Position im Arbeitsprozess hinsichtlich des voranschreitenden Lösungsprozesses. Diese metakognitiven Aktivitäten sind prozessorientiert und setzen den Ist-Zustand ihres Arbeitsprozesses in Relation zur gesamten Aufgabenbearbeitung. Dies kann beispielsweise in der 13. Minute des Arbeitsprozesses von Kim und Leonie beobachtet werden, in der sie Schwierigkeiten bei der Aufgabenbearbeitung (u. a. in KL Sequenz 42) verbalisieren:

KL Sequenz 42	Metakognitive Aktivitäten	Arbeitsniveau
42-1 Kim: „*Das gibt bestimmt einen ganz einfachen Weg, den müsste man aber erst herausfinden.*"		
42-2 Leonie: „*Das ist mir ja schon klar. Aber irgendwie kommen wir ja nicht auf diesen Weg.*"	Monitoring – Schwierigkeiten verbalisieren	
42-3 Leonie schaut (verträumt) in die Luft, während Kim zeichnet.		
42-4 Leonie: „*Ich schlaf gleich ein. Man, das ist so schwer.*"		

In der in KL Sequenz 42 rekonstruierten Monitoringaktivität formuliert Leonie, dass ihr die Aufgabenbearbeitung schwerfalle (KL Zeile 42-4). Sie erkennen, dass ihnen eine verlässliche Vorgehensweise zum Produzieren von Würfelnetzen fehlt und verbalisieren diese Einsicht auch.

Nach der Intervention der Lehrerin lässt sich in KL Sequenz 77 rekonstruieren, dass einer Monitoringaktivität eine Reflexionsaktivität folgt. Zeitgleich wird das Arbeitsniveau (Niveau II) angehoben (Niveau IV):

KL Zeilen 77-1 bis 77-10	Metakognitive Aktivitäten	Arbeitsniveau
77-1 Kim hat das Ausschneiden des Nicht-WN beendet:		
77-2 Kim faltet das Papiernetz und stellt fest, dass es sich um ein Nicht-WN handelt.	Monitoring – (Teil-)Ergebnis prüfen	II
77-3 Kim: „*Das kommt nicht hin.*"		
77-4 Leonie: „*Was kommt nicht hin?*"		
77-5 Kim faltet das Netz nochmal.		
77-6 Leonie faltet es anschließend auch.		

77-7 Kim: „*Weißt du was?*"	Reflexion – IV
77-8 Leonie: „*Was?*"	Nachdenken über Vor-
77-9 Kim: „*Wo mein Fehler ist?*	gehensweise/ Methode
*Wir hätten **den** dahin tun müssen.*"	
77-10 Sie trennt eine Quadratfläche vom Netz ab und legt sie an eine andere Position des Netzes.	

Das Ergebnis der Monitoringaktivität wird in dieser Sequenz fachlich hinterfragt und führt zu einer Korrektur des Teilergebnisses: Zunächst wird die Monitoringaktivität mathematisch korrekt ausgeführt (KL Zeile 77-2). Das Nicht-Würfelnetz wird dann nicht verworfen, sondern in einer anschließenden Reflexionsphase über das Ergebnis der Monitoringaktivität (KL Zeile 77-9) korrigiert, sodass ein weiteres Würfelnetz entsteht (KL Zeile 77-10). Sowohl das Prüfverfahren als auch die Korrektur werden mathematisch korrekt durchgeführt.

Zusammenfassende Analyseergebnisse zur Metakognition

Kim und Leonie arbeiten bis zur Intervention der Lehrerin nicht niveauangemessen, sondern unterhalb ihres Leistungspotenzials, vorrangig auf den Niveaus I und II. Trotz eigenverantwortlich ausgeführter metakognitiver Aktivitäten in dieser Arbeitsphase und einer hohen Frequenz an metakognitiven Aktivitäten können sie bis zu der Intervention der Lehrerin ihre mathematischen Arbeitsniveaus nicht nachhaltig anheben, eine niveauanhebende Wirkung der metakognitiven Aktivitäten bleibt aus. Wohingegen Kim und Leonie nach der Intervention der Lehrerin auf vorrangig höheren Niveaus (III und IV) arbeiten und ihr Leistungspotenzial besser ausschöpfen. Dies gibt einen ersten Hinweis auf eine einschränkende Gültigkeit der Wirkungsthese, dass metakognitive Aktivitäten automatisch niveauanhebend wirken können. Die detaillierte Analyse der metakognitiven Aktivitäten im Arbeitsprozess von Kim und Leonie zeigt folgende Zusammenhänge, die u. a. erste Erklärungen für die ausbleibende niveauanpassende Wirkung der metakognitiven Aktivitäten bei Kim und Leonie liefern:

1. Kim und Leonie führen in der Phase des nicht niveauangemessenen Arbeitens zeitgleich zum Arbeiten auf mathematisch niedrigeren Niveaus (Niveau I und II) Monitoringaktivitäten aus, die fachliche Fehler aufweisen. Somit bleibt deren niveauanpassende Wirkung aus. Beispielsweise führt Kim ein nicht korrektes Prüfverfahren aus, was dazu führt, dass ein Würfelnetz nicht als solches erkannt und somit verworfen wird (KL Sequenz 8) bzw. umge-

kehrt ein Nicht-Würfelnetz als Würfelnetz akzeptiert wird (KL Sequenz 32). Fachliche Unsicherheiten stehen in einem Zusammenhang mit einer herabgesetzten Effektivität Monitoringaktivitäten. Monitoringaktivitäten sind somit keine hinreichende Bedingung für niveauangemessenes Arbeiten.

2. Vereinzelt auftretende Aktivitäten der Reflexion können in der Phase des nicht niveauangemessenen Arbeitens (Niveau I und II) von Kim und Leonie nicht zu einer Anhebung des Arbeitsniveaus genutzt werden. Die Reflexionen beziehen sich fast ausschließlich auf Teilergebnisse, wohingegen sie aber nicht zur Regulation von Vorgehensweisen zum Finden weiterer Würfelnetze und zum Überprüfen von Netzen auf die Eignung als Würfelnetze genutzt werden: Sie reflektieren ihre Vorgehensweise beim Suchen nach Würfelnetzen nur in Ansätzen und äußern mathematische Ideen zur Regulation. Kim und Leonie gelingt es aber nicht, diese Ideen mathematisch korrekt umzusetzen. In einer Reflexionsphase suchen Kim und Leonie erfolglos eine gänzlich neue Vorgehensweise, um Würfelnetze zu finden (KL Sequenz 29). Vergleichbar zu den Monitoringaktivitäten sind auch in diesem Fall Aktivitäten der Reflexion keine hinreichende Bedingung für niveauangemessenes Arbeiten.

3. In der Phase des nicht niveauangemessenen Arbeitens (Niveau I und II) können Kim und Leonie einen weiteren Abfall ihrer Arbeitsniveaus verhindern, indem sie ihren Arbeitsprozess durch erfolgreich ausgeführte Monitoringaktivitäten überwachen: Sie identifizieren doppelte Würfelnetze und verwerfen sie (u. a. KL Sequenzen 9, 15, 18, 22 und 26). Hier bilden erfolgreich ausgeführte Monitoringaktivitäten eine notwendige Voraussetzung, um einen weiteren Abfall der Arbeitsniveaus zu verhindern.

4. Ein Vergleich der nicht niveauangemessenen Arbeitsphase vor der Intervention der Lehrerin mit der niveauangemessenen Arbeitsphase nach der Intervention der Lehrerin im Arbeitsprozess von Kim und Leonie lässt erkennen, dass das Arbeitspaar metakognitive Aktivitäten (Monitoring und Reflexion) beim nicht niveauangemessenen Arbeiten vorrangig auf Teilergebnisse beziehen, wohingegen sie beim niveauangemessenen Arbeiten auch Vorgehensweisen überwachen und reflektieren.

5. Die Intervention der Lehrerin hat das fehlerfreie Ausführen von Prüfverfahren beim Prüfen von Netzen auf die Eignung als Würfelnetze zum Inhalt (KL Sequenz 61 im Anhang). Neben diesem Prüfverfahren zeigt die Lehrerin dem Arbeitspaar eine Vorgehensweise, um weitere Würfelnetze zu finden. In der Phase des niveauangemessenen Arbeitens nach der Intervention der Lehrerin werden Monitoringaktivitäten von Kim und Leonie mit fachlich korrekten Prüfverfahren ausgeführt (u. a. KL Sequenz 77). Die erfolgreich ausgeführten Monitoringaktivitäten stehen in einem zeitlichen Zusammenhang mit mathematischen Aktivitäten auf höheren Niveaus.

6. Nach der Intervention der Lehrerin, die sich durch Adaptivität auszeichnet (vgl. Abschnitt 6.5.2), indem die Lehrerin auf die individuellen Vorgehensweisen von Kim und Leonie beim Suchen nach weiteren Würfelnetzen und beim Überprüfen von Netzen eingeht, werden Monitoringaktivitäten sinnvoll durch Reflexionsaktivitäten ergänzt, das Arbeitspaar arbeitet fachlich weitgehend korrekt.

Diese Analyseergebnisse geben erste erklärbare Hintergründe für die oben aufgeführte Einschränkung der Wirkungsthese: Monitoringaktivitäten können im Arbeitsprozess von Kim und Leonie nur niveauanpassend wirken, wenn ihnen fachlich korrekte Prüfverfahren zugrunde liegen, denn nur mit korrekt ausgeführten Prüfverfahren können Ergebnisse und Vorgehensweisen adäquat geprüft werden. Von daher scheint es kein Zufall zu sein, dass fachlich nicht korrekte Prüfverfahren mit niedrigen mathematischen Arbeitsniveaus (Niveau I und II) und einem nicht niveauangemessenem Arbeiten einhergehen. Anderseits sind metakognitive Aktivitäten notwendig, um einen weiteren Abfall des mathematischen Niveauverlaufs zu verhindern.

Zusammenfassend lässt sich feststellen, dass metakognitive Aktivitäten zwar eine notwendige Voraussetzung im Arbeitsprozess von Kim und Leonie darstellen, damit das mathematische Arbeitsniveau nicht weiter abfällt, sie sind aber keine hinreichende Bedingung für niveauangemessenes Arbeiten. Fachlich nicht korrekt ausgeführte metakognitive Aktivitäten zeigen keine niveauanpassende Wirkung im Arbeitsprozess von Kim und Leonie.

6.5.2 Lehrerinterventionen

Zur Erfassung der Wirkung von Lehrerinterventionen auf mathematische Arbeitsniveaus wird die Intervention der Lehrerin im Arbeitsprozess von Kim und Leonie (KL Sequenz 61) analysiert und ihre Interventionsebenen kategorisiert. Die komplette transkribierte Intervention der Lehrerin ist im Anhang dieser Arbeit zu finden. Die Analyse der Intervention der Lehrerin wird entsprechend der Analyseschritte aus Abschnitt 5.4.2 durchgeführt.

Die Phasen des Niveauverlaufs vor und nach der Intervention der Lehrerin im Arbeitsprozess von Kim und Leonie (vgl. Abb. 11) werden miteinander verglichen, um die Wirkung der Intervention zu analysieren. Hierzu werden ausgewählte mathematische Aktivitäten vor und nach der Intervention der Lehrerin exemplarisch vergleichend analysiert.

Die Intervention der Lehrerin wird in Abbildung 11 durch eine farbige senkrechte Linie gekennzeichnet:

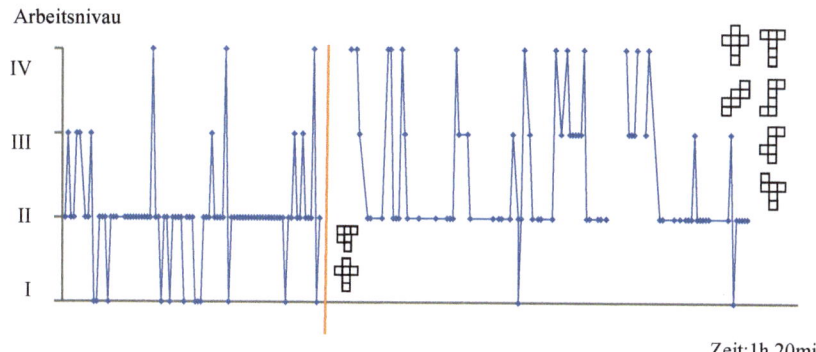

Abb. 11: Verlaufsplot des Arbeitsprozesses von Kim und Leonie mit Intervention der Lehrerin

Im Folgenden wird die Analyse der Intervention der Lehrerin gemäß der Analyseschritte aus dem Abschnitt 5.4.2 durchgeführt:

(1) Einordnung der Lehrerintervention in den Gesamtarbeitsprozess

Der Arbeitsprozess von Kim und Leonie weist bei einer Gesamtlänge von 1h 20 min. eine einzige Intervention der Lehrerin auf. Sie findet nach 33 min. statt und besitzt eine Länge von etwa 2 min. Kim und Leonie haben in ihrem Arbeitsprozess vor der Intervention der Lehrerin geäußert, dass sie Hilfe benötigen.

(2) Vergleich des Verlaufs individueller mathematischer Arbeitsniveaus vor und nach der Intervention der Lehrerin

Die Intervention der Lehrerin unterteilt den Arbeitsprozess von Kim und Leonie in zwei Niveauphasen: In der Phase vor der Intervention werden mathematische Aktivitäten vorrangig auf niedrigen Niveaus (Niveau I und II) ausgeführt. Kim und Leonie arbeiten auf mathematischen Arbeitsniveaus, die sie unterfordern (Angemessenheitsmuster 3). Bis zu dem Zeitpunkt der Intervention haben sie zwei Teilergebnisse festgehalten: ein Nicht-Würfelnetz und das „Jesuskreuz".

Die Intervention der Lehrerin geht zeitlich mit einer Niveauanpassung im Arbeitsprozess von Kim und Leonie einher (vgl. Abschnitt 6.3), so dass in der Phase nach der Intervention weitgehend niveauangemessen gearbeitet wird (Angemessenheitsmuster 1). Exemplarisch sei eine Transkriptsequenz aufgeführt, die verdeutlicht, dass Kim und Leonie Prüfverfahren, die sie vor der Intervention mit Verfahrensfehlern ausgeführt haben, nach der Intervention fehlerfrei ausführen. Zeitgleich können mathematische Aktivitäten auf höheren Niveaus (Niveau III und IV) rekonstruiert werden (u. a. KL Zeilen 62-2 und 62-3):

KL Zeilen 62-2 und 62-3	Mathematische Aktivitäten	Arbeitsniveau
62-2 Kim stellt das WN ⌐┬┐ zum Würfel hoch und kommentiert das Hochstellen der Quadratflächen: *„Der, der wandert da rüber, und der da oben rauf. Der so, guck mal, der ist dann ja da dran."*	produzieren weiteres WN durch systematisches Vorgehen	IV
	identifizieren WN durch korrektes Prüfverfahren	III
62-3 Kim achtet genau darauf, dass das WN nicht zerrissen wird.		

Die Impulse der Lehrerin während der Intervention zeigen auch in KL Sequenz 71 (Zeilen 71-19 und 71-21) eine Wirkung auf die individuellen Vorgehensweisen von Kim und Leonie. Das Überprüfen eines Netzes auf die Eignung auf Würfelnetz wird hier nach der Intervention korrekt ausgeführt, sodass höhere Arbeitsniveaus (Niveau III und IV) gehalten werden können:

KL Zeilen 71-10 und KL Zeilen 71-19 bis 71-22	Mathematische Aktivitäten	Arbeitsniveau
71-10 Kim: *„Die sind ja alle miteinander verbunden, dann musst du den da auch mit hochklappen."* […]	geben mathematisch korrekte Erklärung ab	III
71-19 Kim beendet das Ausschneiden und widmet sich dem Hochstellen der Quadratflächen von dem Nicht-WN:	identifizieren Nicht-WN durch korrektes Prüfverfahren	II
71-20 Kim bemerkt, dass zwei Quadratflächen beim Hochstellen übereinander fallen und verschiebt gezielt eine Quadratfläche, bis sie zufrieden ist:	produzieren weiteres WN durch systematisches Verändern eines Nicht-WN	IV
71-21 Kim überprüft das „T-Kreuz". 71-22 Kim: *„Der wandert da, der dann da rüber, ja! Möchtest du den abzeichnen?*	identifizieren WN durch korrektes Prüfverfahre	III

Die Intervention hat bewirkt, dass im Arbeitsprozess von Kim und Leonie Codes gesetzt werden können, die vor der Intervention nicht gesetzt werden konnten, wie z. B. „produzieren weiteres WN durch systematisches Verändern eines Nicht-WN" (KL Zeile 71-20).

(3) Inhaltliche Analyse einzelner Phasen innerhalb der Intervention

Die Intervention beginnt mit einer Orientierungsphase, in der ein Austausch von Kim und Leonie mit der Lehrerin über ihre Vorgehensweisen und Probleme bei der Aufgabenbearbeitung stattfindet. Die Lehrerin verschafft sich zunächst einen Einblick in den Arbeitsprozess von Kim und Leonie, um Hinweise auf mögliche Probleme zu erhalten. Anschließend erteilt sie minimale Unterstützungen, damit Kim und Leonie selbstständig Verfahrensfehler beheben können sowie weitere Ideen für die Produktion von Würfelnetzen entwickeln und ihren individuellen Lösungsweg sinnvoll weiterverfolgen können. Mathematische Aktivitäten während der Intervention werden von dem Arbeitspaar ausgeführt, sie bleiben die Hauptakteure. Der Redeanteil der Lehrerin ist eher gering.

Zunächst wird die Orientierungsphase bei Kim und Leonie genauer analysiert. Außerdem wird die Intervention aufgrund der geleisteten Unterstützung in entsprechende Interventionsebenen kategorisiert.

Orientierungsphase und Interventionsebenen

In der Orientierungsphase der Intervention bei Kim und Leonie orientiert sich die Lehrerin nicht nur an den Arbeitsergebnissen, sondern geht prozessorientiert vor, indem sie sich individuelle Vorgehensweisen vorführen lässt.

Zunächst möchte die Lehrerin einen Einblick in den Arbeitsprozess erhalten, deshalb stellt sie die recht offen formulierte Frage: „Kommt ihr klar?" (KL Zeile 61-1 im Anhang). Diese Frage nutzen Kim und Leonie, um der Lehrerin mitzuteilen, dass sie keine weiteren Würfelnetze fänden (KL Zeilen 61-1 bis 61-4 im Anhang) und dass sie unsicher beim Überprüfen von Netzen auf die Eignung als Würfelnetze seien (KL Zeilen 61-8 bis 61-11). Bei einem Nicht-Würfelnetz vermuten Kim und Leonie lediglich, dass es sich um kein Würfelnetz handelt. Dies lässt sich aus Kims Formulierung „wahrscheinlich" in der KL Zeile 61-10 entnehmen, ein fachlich korrektes Prüfverfahren zur Überprüfung wurde nicht ausgeführt. Sie können ihre Vermutung allerdings am konkreten Material andeuten (KL Zeilen 61-8 bis 61-11):

KL Zeilen 61-8 bis 61-11

61-8 Die Lehrerin holt das Plakat.

61-9 Kim zeigt auf das Nicht-WN.

61-10 Kim: „*Und das eine ist wahrscheinlich auch nicht richtig, weil, das kann ja nicht fliegen.*"

61-11 Sie deutet auf die eine Fläche des Viererquadrats:

Aufgrund ihrer geäußerten Unsicherheit beim Überprüfen von Netzen lässt sich die Lehrerin die individuellen Vorgehensweisen zum Prüfen und Suchen von Würfelnetzen demonstrieren (KL Zeilen 61-14 bis 61-16):

KL Zeilen 61-14 bis 61-16

61-14 Lehrerin: *„Nach welchem Prinzip geht ihr denn vor?"*

61-15 Leonie: *„Wir haben ja den* ⊕ *und dann können wir ja nicht mehr den* *"*

61-16 Leonie deutet an, dass sie stets das „Jesuskreuz" produzieren, manchmal nur in der Ebene gedreht.

Kim und Leonie führen das Überprüfen eines Nicht-Würfelnetzes auf die Eignung als Würfelnetz vor, so erhält die Lehrerin einen Einblick über inhaltliche Probleme und Unsicherheiten bei der Ausführung des Prüfverfahrens.

Unter Berücksichtigung des Leistungspotenzials von Kim und Leonie scheint es möglich, über minimale Hilfestellungen die mathematischen Arbeitsniveaus anzuheben. Die Lehrerin interveniert auf strategischer, inhaltlicher und organisatorischer Ebene (vgl. Abschnitt 5.4.2):

a) Strategische Interventionsebene mit inhaltlichem Impuls

Die Lehrerin legt eine Viererreihe aus Quadratflächen und lässt mit dem Arbeitspaar zusammen Quadratflächen entlang der Viererreihe – auch auf unterschiedlicher Höhe (KL Zeile 61-18) – wandern:

KL Zeilen 61-17 und 61-18	**Interventionsebene**
61-17 Lehrerin: *„Ich gebe euch mal einen Tipp. Jetzt habt ihr doch die 4er-Reihe und jetzt lasst ihr die mal so wandern."*	Strategische Ebene
61-18 Sie schiebt die Quadratflächen entlang der 4er-Reihe, sodass die Netze nicht symmetrisch sind.	

Der strategische Impuls hilft Kim und Leonie, ihre individuelle Vorgehensweise beim Suchen nach weiteren Würfelnetzen anzupassen: Sie weichen von ihrer Vorstellung ab, dass die seitlichen Quadratflächen entlang der Viererkette ausschließlich auf gleicher Höhe wandern dürfen, und lassen die Quadratflächen auf unterschiedlicher Höhe wandern, sodass auch nicht symmetrische Würfelnetze entstehen. Obwohl auf der inhaltlichen Ebene Ergebnisse vorweggenommen werden, handelt es sich um einen strategischen Impuls, da die Lehrerin unter Berücksichtigung des Leistungspotenzials von Kim und Leonie lediglich Unterstützung bei der Vorgehensweise zum Produzieren von Würfelnetzen mit einer Viererkette anbietet.

b) Inhaltliche Interventionsebene

Aufgrund der von Kim und Leonie geschilderten Schwierigkeit zu entscheiden, ob es sich bei ihrem einen Teilergebnis um ein Würfelnetz handelt (KL Zeilen 61-8 bis 61-11, s. o.), lässt die Lehrerin sich die Vorgehensweise beim Prüfen von Netzen auf die Eignung als Würfelnetze vom Arbeitspaar an einem Würfelnetz demonstrieren. Die Lehrerin kann die Vorgehensweise des Arbeitspaare korrigieren (KL Zeilen 61-22 bis 61-23):

KL Zeilen 61-22 bis 61-23	Interventionsebene
61-22 Kim legt das folgende WN:	
61-23 Die Lehrerin hilft ihnen beim Überprüfen des WN: Sie weist darauf hin, dass das Netz beim Hochstellen der Quadratflächen nicht auseinandergerissen werden darf.	Inhaltliche Ebene

Kim und Leonie überprüfen unter der Anleitung der Lehrerin, ob es sich bei diesem Netz um ein Würfelnetz handelt (KL Zeile 61-23). Die Lehrerin beobachtet, wie Kim die Quadratflächen zum Würfel hochstellt. Sie korrigiert das Prüfverfahren, indem sie sie darauf hinweist, dass das Netz nicht zertrennt werden darf (KL Zeile 61-23).

Hier handelt es sich um eine inhaltliche Interventionsebene, da die Unterstützung verdeutlicht, dass in einem Prüfverfahren aus mathematischer Sicht das zu prüfende Netz nicht verändert werden darf.

Anschließend an die inhaltliche Interventionsebene folgt eine organisatorische Interventionsebene:

c) Organisatorische Interventionsebene

Die Lehrerin empfiehlt Kim und Leonie, sich gegenseitig beim Hochstellen der Quadratflächen behilflich zu sein, damit das zu prüfende Netz nicht verändert wird (KL Zeile 61-24). Es handelt sich um eine Hilfestellung, die die Organisation beim Prüfen von Netzen auf die Eignung als Würfelnetze unterstützt.

Diese Hilfestellung bietet eine Unterstützung, damit Prüfverfahren von Netzen auf die Eignung als Würfelnetz im weiteren Arbeitsprozess fachlich korrekt ausgeführt werden:

KL Zeile 61-24	Interventionsebene
61-24 Die Lehrerin empfiehlt den Mädchen, sich gegenseitig beim Hochstellen der Quadratflächen behilflich zu sein.	Organisatorische Ebene

Die Lehrerin verschafft sich durch knappe Fragen ein recht detailliertes Bild von den Problemen im Arbeitsprozess von Kim und Leonie. Die Probleme werden am Material konkretisiert. Unter Berücksichtigung der bisherigen Arbeitsergebnisse kann sie Rückschlüsse auf individuelle Probleme in der Aufgabenbearbeitung von Kim und Leonie ziehen, die sich auf das Niveau der mathematischen Aktivitäten auswirken und sie am niveauangemessen Arbeiten hindern.

(4) Analyse der Adaptivität der Intervention der Lehrerin

Auf Basis der gewonnenen Erkenntnisse in der Orientierungsphase passt die Lehrerin ihre Ebenen der Intervention auf den Arbeitsprozess von Kim und Leonie an:

Unterstützungen während der Intervention der Lehrerin sind bei Kim und Leonie auf deren individuelle Vorgehensweise und Gedankengänge abgestimmt und erhalten die Selbstständigkeit von Kim und Leonie in ihrem Arbeitsprozess. Die folgende Zusammenfassung der Intervention der Lehrerin zeigt, dass der Interventionsprozess bei Kim und Leonie als adaptiv bezeichnet werden kann (vgl. Abschnitt 5.4.2):

- Unter Berücksichtigung des Leistungspotenzials von Kim und Leonie werden von der Lehrerin minimale Hilfestellungen beim Suchen nach weiteren Würfelnetzen mit Viererkette gegeben und bewusst nicht vorausschauend weitere Hilfestellungen für andere Netzkonstellationen angeboten. Der Verzicht auf vorausschauende Hilfestellung berücksichtigt einen eher kleinschrittigen Lösungsprozess, um keine Überforderung des Arbeitspaares zu riskieren und ihnen gleichzeitig die Möglichkeit zu geben, individuelle Vorgehensweisen beim Suchen nach weiteren Würfelnetzen zu entwickeln.

- Die Intervention unterstützt Kim und Leonie in ihrem selbstständigen Arbeitsprozess: Nach der Intervention können Kim und Leonie an ihre individuellen Vorgehensweisen anknüpfen, indem sie zunächst nach weiteren Würfelnetzen mit Viererkette suchen. Sie können ihren Arbeitsprozess eigenverantwortlich fortsetzen.

- Kim und Leonie empfinden die Impulse während der Intervention als effektive Hilfestellung für ihren individuellen Arbeitsprozess und äußern dies auch direkt nach der Intervention (KL Zeile 62-1):

    KL Zeile 62-1

    62-1 Kim: *„Guck mal, Leonie, das ist ein guter Tipp."* Sie gelangt zu dem folgenden WN:

- In der Orientierungsphase zeichnet sich die Intervention der Lehrerin durch eine prozessorientierte Diagnostik aus: Die Lehrerein erhält einen Einblick in den Arbeitsprozess und erfasst die Probleme des Arbeitspaares, sodass sie ihre Impulse auf die individuellen Vorgehensweisen abstimmen kann. Sie verlässt sich nicht ausschließlich auf die bis zur Intervention produzierten Teilergebnisse.

Die Intervention in dem Arbeitsprozess von Kim und Leonie kann als adaptiv bezeichnet werden, sodass sie eine positive Wirkung auf den Niveauverlauf des Arbeitsprozesses hat. Kontrastierend hierzu werden in der Breitenanalyse Interventionen veranschaulicht, die nicht adaptiv sind (vgl. Abschnitt 7.3.2), bei denen niveauanpassende Wirkungen ausbleiben.

Zusammenfassung der Analyseergebnisse zur Intervention der Lehrerin im Arbeitsprozess von Kim und Leonie

- Die Intervention der Lehrerin zeigt Wirkung auf den Verlauf der Arbeitsniveaus von Kim und Leonie. In dem Arbeitsprozess von Kim und Leonie nach der Intervention der Lehrerin wird wiederholt deutlich, dass das Arbeitspaar die Hilfestellung der Lehrerin in ihre individuelle Vorgehensweise während des Arbeitsprozesses umsetzen kann (vgl. z. B. KL Sequenz 71).

- Die Intervention der Lehrerin kann als adaptiv bezeichnet werden, da die Arbeitssituation von Kim und Leonie in der Orientierungsphase adäquat erfasst wird und die Impulse auf deren individuellen Vorgehensweisen beim Überprüfen der Netze und beim Suchen weiterer Würfelnetze abgestimmt sind. Außerdem wird das Leistungspotenzial des Arbeitspaares bei der Impulssetzung berücksichtigt.

- Nach der adaptiven Intervention der Lehrerin lässt sich bei Kim und Leonie eine Veränderung im Verlauf der mathematischen Arbeitsniveaus beobachten: Die vorrangigen mathematischen Arbeitsniveaus befinden sich auf einem angemessenen Arbeitsniveau. Vor der Intervention haben sich die vorrangigen mathematischen Arbeitsniveaus auf einem nicht angemessenen Niveau befunden. Die Intervention der Lehrerin bewirkt eine Niveauanpassung und damit ein Voranschreiten im Lösungsprozess, indem Kim und Leonie weitere Würfelnetze finden und als Ergebnis festhalten.

- Die Intervention der Lehrerin zeigt Wirkung auf die metakognitiven Aktivitäten. Prüfverfahren werden nach der Intervention weitgehend korrekt ausgeführt und Vorgehensweisen gewinnen an Systematik. Monitoringaktivitäten beziehen sich auch auf Vorgehensweisen bzw. werden durch entsprechende Reflexionsaktivitäten ergänzt, was zu einer Anpassung der Vorgehensweisen und Prüfverfahren führt. Diese Aktivitäten zeigen positive Auswirkung auf die mathematischen Arbeitsniveaus (vgl. Abschnitt 6.5.1).

Die Analyseergebnisse im Arbeitsprozess von Kim und Leonie geben einen ersten Hinweis darauf, dass die Adaptivität einer Intervention für eine niveauanpassende Wirkung wichtig ist. Bestätigt sich diese Vermutung, würde eine Ausdifferenzierung der Wirkungsthese, dass Lehrerinterventionen per se eine niveauanpassende Wirkung haben, notwendig sein. Diese Aussage wird in der Breitenanalyse weiter untersucht.

6.5.3 Kooperation

Die durchgängige Kategorisierung rekonstruierbarer kooperativer Aktivitäten (vgl. Abschnitt 5.4.3) im Arbeitsprozess von Kim und Leonie diente der Erfassung der Wirkung kooperativer Aktivitäten auf mathematische Arbeitsniveaus. Der in Abb. 12 dargestellte Verlaufsplot wurde zu diesem Zweck unter der horizontalen Verlaufsachse um die Kategorien V für VORGEHEN, I für IDEENENTWICKLUNG, G für GEGENPOSITION und H für HILFE ergänzt.

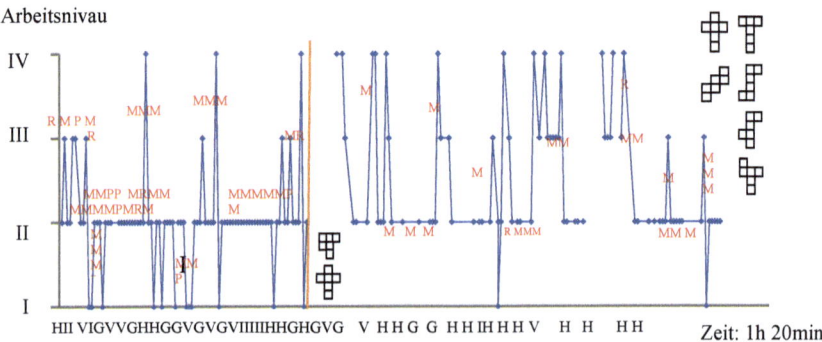

Abb. 12: Verlaufsplot (Kim und Leonie) mit kooperativen Aktivitäten unter der horizontalen Achse

Ähnlich wie die Metakognition verläuft auch die Kooperation im Arbeitsprozess von Kim und Leonie äußerlich recht gut: Kooperative Aktivitäten lassen sich über den gesamten Arbeitsprozess hinweg beobachten. Auffallend hoch ist ihre Frequenz in der nicht niveauangemessenen Arbeitsphase (Niveau I und II) vor der Intervention der Lehrerin. Verbale Kooperation wird durch Kooperation auf der Handlungsebene ergänzt.

Kim und Leonie sind gleichermaßen am Arbeitsprozess beteiligt, keine von beiden zieht sich über längere Zeitphasen aus dem Arbeitsprozess zurück. Sie setzen sich individuell mit dem Lösungsweg auseinander, zeigen aber auch Verantwortung für eine gemeinsame Aufgabenbearbeitung, indem sie die Arbeitsinhalte der Partnerin berücksichtigen, auf deren Lösungswege und Teilergebnisse

– auch unaufgefordert – eingehen und individuelle Pläne besprechen. Sie zeigen Geduld und Einfühlungsvermögen, um die Partnerin nicht aus ihren Gedankengängen herauszureißen. Bei fachlichen Unsicherheiten fragen sie sich gegenseitig um Rat.

Gemäß dem in Abschnitt 5.4.3 vorgestellten analytischen Vorgehen können zwar 48 kooperative Phasen über den gesamten Arbeitsprozess hinweg identifiziert werden, doch weisen sie nur zum Teil eine fachliche Kooperationsintensität auf, sodass sie bei einer Niveauanhebung unterstützend wirken könnten. Ähnlich wie bei der Metakognition zeigt sich ein erster Gegenbeleg zur These, dass kooperative Aktivitäten per se mathematische Arbeitsniveaus anheben.

Bei den Kooperationsmustern in der Phase des nicht niveauangemessenen Arbeitens treten HILFE und GEGENPOSITION am häufigsten auf. Hilfeanfragen und Gegenpositionen werden zwar durch die Arbeitspartnerin berücksichtigt, jedoch lassen sich beim nicht niveauangemessenen Arbeiten kaum Hinweise darauf finden, dass diese dann auch gedanklich durchdrungen bzw. fachlich hinterfragt werden.

KL Sequenz 8	Kooperation	Arbeitsniveau
8-1 Leonie: „*Warte, man kann das auch so machen.*"		
8-2 Leonie nimmt sich das bereits gelegte „Jesuskreuz" und schiebt die „Ohren" auf gleicher Höhe an den beiden Seiten der Viererkette an die vier Positionen.	IDEEN – ENTWICKLUNG	III
8-3 Leonie: „*So.*"		
8-4 Kim unterbricht ihre Arbeit und betrachtet den Prozess des Verschiebens der „Ohren", den Leonie wiederholt.		
8-5 Kim: „*Das ergibt dann aber keinen Würfel.*"	GEGENPOSITION	I
8-6 Leonie verwirft ihre Idee, indem sie die Quadratflächen zusammenschiebt.		I

Ein Beispiel für eine ausbleibende fachliche Kooperationsintensität gibt die KL Sequenz 8, die auch in Abschnitt 6.1 bereits zur Analyse herangezogen wurde: In KL Sequenz 8 kann das Kooperationsmuster IDEEN-ENTWICKLUNG identifiziert werden (vgl. Abschnitt 5.4.3), indem Kim den Ansatz von Leonie weiterverfolgt. Allerdings wird das von Kim formulierte falsche Monitoringergebnis (KL Zeile 8-5) nicht hinterfragt, sondern einfach akzeptiert und führt so zu einem gemeinsamen fachlichen Fehler: In dieser Situation trägt die Kooperation nicht zu inhaltlichen Fortschritten in der Aufgabenbearbeitung bei. Sie geht mit keiner erkennbaren fachlichen Kooperationsintensität einher, ein zeitgleicher

Abfall mathematischer Arbeitsniveaus (von Niveau III auf Niveau I) kann rekonstruiert werden. Auch die GEGENPOSITION von Kim in KL Zeile 66-12 verhilft dem Arbeitspaar nicht zu einer fachlichen Klärung, da eine fachliche Kooperationsintensität ausbleibt. Das Arbeitsniveau bleibt niedrig (Niveau I). Unter dasselbe Kooperationsmuster GEGENPOSITION fällt KL Sequenz 66 nach der Intervention der Lehrerin. Kontrastierend zur Kooperation in KL Sequenz 8 ist die Kooperation von höherer fachlicher Kooperationsintensität geprägt, wobei niveauangemessen gearbeitet wird:

KL Sequenz 66	Kooperation	Arbeitsniveau
66-5 Kim verändert das Nicht-WN nach einer Überprüfung zu einem WN: ⊞ → ⊞		II
66-6 Kim: *„Leonie, versuch mal, ob das ein WN ist."*	HILFE	
66-7 Kim widmet sich wieder dem Zeichnen.		
66-8 Leonie schaut auf das WN: *„Nein, ist es nicht. Weil, das geht nicht, hier muss nämlich einer hin, Kim."*	GEGENPOSITION	IV
66-9 Leonie deutet auf eine [nicht erkennbare] Position.		
66-10 Kim hilft ihr beim Hochstellen der Quadratflächen.	———	
66-11 Kim [kommentiert das Hochstellen]: *"Der wandert da hin, der hängt da dran, der klappt da rüber."*		
66-12 Kim: *„Ja, das ist richtig, zeichne den mal ab."*		III
66-13 Leonie beginnt zu zeichnen.		

Kim und Leonie gelingt es durch höhere fachliche Kooperationsintensität, einen Fehler zu vermeiden: Kim legt ein Würfelnetz und fordert Leonie auf, zu überprüfen (KL Zeilen 66-5 und 66-6). Leonie geht auf die Anregung von Kim ein. Sie kommt zu dem Ergebnis, dass es kein Würfelnetz ist (KL Zeile 66-8), obwohl es sich um ein Würfelnetz handelt. Kim überprüft die Aussage von Leonie unaufgefordert, indem sie die eigene Beschäftigung unterbricht und mit Leonie gemeinsam das Würfelnetz prüft. Kim kann Leonie davon überzeugen, dass es sich um ein Würfelnetz handelt (KL Zeilen 66-11 und 66-12). Sie durchdringt den Lösungsvorschlag von Leonie gedanklich und bewertet den Lösungsansatz argumentativ, indem sie vorführt, dass es sich um ein Würfelnetz handelt.

Der kooperative Austausch zwischen Kim und Leonie in Kombination mit dem fachlich korrekt ausgeführten Prüfverfahren führt dazu, dass sie in der Aufgabenbearbeitung inhaltlich voranschreiten. Das Arbeiten kann auf hohen Niveaus (Niveau III und IV) gehalten werden.

Auch bei inhaltlich anderen Kooperationsmustern zeigt sich, dass eine ausbleibende fachliche Kooperationsintensität (KL Sequenz 33) ein Anheben der Arbeitsniveaus – und somit ein niveauangemessenes Arbeiten – verhindert:

KL Sequenz 33	Kooperation	Arbeitsniveau
33-1 Leonie: *„Meinst Du, wir dürfen auch aus mehreren?"* [Sie meint aus mehr als sechs Quadratflächen.]	HILFE	
33-2 Kim: *„Nein immer aus sechs."*		
33-3 Kim beginnt mit dem Abzeichnen.		

Die Antwort auf Leonies Frage (KL Zeile 33-1) ist knapp formuliert und korrekt, aber ohne zusammenhängende Erklärung. Es gibt keinen Hinweis auf fachliche Kooperationsintensität. Zu einem späteren Zeitpunkt zeigt diese fehlende Kooperationsintensität in der KL Sequenz 43 eine Wirkung auf das Arbeitsniveau (Niveau II), das nicht angehoben werden kann:

KL Sequenz 43	Mathematische Aktivitäten	Arbeitsnveau
43-1 Leonie legt ein Netz mit nur fünf Quadratflächen:	produzieren Nicht-WN mit weniger als sechs Quadratkarten	II
43-2 Kim unterbricht das Zeichnen und schaut auf das Netz mit den fünf Quadratflächen bei Leonie.		
43-3 Kim: *„Darf ich mal?"*		
43-4 Kim legt eine sechste Quadratfläche an, sodass eine 5er-Kette entsteht.	produzieren Nicht-WN durch systematisches Anlegen von Quadratflächen	II

In der KL Sequenz 43 vor der Intervention der Lehrerin zeigt die fehlende fachliche Kooperationsintensität bei dem Kooperationsmuster HILFE sogar zu einem späteren Zeitpunkt (KL Sequenz 43) Wirkung: In KL Sequenz 33 wurde fachlich nicht geklärt, warum es generell keine Würfelnetze aus fünf Quadratflächen geben kann. Somit wird in KL Zeile 43-1 erneut ein Netz aus nur fünf Quadratflächen konstruiert. Die kooperative Aktivität mit dem Kooperationsmuster HILFE in KL Sequenz 33 wurde ohne fachliche Kooperationsintensität ausgeführt, eine Niveauanpassung bleibt aus. Leonie nimmt vor der Intervention der Lehrerin wiederholt Unterstützung von Kim in Anspruch, allerdings lässt sich nicht erkennen, dass sie mit der entgegengebrachten Hilfe konstruktiv umgeht: Sie erfragt zwar Inhalte, fordert aber keine Erklärungen für ein tiefgehendes Verständnis ein. Eine fachliche Diskussion lässt sich nicht erkennen.

Zusammenfassung „Kooperation" im Arbeitsprozess von Kim und Leonie

1. Der Arbeitsprozess von Kim und Leonie weist in der Phase des nicht niveauangemessenen Arbeitens eine recht hohe Frequenz an selbst initiierten kooperativen Aktivitäten auf, eine Kooperation, die äußerlich sehr gut verläuft: Beide Arbeitspartnerinnen sind gleichermaßen am Arbeitsprozess beteiligt, keine zieht sich länger aus dem Arbeitsprozess zurück. Allerdings zeigen die kooperativen Aktivitäten kaum eine niveauanpassende Wirkung, ein erster Hinweis darauf, dass kooperative Aktivitäten nicht automatisch eine hinreichende Bedingung für Niveauangemessenheit darstellen.

2. Vor der Intervention der Lehrerin (beim nicht niveauangemessenen Arbeiten auf mathematisch niedrigeren Niveaus I und II) tauchen im Arbeitsprozess von Kim und Leonie als Kooperationsmuster vor allem HILFE und GEGENPOSITION auf. Die Arbeitspartnerin lässt sich zwar auf Hilfeanfragen und Gegenpositionen ein, es lassen sich aber kaum Hinweise darauf finden, dass diese fachlich durchdrungen bzw. hinterfragt werden. Eine fachliche Kooperationsintensität dieser kooperativen Aktivitäten lässt sich in dieser Arbeitsphase von Kim und Leonie kaum erkennen (vgl. KL Sequenzen 8; KL Sequenzen 33 und 43), das Arbeitsniveau kann nicht angepasst werden.

3. Kim und Leonie können fachlich nicht korrekt ausgeführte Prüfverfahren (Monitoringaktivitäten) beim nicht niveauangemessenen Arbeiten durch kooperative Aktivitäten nicht korrigieren, da sie fachlich nicht hinterfragt werden, d. h., eine fachliche Kooperationsintensität nicht erkennbar ist (KL Sequenz 8). Ein nicht hinterfragtes, fehlerhaftes Monitoring-Ergebnis wird in einer kooperativen Phase von Kim und Leonie gemeinsam als Teilergebnis akzeptiert und führt zu einem gemeinsamen fachlichen Fehler. Eine Niveauanhebung bleibt somit aus.

4. Nach der Intervention der Lehrerin (beim niveauangemessenen Arbeiten auf den mathematisch höheren Niveaus III und IV) gewinnen Prüfverfahren an Systematik und Struktur sowie fachlicher Korrektheit. Diese Systematik ist Basis für eine wirksame fachliche Kooperationsintensität. Die höheren niveauangemessenen Arbeitsniveaus (Niveau III bis IV) können wiederholt gehalten werden.

Ähnlich wie bei der Metakognition im Arbeitsprozess von Kim und Leonie gelingt eine Niveauanpassung trotz zahlreicher Kooperationsaktivitäten in der Phase des nicht niveauangemessenen Arbeitens nicht, eine fachliche Kooperationsintensität lässt sich in dieser Phase nicht erkennen. Hingegen lassen sich bei niveauangemessenem Arbeiten Kooperationsmuster mit fachlicher Kooperationsintensität identifizieren.

Die Befunde im Arbeitsprozess von Kim und Leonie geben einen ersten Hinweis darauf, dass sich die in Abschnitt 5.4.3 aufgeführte Operationalisierung des Konstrukts „fachliche Kooperationsintensität" zu bewähren scheint.

Bestätigen sich diese Analyseergebnisse aus dem Arbeitsprozess von Kim und Leonie in den weiteren Arbeitsprozessen der Breitenanalyse, wäre eine Ausdifferenzierung der Wirkungsthese notwendig: Es kommt auf die fachliche Kooperationsintensität an, wenn kooperative Aktivitäten positive Auswirkungen auf Niveauangemessenheit mathematischen Arbeitens haben sollen.

Somit lässt sich wie bei der Metakognition zusammenfassend feststellen, dass kooperative Aktivitäten zwar eine notwendige Voraussetzung sind, damit das mathematische Arbeitsniveau nicht weiter abfällt, sie sind aber keine hinreichende Bedingung für höhere Arbeitsniveaus, wenn nicht zusätzlich eine fachliche Kooperationsintensität vorliegt.

6.6 Zusammenfassung der Feinanalyse

Die Feinanalyse liefert lediglich erste Befunde, die durch Analyseergebnisse der Breitenanalyse gestützt bzw. ergänzt werden müssen (vgl. Kapitel 7):

Frage 1: Wie verlaufen mathematische Arbeitsniveaus innerhalb von Arbeitsprozessen bei einer selbstdifferenzierenden Aufgabenstellung?

In der Feinanalyse des Arbeitsprozesses von Kim und Leonie konnte gezeigt werden, dass sich ihr Arbeitsprozess in zwei Niveauphasen unterteilt, die durch eine Intervention der Lehrerin voneinander abgegrenzt sind: Die Arbeitsphase von Beginn des Arbeitsprozesses bis zur Intervention der Lehrerin ist durch vorrangig niedrige mathematische Arbeitsniveaus (Niveau I und II), die Arbeitsphase nach der Intervention der Lehrerin dagegen von vorrangig höheren mathematischen Arbeitsniveaus geprägt (Niveau III bis IV), die Niveaubandbreite verschiebt sich nach oben. Die vorrangigen Arbeitsniveaus der beiden Arbeitsphasen stehen in Einklang mit den Arbeitsresultaten am jeweiligen Ende der beiden Phasen. Am Ende der ersten Phase haben Kim und Leonie ein einziges Würfelnetz und ein Nicht-Würfelnetz als Arbeitsergebnis festgehalten, es gelingt ihnen während dieser Arbeitsphase nicht, ihr Arbeitsniveau selbstständig anzuheben. Am Ende der zweiten Arbeitsphase haben sie sechs unterschiedliche Würfelnetze als Arbeitsergebnis festgehalten. Ein Rückschluss von den Arbeitsergebnissen auf das Durchhaltevermögen und die Frequenz an mathematischen Aktivitäten ist bei Kim und Leonie allerdings nicht zulässig. Das Arbeitspaar zeigt – trotz inhaltlicher Stagnation bis zur Intervention der Lehrerin – ein deutliches Durchhaltevermögen und eine hohe Frequenz an mathematischen Aktivitäten über den gesamten Arbeitsprozess hinweg.

Frage 2: Wie passen die Arbeitsniveauverläufe in einer selbstdifferenzierenden Lernumgebung zum jeweiligen Leistungspotenzial der Lernenden?

Die Prüfung der Passung zwischen dem Leistungspotenzial von Kim und Leonie und ihrer Performanz deutet darauf hin, dass ihr Arbeitsprozess in zwei Phasen der Niveauangemessenheit unterteilt werden kann: Vor der Intervention der Lehrerin konnte das Angemessenheitsmuster 3 (nicht niveauangemessenes Arbeiten unterhalb des Leistungspotenzials über längere Zeit) beobachtet werden. Nach der Intervention der Lehrerin konnte das Angemessenheitsmuster 1 (niveauangemessenes Arbeiten über längere Zeit, ggf. mit vorübergehenden Schwankungen nach unten,) zugeordnet werden.

In der Phase des nicht niveauangemessenen Arbeitens wird keine Niveauanpassung selbstständig von Kim und Leonie initiiert, sondern diese Phase wird erst durch die Intervention der Lehrerin beendet. Zwar ist das mathematische Leistungspotenzial von Kim und auch von Leonie nicht so ausgeprägt, dass ein Arbeitsprozess mit weitgehend höheren Arbeitsniveaus zu erwarten wäre, Kim und Leonie zeigen jedoch nach der Intervention der Lehrerin, dass sie durchaus in der Lage sind, auf mathematisch höherem Niveau zu arbeiten. Im Gegensatz zu der Arbeitsphase vor der Intervention der Lehrerin achten sie auf mathematisch korrektes Arbeiten und Systematik in ihren Vorgehensweisen.

Die Analyse der Passung zwischen Leistungspotenzial und Performanz bestätigt die bereits geäußerte Vermutung, dass niveauangemessenes Arbeiten in einer selbstdifferenzierenden Lernumgebung sich keineswegs automatisch einstellt.

Frage 3: Welcher Zusammenhang besteht zwischen unterrichtlichen Kontextbedingungen – wie Metakognition, Lehrerinterventionen sowie Kooperation – und mathematischen Arbeitsniveaus bei einer selbstdifferenzierenden Aufgabenstellung?

Hinsichtlich einer Wirkung der unterrichtlichen Kontextbedingungen Metakognition, Lehrerintervention und Kooperation auf die Niveauangemessenheit lassen sich in der Feinanalyse eines Arbeitspaares folgende Analyseergebnisse festhalten:

- Verteilt über den gesamten Arbeitsprozess von Kim und Leonie lassen sich sowohl beim niveauangemessenen Arbeiten als auch in der Phase mit fehlender Niveauangemessenheit zahlreiche metakognitive und kooperative

Aktivitäten beobachten. Überwiegend handelt es sich beim nicht niveauangemessenen Arbeiten um Monitoringaktivitäten. Bei den kooperativen Aktivitäten tauchen vor allem die Kooperationsmuster HILFE und GEGENPOSITION auf.

- Trotz zahlreicher metakognitiver und kooperativer Aktivitäten bleibt eine niveauanpassende Wirkung sämtlicher Aktivitäten im Arbeitsprozess von Kim und Leonie vor der Intervention der Lehrerin aus. Die Analyse hat ergeben, dass Monitoringaktivitäten keine niveauanpassende Wirkung zeigen, da Kim und Leonie keine fachlich korrekten Prüfverfahren anwenden und somit Ergebnisse nicht adäquat prüfen können. Eine Erklärung für die ausbleibende Niveauanpassung durch die Kooperation bei Kim und Leonie ist, dass eine fachliche Kooperationsintensität kaum beobachtet werden kann.
- Monitoringaktivitäten im Arbeitsprozess von Kim und Leonie verhindern einen weiteren Abfall des Arbeitsniveaus beim nicht niveauangemessenen Arbeiten, da dadurch doppelte Lösungen identifiziert werden.
- Reflexionsphasen zeigen sich nach der Intervention der Lehrerin im Gegensatz zu denen vor der Intervention als wirksam, da sie sich nicht nur auf Zwischenprodukte beziehen, sondern auch auf Vorgehensweisen.
- Eine adaptive Intervention der Lehrerin mit einer prozessorientierten Orientierungsphase und mit konkreten Hilfestellungen auf inhaltlicher, strategischer und organisatorischer Ebene – unter Berücksichtigung des Leistungspotenzials – führt dazu, dass die mathematischen Arbeitsniveaus nach der Intervention sich dem Leistungspotenzial von Kim und Leonie anpassen. Sie arbeiten nach der Intervention der Lehrerin selbstständig auf weitgehend angemessenem Niveau weiter.
- In der niveauangemessenen Arbeitsphase nach der Intervention der Lehrerin führen effektive metakognitive Aktivitäten mit zeitgleich ausgeführten fachlich korrekten mathematischen Aktivitäten zu höheren Arbeitsniveaus.
- Kooperative Aktivitäten weisen nach der Intervention der Lehrerin eine fachliche Kooperationsintensität auf, die mit einem Arbeiten auf höheren Niveaus einhergeht.

Die Ergebnisse der Feinanalyse bestätigen die Vermutung, dass ein Ausführen von metakognitiven und kooperativen Aktivitäten per se nicht zu einer Niveauanpassung beitragen, sehr wohl aber ein weiteres Abfallen der Arbeitsniveaus verhindern können und somit notwendig sind. Eine weitere Ausdifferenzierung der Thesen (vgl. Abschnitte 3.1 und 3.3) scheint von daher sinnvoll. Offen bleibt, unter welchen Bedingungen metakognitive und kooperative Aktivitäten niveauanpassend wirken. Erste Hinweise aus der Feinanalyse zeigen, dass es bei der Kooperation auf die fachliche Kooperationsintensität ankommen könnte und dass metakognitive Aktivitäten mit fachlich hinreichender Basis eine niveauanpassende Wirkung zeigen könnten. Bei den Interventionen der Lehrerin scheint eine niveauanpassende Wirkung im Zusammenhang mit der Adaptivität der Intervention zu stehen.

7 Breitenanalyse ausgewählter Charakteristika einer selbstdifferenzierenden Lernumgebung

Die Breitenanalyse stützt Analyseergebnisse aus der Feinanalyse, indem diese in weiteren Arbeitsprozessen bestätigt werden. Darüber hinaus gibt die Breitenanalyse ein tieferes Verständnis für individuelle Eigenheiten der Arbeitsprozesse und deren Niveauverläufe bei der vorliegenden selbstdifferenzierenden Würfelnetz-Lernumgebung.

Durch unterschiedliche Variationen von Niveauangemessenheit innerhalb der Arbeitsprozesse, die in Form von Angemessenheitsmustern (vgl. Abschnitt 5.3) dargestellt werden, bestätigt die Breitenanalyse die Vermutung, dass sich Niveauangemessenheit nicht automatisch einstellt (vgl. Abschnitt 7.2). Neben der Analyse der Niveauangemessenheit werden in diesem Kapitel die Thesen bezüglich der Wirkung unterrichtlicher Kontextbedingungen auf die Niveauangemessenheit weiter bestätigt bzw. ausdifferenziert (vgl. Abschnitt 7.3).

Wie bereits in der Feinanalyse (vgl. Kapitel 6) werden zur Veranschaulichung der Fallbeispiele in den folgenden Abschnitten Sequenzen aus den Arbeitsprozessen gezeigt, bei denen je nach Analysefokus neben dem Arbeitsniveau der mathematische Code, die metakognitive Aktivität oder die kooperative Aktivität aufgeführt werden. Sequenzen aus Lehrerinterventionen (vgl. Abschnitt 7.3.2) enthalten ausschließlich den Transkriptausschnitt, da dort keine Codierung stattgefunden hat.

Zunächst wird in Abschnitt 7.1 die deskriptive Basis für die weiteren Analysen der Breitenanalysen geschaffen, indem der individuelle Verlauf der mathematischen Arbeitsniveaus in den Arbeitsprozessen untersucht wird.

7.1 Verlauf mathematischer Arbeitsniveaus

Arbeitsprozesse bei selbstdifferenzierender Aufgabenstellung zeichnen sich dadurch aus, dass die mathematischen Arbeitsniveaus von den Lernenden in ihren Arbeitsprozessen weitgehend selbst bestimmt werden. Die Vermutung liegt nahe, dass Arbeitsprozesse von daher ein recht hohes Maß an individuellen Eigenheiten in Bezug auf ihre Verläufe mathematischer Arbeitsniveaus aufweisen. Ein derartiger Facettenreichtum kann durch die vorliegende Studie nicht nur hinsichtlich der Niveauverläufe, sondern auch in Bezug auf die Niveauangemessenheit bestätigt werden. In der folgenden Tabelle 2 werden sämtliche 10 Arbeitsprozesse im heuristischen Überblick sowie Aussagen zum allgemeinen Leistungspotenzial und die resultierenden Angemessenheitsmuster aufgeführt.

Verlaufsplot zu Niveauverläufen mit Angemessenheitsmuster
(Namen mit Ergebnis im PALMA-Leistungstest und Mathematiknote im Zeugnis)

Kim (28 Punkte, Note 3) und Leonie (24 Punkte, Note 4) Angemessenheitsmuster 3 und 1

Zeit: 1h 20min.

Celine (21 Punkte, Note 4) und Sarah (21 Punkte, Note 3) Angemessenheitsmuster 2

Zeit: 45min.

Dustin (34 Punkte, Note 2) und Kevin (24 Punkte, Note 4) Angemessenheitsmuster 3

Zeit: 46min.

Maurice (26 Punkte, Note 3) und Ben (16 Punkte, Note 4) Angemessenheitsmuster 4

Zeit: 1h 6min.

Janin (34 Punkte, Note 2) Melissa (29 Punkte, Note 3) Angemessenheitsmuster 4

Zeit: 18min.

Verlauf mathematischer Arbeitsniveaus 133

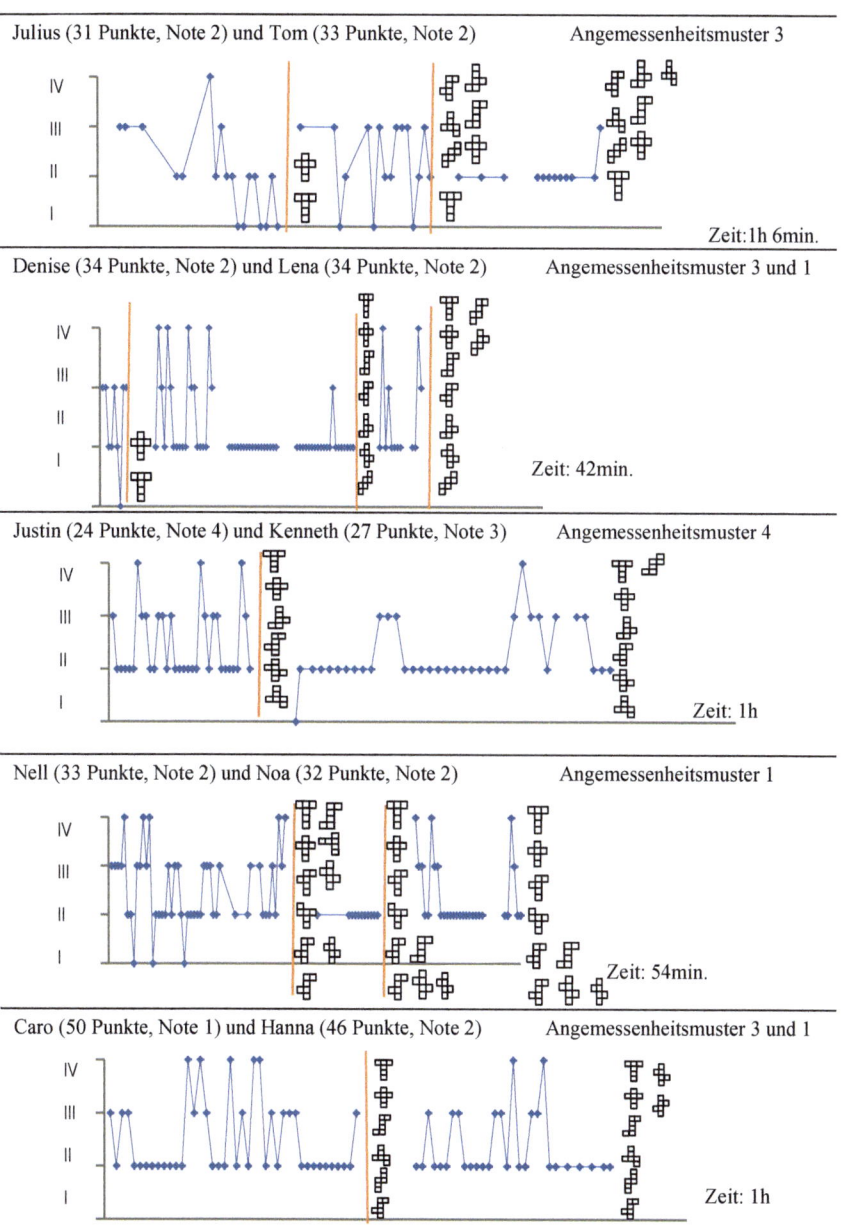

Tab. 2: Übersicht über sämtliche zehn Prozessverläufe in heuristischen Verlaufsplots

Die heuristischen Verlaufsplots ermöglichen Fallkontrastierungen (vgl. Flick 2006, S. 255ff.), die die Unterschiede in den Niveauverläufen zwischen den Arbeitsprozessen, aber auch in verschiedenen Phasen innerhalb von Arbeitsprozessen wiedergeben. Deutlich lässt sich in Tabelle 2 ein Facettenreichtum bei den Niveauverläufen erkennen, der über das Arbeitsergebnis allein nicht adäquat erfasst werden könnte.

Rekonstruieren lassen sich vier Verlaufstypen. Bei der Angabe der Verlaufstypen handelt es sich um spezifizierende Eigenschaften der Niveauverläufe (vgl. Abschnitt 5.2.4):

a. die vorrangige Niveauhöhe mathematischer Aktivitäten
b. die Schwankungsfrequenz mathematischer Aktivitäten
c. die Schwankungsbandbreite mathematischer Aktivitäten
d. die Frequenz mathematischer Aktivitäten

Die Typenbildung zu den zehn Arbeitsprozessen kann anhand des Überblicks der heuristischen Verlaufsplots in Tabelle 2 nachvollzogen werden. Die zehn Arbeitsprozesse zeigen, dass sich die spezifizierenden Eigenschaften der Niveauverläufe innerhalb eines Arbeitsprozesses verändern können, aber mit Unterstützung der Verlaufstypen auch komplette Arbeitsprozesse kontrastierend analysiert werden können:

Vorrangige Niveauhöhe mathematischer Aktivitäten

Ein Vergleich der heuristischen Verlaufsplots lässt erkennen, dass sich die vorrangige Niveauhöhe mathematischer Aktivitäten innerhalb von Arbeitsprozessen verändern kann. Sie unterteilen den Arbeitsprozess in sogenannte Niveauphasen.

Lässt sich über den gesamten Arbeitsprozess von Janin und Melissa eine vorrangige Niveauhöhe mathematischer Aktivitäten auf den Niveaus III und IV beobachten, so schwankt die vorrangige Niveauhöhe im Arbeitsprozess von Caro und Hanna. Phasenweise arbeiten sie vorrangig auf den Niveaus III und IV, in einer anderen Arbeitsphase wiederum arbeiten sie überwiegend auf dem Niveau II, ähnlich wie im Arbeitsprozess von Justin und Kenneth.

Der Arbeitsprozess von Nell und Noa unterteilt sich hinsichtlich der vorrangige Niveauhöhe mathematischer Aktivitäten in drei Niveauphasen: Nell und Noa arbeiten bis zur Intervention der Lehrerin vorrangig auf den Niveaus III und IV, während sich zwischen den beiden Interventionen in diesem Arbeitsprozess eine Niveauphase befindet, in der vorrangig auf dem Niveau II gearbeitet wird. Nach der Intervention der Lehrerin steigt das Arbeitsniveau wieder. Insbesondere dieser Befund lässt sich an vielen Arbeitsprozessen der Breitenanalyse wiederfinden. Aber auch die Befunde zu den oben aufgeführten weiteren drei charakterisierenden Eigenschaften lassen sich in unterschiedlichen Arbeitsprozessen der Breitenanalyse beobachten.

Schwankungsfrequenz und -bandbreite mathematischer Aktivitäten

Der Arbeitsprozess von Celine und Sarah weist vor der Intervention der Lehrerin eine Arbeitsphase mit einer hohen Schwankungsfrequenz über die Niveaus II bis IV auf, die von Arbeitsphasen mit geringer Schwankungsfrequenz gerahmt ist, in der zahlreiche mathematische Aktivitäten auf dem Niveau II ausgeführt werden. Auch der Arbeitsprozess von Justin und Kenneth weist nach der Intervention der Lehrerin eine längere Arbeitsphase mit geringer Schwankungsfrequenz auf, in der mathematische Aktivitäten fast ausschließlich auf dem Niveau II ausgeführt werden. Zu Beginn ihres Arbeitsprozesses hatten sie hingegen mit einer größeren Schwankungsfrequenz der mathematischen Aktivitäten über die Niveaus II bis IV gearbeitet. Hier finden somit ein Wechsel der Schwankungsbandbreite und -frequenz innerhalb eines Arbeitsprozesses statt. Auch in den Arbeitsprozessen von Julius und Tom sowie von Dustin und Kevin lassen sich solche Wechsel der Schwankungsbandbreite und -frequenz beobachten.

Die Schwankungsbandbreite mathematischer Aktivitäten kann im Vergleich der Arbeitsprozesse untereinander unterschiedlich sein: Während der Arbeitsprozess von Nell und Noa sowie der von Kim und Leonie – insbesondere in der ersten Arbeitsphase bis zur Intervention der Lehrerin – mathematische Aktivitäten auf allen vier Arbeitsniveaus (Niveau I bis IV) aufweisen, bewegt sich beispielsweise der Arbeitsprozess von Ben und Maurice fast ausschließlich auf den Niveaus von II und III. Bei einigen Arbeitsprozessen lässt sich phasenweise oder auch über den kompletten Arbeitsprozess hinweg eine Schwankungsbandbreite mathematischer Aktivitäten eher im oberen Bereich der Niveauskala (Niveau III bis IV) beobachten. Hierzu zählen u. a. der Arbeitsprozess von Janin und Melissa, der Arbeitsprozess von Celine und Sarah und auch der Arbeitsprozess von Caro und Hanna. Wohingegen andere Arbeitsprozesse wiederum eine Schwankungsbandbreite mathematischer Aktivitäten von Niveau I bis III über den gesamten Arbeitsprozess hinweg aufweisen. Von einzelnen Aktivitäten abgesehen lässt sich diese Schwankungsbandbreite im unteren Skalenbereich vor allem in Phasen der Arbeitsprozesse von Julius und Tom sowie von Dustin und Kevin beobachten.

Frequenz mathematischer Aktivitäten

Ein Vergleich der heuristischen Verlaufsplots zeigt, dass sich die Arbeitsprozesse auch in der Frequenz der ausgeführten mathematischen Aktivitäten unterscheiden: Werden u.a. im Arbeitsprozess von Kim und Leonie sowie im Arbeitsprozess von Celine und Sarah viele mathematische Aktivitäten ausgeführt, so sind es im Arbeitsprozess von Ben und Maurice deutlich weniger Aktivitäten. Auch Julius und Tom führen eine geringere Anzahl an mathematischen Aktivitäten in ihrem Arbeitsprozess aus.

Aus diesen Analyseergebnissen konnten die oben aufgeführten vier Verlaufstypen gebildet werden. Die Rekonstruktion der Niveauverläufe und die Zuordnung der Verlaufstypen werden im Folgenden exemplarisch an ausgewählten Beispielen gezeigt. Einem Arbeitsprozess konnten auch mehrere Verlaufstypen zugeordnet werden. Die Analyse der Niveauangemessenheit und die Zuordnung von Angemessenheitsmustern erfolgt im nächsten Abschnitt (vgl. Abschnitt 7.2).

Die im Folgenden aufgeführten Fallbeispiele sind so ausgewählt, dass sie den Facettenreichtum an Niveauverläufen demonstrieren, aber auch eine vergleichende Analyse zwischen ausgewählten Sequenzen von Niveauverläufen unterschiedlicher Arbeitsprozesse ermöglichen.

Der folgende Arbeitsprozess verdeutlicht ein Phänomen, das sich auch an anderen Stellen der Breitenanalyse zeigt: Ein Arbeitsprozess verläuft mit einer hohen Frequenz an Aktivitäten auf vorrangig höheren Arbeitsniveaus.

a) Arbeitsprozess mit vorrangig höheren Arbeitsniveaus (Niveau III und IV) und einer hohen Frequenz mathematischer Aktivitäten (Celine und Sarah)

Der Arbeitsprozess von Celine und Sarah hat eine Länge von 45 min. Am Ende des Arbeitsprozesses haben Celine und Sarah alle 11 unterschiedlichen Würfelnetze gefunden (vgl. Abb. 13):

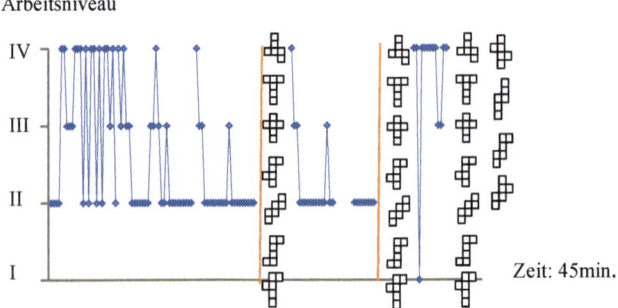

Abb. 13: Verlaufsplot des Arbeitsprozesses von Celine und Sarah im heuristischen Überblick

Vorrangig lassen sich mathematische Aktivitäten auf höheren Niveaus (Niveau III und IV) bei einer hohen Frequenz an mathematischen Aktivitäten rekonstruieren. Es gibt kürzere Arbeitsphasen kurz vor der ersten Intervention der Lehrerin und zwischen den Interventionen der Lehrerin, in denen Celine und Sarah vorrangig auf dem Niveau II arbeiten. Bis auf diese kürzeren Zeitspannen bewegt sich die Schwankungsbandbreite meist zwischen den Niveaus II und IV. Die Schwankungsfrequenz ist mit Ausnahme der Schlussphase und der Phase zwischen den Interventionen relativ hoch. Nur zu einem Zeitpunkt arbeiten Celine und Sarah auf dem Niveau I (vgl. Abb. 13).

Bei der anfänglichen recht kurzen Niveauphase im niedrigeren Bereich auf dem Arbeitsniveau II handelt es sich um die Einarbeitungsphase in die Aufgabenstellung. Celine und Sarah tasten sich an die Eigenschaften von Würfelnetzen heran. Nach dieser kurzen Einarbeitungsphase kommen sie im Lösungsweg zügig voran. Innerhalb von 18 min. haben sie sieben unterschiedliche Würfelnetze gefunden und auf dem Ergebnisplakat festgehalten: Es handelt sich dabei um fünf unterschiedliche Würfelnetze mit Viererkette, wobei sich die einfacheren Würfelnetz-Konstellationen wie das T-Kreuz und das „Jesuskreuz" darunter befinden. Weiterhin haben sie ein Würfelnetz mit Dreierkette gefunden und eins mit Zweierkette. In dieser Phase bewegen sich die Arbeitsniveaus vorrangig in dem oberen Segment (Niveau III und Niveau IV). Ihre Vorgehensweise bei der Suche nach Würfelnetzen auf diesen höheren Arbeitsniveaus ist von Systematik sowie von Struktur und Korrektheit bei der Ausführung von Prüfverfahren geprägt. Celine und Sarah argumentieren wiederholt kognitiv anspruchsvoll.

In den folgenden Sequenzen wird eine ähnliche inhaltliche Problematik verdeutlicht wie im Arbeitsprozess von Kim und Leonie (vgl. Abschnitt 6.1), allerdings zeichnet sich der Arbeitsprozess von Celine und Sarah – im Gegensatz zu dem von Kim und Leonie – durch einen anderen Umgang mit dieser Herausforderung auf vorrangig höheren Arbeitsniveaus (Niveau III und IV) aus:

CS Sequenzen 10 und 11	Code	Arbeitsniveau
10-3 Celine zeichnet die restlichen Quadratflächen an die beiden Seiten der 3er-Kette und gelangt zu einem WN, das sie bereits haben:	produzieren doppeltes WN trotz strategischen Vorgehens	II
10-4 Sarah begründet korrekt, dass sie das WN bereits haben, „*wenn sie es drehen*".	argumentieren mathematisch korrekt, warum es sich um doppelte WN handelt	IV
11-1 Sie verschieben gezielt eine Quadratfläche und erhalten ein weiteres WN mit einer 3er-Kette:	produzieren weiteres WN durch systematisches Verändern eines bekannten WN	IV
11-2 Sie überprüfen das WN durch Kopfgeometrie und kommen zu dem Ergebnis, dass es sich um ein WN handelt.	identifizieren WN durch korrektes Prüfverfahren	III

In den CS Sequenzen 10 und 11 wird ein bereits vorhandenes Würfelnetz über ein korrekt ausgeführtes Prüfverfahren identifiziert und – anders als im Arbeitsprozess von Kim und Leonie – nicht verworfen, sondern systematisch verändert (CS Zeile 11-1), was die höheren Arbeitsniveaus (Niveau III und IV) rechtfertigt: In CS Zeile 10-3 zeigt sich eine vergleichbare Ausgangssituation wie bei Kim und Leonie (vgl. Abschnitt 6.1, KL Sequenzen 15 und 16) bei der Suche nach weiteren Würfelnetzen. Es wird das „Jesuskreuz" produziert, das bereits als Ergebnis festgehalten wurde (Niveau II). Beide Arbeitspaare identifizieren das Würfelnetz korrekt als „bereits vorhanden" und argumentieren mathematisch korrekt, warum es sich um ein bereits vorhandenes Würfelnetz handelt (Niveau IV). Im Gegensatz zu Kim und Leonie verwerfen Sarah und Janin das doppelte Würfelnetz aber nicht, sondern halten das hohe Arbeitsniveau, indem sie es in CS Zeile 11-1 systematisch zu einem weiteren Würfelnetz verändern (Niveau IV) und dies dann durch ein fehlerfreies Prüfverfahren in CS Zeile 11-2 identifizieren (Niveau III). Durch diesen konstruktiven Umgang mit dem doppelten Würfelnetz und dem korrekt ausgeführten Prüfverfahren wird der Arbeitsprozess von Celine und Sarah – im Gegensatz zu dem Arbeitsprozess von Kim und Leonie – auf den hohen Niveaus (Niveau III und IV) gehalten.

Bei der weiteren Suche von Würfelnetzen werden bereits vorhandene Würfelnetze genutzt, um diese gezielt zu verändern, wobei dem Arbeitspaar so gut wie keine mathematischen Fehler unterlaufen. Die mathematischen Aktivitäten bleiben auf höheren Niveaus (Niveau III und IV). Nach 18 min. haben sie bereits sieben unterschiedliche Würfelnetze gefunden, es fällt ihnen – ähnlich wie Kim und Leonie in ihrem Arbeitsprozess – schwerer, weitere Würfelnetze zu finden. Allerdings können Celine und Sarah im Gegensatz zu Kim und Leonie ein Absinken ihres Arbeitsniveaus auf ein mathematisch nicht mehr tragfähiges Niveau (Niveau I) durch korrekt ausgeführte Prüfverfahren verhindern. Beim Suchen nach weiteren Würfelnetzen verfallen Celine und Sarah ins Probieren, eine Systematik ist nicht mehr in dem Maße zu erkennen, wie sie zu Beginn zu beobachten war. Der Arbeitsprozess stagniert und die mathematischen Aktivitäten fallen auf ein Niveau (Niveau II) ab, das zwar mathematisch tragfähig ist, aber den Lösungsprozess nicht voranbringt. Das Arbeitspaar und auch die erste Intervention der Lehrerin können das Arbeitsniveau von Celine und Sarah nicht nachhaltig verändern. Das Niveau bleibt auf dem Niveau, das den Lösungsprozess nicht voranträgt (Niveau II). Kontrastierend zu dem oben aufgeführten Suchen nach Würfelnetzen auf höheren Niveaus (Niveau III und IV) wird eine Sequenz dargelegt, die veranschaulicht, dass in dieser Arbeitsphase auf niedrigen Niveaus (Niveau II) ein doppelt produziertes Würfelnetz nicht dahingehend analysiert wird, ob es zu einem Würfelnetz verändert werden kann, sondern verworfen wird. Dies ist eine Erklärung dafür, dass das Arbeitsniveau nicht angehoben werden kann:

CS Sequenz 35	Code	Arbeitsniveau
35-7 Celine und Sarah verschieben gezielt eine Quadratfläche und gelangen zu einem 3er-WN, das sie bereits als Ergebnis festgehalten haben:	produzieren doppeltes WN durch systematisches Verändern eines bekannten WN	II
35-8 Sie entscheiden durch einen Vergleich mit den WN auf dem Plakat, dass sie es bereits haben und verwerfen es, indem sie die Quadratflächen zusammenschieben.	identifizieren doppelte WN durch korrektes Prüfverfahren	II
	verwerfen doppeltes WN ohne Analyse	II

Erst die zweite Intervention der Lehrerin verhilft den Schülerinnen zum Arbeiten auf sehr hohen Niveaus (Niveau III und IV), was schließlich zum Finden aller 11 Würfelnetze nach insgesamt 45 min. führt. In der Arbeitsphase nach dieser zweiten Intervention geht das Arbeitspaar wieder systematisch beim Suchen nach weiteren Würfelnetzen vor, indem es bereits vorhandene Würfelnetze schrittweise verändert und sich auch gegenseitig daran erinnert, dass beispielsweise eine Viererkette vermieden werden muss.

Der Arbeitsprozess von Celine und Sarah zeigt, wie auch Lernende mit Schwierigkeiten im Mathematikunterricht anspruchsvoll arbeiten können, ohne sich zu überfordern. Dies könnte mit zwei Merkmalen aus Celines Leistungsprofil zusammenhängen: ihrem relativ großen Konzentrations- und überdurchschnittlichem Durchhaltevermögen. Auch Sarahs Ressource eines hohen Kooperationsvermögens stützt den Prozess.

Kontrastierend zu dem soeben geschilderten Niveauverlauf im Arbeitsprozess von Celine und Sarah zeigt das folgende Beispiel einen Arbeitsprozess auf vorrangig niedrigen Niveaus mit einer geringen Frequenz an mathematischen Aktivitäten, ein weiteres Beispiel, das den Facettenreichtum an Niveauverläufen bestätigt:

b) Arbeitsprozess mit vorrangig niedrigeren Arbeitsniveaus (Niveau II) und einer geringen Frequenz mathematischer Aktivitäten (Dustin und Kevin)

Der Arbeitsprozess von Kevin und Dustin besitzt mit 46 min. eine vergleichbare Gesamtlänge wie der Arbeitsprozess von Celine und Sarah. Am Ende des Arbeitsprozesses haben sie allerdings nur fünf Würfelnetze mit Viererkette produziert, von denen eins doppelt ist. Es findet im gesamten Arbeitsprozess eine einzige Intervention der Lehrerin nach 26 min., also ungefähr nach der Hälfte des Gesamtarbeitsprozesses, statt. Zu diesem Zeitpunkt haben Dustin und Kevin zwei unterschiedliche Würfelnetze gefunden (vgl. Abb. 14).

Der Arbeitsprozess von Dustin und Kevin weist eine recht geringe Frequenz an mathematischen Aktivitäten – sowohl vor als auch nach der Intervention der Lehrerin – auf. Ihre deutlich geringe Frequenz an mathematischen Aktivitäten ist gerade in Bezug zu ihrem durchschnittlichen Leistungspotenzial auffällig (vgl. Abb. 14):

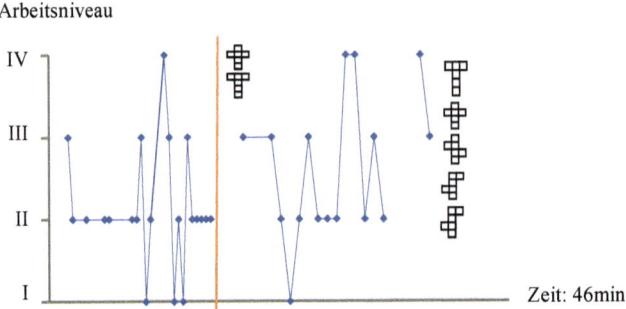

Abb. 14: Verlaufsplot des Arbeitsprozesses von Dustin und Kevin im heuristischen Überblick

Ein Überprüfen ihrer produzierten Würfelnetze auf bereits vorhandene Würfelnetze bleibt bei Dustin und Kevin zunächst aus, sodass sie nach 14 min. feststellen, dass sie drei Mal das gleiche Würfelnetz als Arbeitsergebnis festhalten. Dieses Ausbleiben notwendiger mathematischer Aktivitäten wird durch niedrige Arbeitsniveaus codiert (Niveau I und II). Jedoch korrigieren sie den Fehler später selbstständig, indem sie die Würfelnetze korrekt überprüfen und dann doppelte Würfelnetze verwerfen bzw. zu einem weiteren Würfelnetz verändern, was mit einer Niveauspitze (Niveau III) rekonstruiert werden kann.

In der Arbeitsphase bis zur Intervention der Lehrerin arbeiten Dustin und Kevin vorrangig auf mathematischen Arbeitsniveaus, die mathematisch nicht tragfähig sind (Niveau I) bzw. die den Lösungsweg nicht vorantragen (Niveau II), sodass sich eine geringe Schwankungsbandbreite rekonstruieren lässt. Punktuelle Niveauspitzen (Niveau III) können nicht gehalten werden. Beim Abzeichnen von Würfelnetzen kommt es zu Fehlern (DK Zeile 5-2):

DK Sequenz 5		Code	Arbeitsniveau
5-1	Dustin legt das „T-Kreuz", indem er die Quadratflächen eine Position an der 4er-Kette weiter nach oben schiebt:	produzieren weiteres WN durch systematisches Verändern eines bereits vorhandenen WN	III
5-2	Dustin zeichnet nicht das „T-Kreuz", sondern nochmals das „Jesuskreuz", da ihm beim Zeichnen ein Fehler unterläuft	halten weiteres WN nicht als Ergebnis fest halten	I

Außerdem unterlaufen Dustin und Kevin – wie bereits im Arbeitsprozess von Kim und Leonie (vgl. Abschnitt 6.1) – mathematische Fehler beim Überprüfen von Netzen auf die Eignung als Würfelnetz (DK Zeile 6-6). In DK Sequenz 6 unterläuft Dustin und Kevin ein Fehler beim Identifizieren eines Würfelnetzes vor der Intervention der Lehrerin. Das höhere Arbeitsniveau (Niveau III) kann nicht gehalten werden:

DK Sequenz 6	Code	Arbeitsniveau
6-5 Dustin legt ein Netz mit fünf Quadratflächen, stellt es hoch zum Würfel, ergänzt die letzte Quadratfläche richtig, sodass er ein weiteres produziert:	produzieren weiteres WN durch systematisches Verändern eines bereits vorhandenen WN	III
6-6 Dustin prüft das WN durch Hochstellen der Quadratflächen, erkennt allerdings nicht, dass es sich um ein WN handelt.	identifizieren weiteres WN durch fehlerhaftes Prüfverfahren nicht	I

In der Phase nach der Intervention der Lehrerin zeigen Dustin und Kevin in ihrer Vorgehensweise zwar eine Systematik beim Suchen nach weiteren Würfelnetzen und auch notwendige Prüfverfahren werden ausgeführt, die geringe Frequenz an mathematischen Aktivitäten ändert sich jedoch nicht, aber das Arbeitspaar arbeitet punktuell auf höheren Arbeitsniveaus.

Der Lösungsweg wird zwar vorangetragen, dennoch beenden Dustin und Kevin ihren Arbeitsprozess nach 45 min. mit einem bescheidenen Ergebnis: Sie finden fünf Würfelnetze, von denen eins doppelt ist (vgl. Abb. 15):

Abb. 15: Ergebnisplakat von Dustin und Kevin

Ein Vergleich des Niveauverlaufs der Arbeitsniveaus von Celine und Sarah mit dem von Dustin und Kevin (vgl. Abb. 16) lässt erkennen, wie weit mathematische Arbeitsniveaus bei der vorliegenden selbstdifferenzierenden Lernumgebung auseinanderliegen können, was das niveaudifferenzierende Potenzial der selbstdifferenzierenden Aufgabenstellung bestätigt:

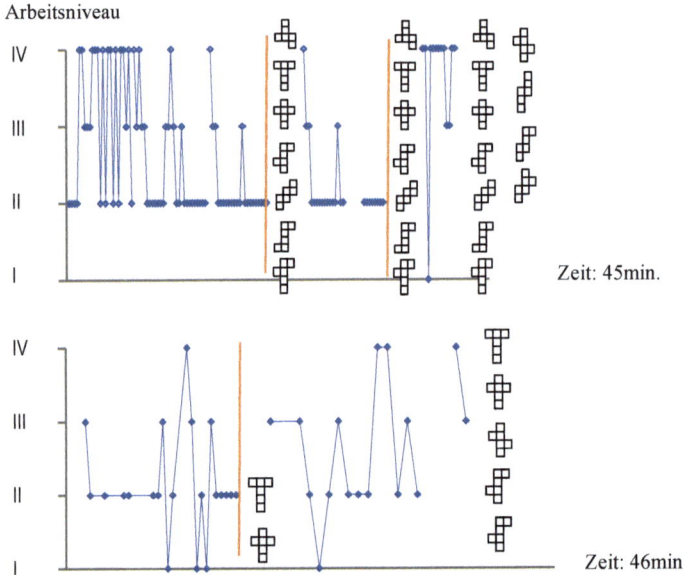

Abb. 16: Vergleich der Verlaufsplots von Celine/Sarah (oben) und von Dustin/Kevin (unten)

Deutlich lässt sich in den Niveauverläufen in Abb. 16 zudem ein Unterschied in der Schwankungsbandbreite und in den Frequenzen der mathematischen Aktivitäten beobachten.

Niveauspitzen (III und IV) werden bei korrekt ausgeführten Prüfverfahren und mathematisch anspruchsvollen Aktivitäten wie Argumentieren rekonstruiert. Außerdem wird auf höheren Niveaus (Niveau III und IV) gearbeitet, wenn Vorgehensweisen – neben mathematischer Korrektheit – Struktur und Systematik aufweisen. Ein Absinken des Arbeitsniveaus kann durch korrekt ausgeführte Prüfverfahren verhindert werden.

Im folgenden Abschnitt wird ein Arbeitsprozess dargestellt, der sich dadurch auszeichnet, dass er zunächst nahezu gar keine mathematischen Aktivitäten aufweist. Das Ausbleiben mathematischer Aktivitäten durch zeitlich verzögerte Initiierung oder durch frühzeitige Beendigung des Arbeitsprozesses konnte in zwei von zehn Arbeitsprozessen beobachtet werden:

c) Arbeitsprozess mit einer späten Initiierung und geringer Frequenz mathematischer Aktivitäten sowie geringer Schwankungsbandbreite (Maurice und Ben)

Der Arbeitsprozess von Maurice und Ben weist eine Länge von 1 h und 6 min. auf. Am Ende halten sie immerhin sieben unterschiedliche Würfelnetze als Arbeitsergebnis fest.

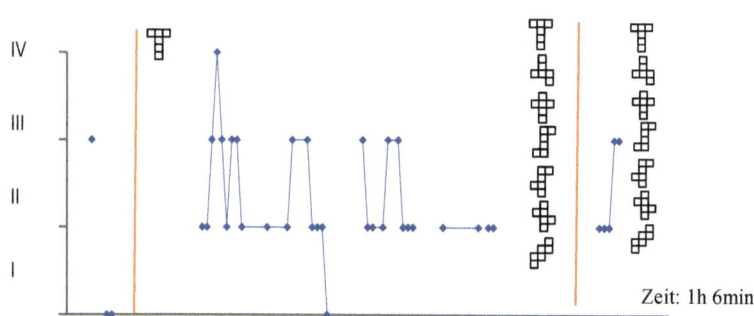

Abb. 17: Verlaufsplot des Arbeitsprozesses von Ben und Maurice im heuristischen Überblick

In den ersten 12 min. zeigt der Arbeitsprozess von Maurice und Ben keinen Niveauverlauf, sondern nur vereinzelt mathematische Aktivitäten. Stattdessen unterhalten sie sich darüber, dass die Aufgabe doch recht einfach sei und begründen fälschlicherweise, dass es nur ein einziges Würfelnetz geben könne, „da man den Würfel nur so (wie das „Jesuskreuz") auseinanderklappen kann", danach lesen sie weiter und füllen einen Beurteilungsbogen aus (BM Sequenz 2). Der Arbeitsprozess wird nicht aufgenommen, da Maurice und Ben durch diese selbstauferlegte fachliche Beschränkung mit dem einen Würfelnetz als Arbeitsresultat zufrieden sind.

Erst durch die Intervention der Lehrerin kann der Arbeitsprozess wirklich initiiert werden, jedoch bleibt die Frequenz an mathematischen Aktivitäten eher gering. Der Arbeitsprozess bewegt sich nach der Intervention der Lehrerin für einen Zeitraum von etwa 26 min. vorrangig auf den mittleren beiden Arbeitsniveaus (Niveau II und III), auf denen der Lösungsweg aber durchaus vorangetragen wird. Prüfverfahren werden in dieser Arbeitsphase sowohl von Netzen auf die Eignung als Würfelnetze als auch auf bereits vorhandene Würfelnetze konsequent und korrekt durchgeführt. Nach 48 min. brechen Maurice und Ben ihren Arbeitsprozess ab, da sie inhaltlich nicht mehr weiter wissen. Zu diesem Zeitpunkt haben sie sieben unterschiedliche Würfelnetze. Nach einer Unterbrechung des Arbeitsprozesses von etwa 10 min., in der sie auf die Lehrerin warten, erfolgt eine weitere Intervention der Lehrerin, die dazu führt, dass das Arbeitspaar den Arbeitsprozess wieder aufnimmt. In ihrer Unterbrechung des Arbeitsprozesses führen Maurice und Ben keine mathematischen Aktivitäten aus, sie erwähnen, dass sie einen Tipp benötigen (BM Sequenz 18) und führen dann Privatgespräche. Das Arbeitsniveau steigt nach der Intervention der Lehrerin kurzfristig wieder an, allerdings finden sie in dieser Arbeitsphase keine weiteren Würfelnetze, sodass sie ihren Arbeitsprozess nach 1h 6 min. mit sieben unterschiedlichen Würfelnetzen beenden.

Der veranschaulichte Arbeitsprozess hat gezeigt, dass bei verzögerter Initiierung oder auch bei Unterbrechung des Arbeitsprozesses zeitweise ein Niveauverlauf ausbleiben kann, somit ist in dieser Arbeitsphase kein niveauangemessenes Arbeiten zu erwarten (vgl. Abschnitt 7.2).

Der im Folgenden dokumentierte Arbeitsprozess wird zwar initiiert und läuft sogar im oberen Niveau ab, wird aber vorzeitig beendet wird, sodass – wie bei Ben und Maurice – weitere Niveauphasen ausbleiben:

d) Arbeitsprozess mit einer frühzeitigen Beendigung und einer Schwankungsbandbreite im oberen Skalenbereich (III und IV) (Janin und Melissa)

Der Arbeitsprozess von Janin und Melissa weist eine Gesamtlänge von 18 min. auf. Nach 18 min. hat das Arbeitspaar vier unterschiedliche Würfelnetze als Ergebnis festgehalten (vgl. Abb. 18). Janin und Melissa beenden den Arbeitsprozess, weil sie überzeugt davon sind, dass es genau vier unterschiedliche Würfelnetze gibt.

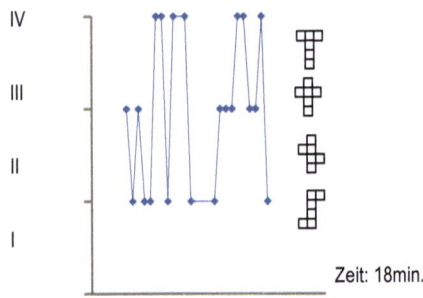

Abb. 18: Verlaufsplot des Arbeitsprozesses von Janin und Melissa im heuristischen Überblick

Der Verlauf der mathematischen Arbeitsniveaus bewegt sich vorrangig auf höheren Niveaus (Niveau III und IV). Inhaltlich beschränken sie ihre Suche nach

Würfelnetzen allerdings, indem sie nur nach Würfelnetzen mit einer Viererkette als längste Kette suchen. Sie finden vier von sechs möglichen Würfelnetzen mit Viererkette. Janin und Melissa gehen bei der Suche nach weiteren Würfelnetzen systematisch vor. Sie legen die Viererkette und variieren die Positionen der restlichen Quadratflächen, dadurch können sie ihr Arbeitsniveau immer wieder auf das anspruchsvolle Niveau IV anheben (JM Zeile 3-4) und durch korrekt ausgeführte Prüfverfahren auch halten. Identifizierte Nicht-Würfelnetze korrigieren sie zum Teil, sodass sie weitere Würfelnetze produzieren. Auch hier kann das Arbeitsniveau IV rekonstruiert werden, da sie das Würfelnetz nicht nur produzieren, sondern auch durch ein korrekt ausgeführtes Prüfverfahren als Ergebnis festhalten. In JM Sequenz 3 können die Mädchen das hohe Arbeitsniveau (Niveau IV) halten, da sie mathematisch korrekt argumentieren, warum zwei Würfelnetze unterschiedlich sind (JM Zeile 3-5):

JM Sequenz 3	Code	Arbeitsniveau
3-3 Melissa schiebt die Quadratflächen zu einem Nicht-WN zusammen:	produzieren in einer frühen Arbeitsphase Nicht-WN ohne erkennbare Strategie	II
3-4 Janin erkennt, dass es sich um ein Nicht-WN handelt und verschiebt eine Quadratfläche, sodass das „T-Kreuz" entsteht:	identifizieren Nicht-WN durch korrektes Prüfverfahren	II
	produzieren weiteres WN durch systematisches Verändern eines Nicht-WN	IV
3-5 Melissa ist nicht einverstanden, sie behauptet, dass das „T-Kreuz" das gleiche ist wie das „Jesuskreuz". Janin hält dem entgegen, dass die Quadratflächen auf anderer Höhe sind als beim „Jesuskreuz".	argumentieren mathematisch korrekt, warum es sich um unterschiedliche WN handelt	IV

Im Arbeitsprozess von Janin und Melissa wird – wie in dem Arbeitsprozess von Maurice und Ben – ein Niveauverlauf bei fachlicher Beschränkung abgebrochen. Damit bleiben Niveauphasen aus, dennoch verläuft der Arbeitsprozess auf höheren Niveaus (Niveau III und IV). Die mathematischen Aktivitäten zeichnen sich durch fachliche Korrektheit und systematische Vorgehensweisen aus.

Das folgende Fallbeispiel veranschaulicht einen Niveauverlauf, der sich in einigen Arbeitsprozessen der Breitenanalyse zumindest zeitweise beobachten lässt. Es handelt sich um einen Niveauverlauf mit einer Bandbreite von Niveau II bis IV und einer hohen Frequenz mathematischer Aktivitäten:

e) Arbeitsprozess mit hoher Frequenz mathematischer Aktivitäten und großer Schwankungsbandbreite (Caro und Hanna)

Der Arbeitsprozess von Caro und Hanna zeigt zeitweise inhaltliche Parallelen zu dem Arbeitsprozess von Kim und Leonie (vgl. Abschnitt 6.1): Beide Arbeitspaare gelangen wiederholt zum „Jesuskreuz" und wollen dies bei der weiteren Suche nach Würfelnetzen vermeiden, was sie auch äußern. Caro und Hanna gelingt es im Gegensatz zu Kim und Leonie weitere Würfelnetze zu produzieren, indem sie zunächst Nicht-Würfelnetze systematisch verändern und dann zu Würfelnetzen gelangen. Im weiteren Verlauf des Arbeitsprozesses produzieren Caro und Hanna weitere Netze, indem sie bereits vorhandene Netze systematisch verändern, sodass sie zum Teil auch zu weiteren Würfelnetzen gelangen. Im Gegensatz zu Kim und Leonie, die ohne Systematik wiederholt zum „Jesuskreuz" gelangen, geht dies bei Caro und Hanna mit hohen Arbeitsniveaus (Niveau IV), wie beispielsweise in CH Sequenz 10 einher:

CH Sequenz 10	Code	Arbeitsniveau
10-1 Caro geht von dem WN aus, das Hanna produziert hat:	entwickeln Vorgehensweise zum Produzieren von WN	IV
10-2 Caro: „Vielleicht sollten wir Ähnliche machen." Sie legt ein weiteres WN durch gezieltes Verschieben einer Quadratfläche:	produzieren weiteres WN durch systematisches Verändern eines WN	IV

Caro und Hanna überprüfen konsequent produzierte Netze auf Eignung als Würfelnetze und achten auch sehr darauf, dass sie keine doppelten Würfelnetze als Ergebnis festhalten. Hierfür fertigen sie eine Übersicht ihrer Ergebnisse an, indem sie ihre Würfelnetze auf Karopapier zeichnen und ergänzen. Ein neu produziertes Würfelnetz vergleichen Caro und Hanna mit ihrer Übersicht auf dem Papier, um herauszufinden, dass sie ihr entwickeltes Würfelnetz noch nicht als Ergebnis festgehalten haben. Ist dies der Fall, ergänzen sie es (u. a. CH Sequenz 18). Mathematische Aktivitäten, in denen sie eine Vorgehensweise zum Produzieren weiterer Würfelnetze entwickeln (CH Sequenz 10) oder auch mathematisch korrekt in unterschiedlichen inhaltlichen Kontexten argumentieren (u. a. CH Sequenz 9), werden mit dem kognitiv anspruchsvollen Arbeitsniveau IV codiert.

Exemplarisch sei im Folgenden die Entwicklung einer Vorgehensweise zum Produzieren weiterer Würfelnetze aufgeführt. In CH Sequenz 8 produzieren und überprüfen Caro und Hanna zunächst ein Teilwürfelnetz, damit nicht hier schon beim Hochstellen zum Würfel die Quadratflächen übereinander fallen. An dieses Teilwürfelnetz ergänzen sie gezielt Quadratflächen, sodass daraus ein Würfelnetz resultiert, das erneut überprüft wird. Bei diesem systematischen Vorgehen kann das Arbeitsniveaus IV rekonstruiert werden:

CH Sequenz 8	Code	Arbeitsniveau
8-1 Caro legt zunächst ein Teilwürfelnetz und überprüft dies.		
8-2 Sie legt gezielt Quadratflächen an, sodass ein weiteres WN entsteht, bei dem die längste Kette eine 3er-Kette ist:	entwickeln Vorgehensweise zum Produzieren von WN	IV
8-3 Caro bittet Hanna beim Hochstellen der Quadratflächen um Hilfe, aber die lässt sich nicht von ihrem Arbeitsprozess ablenken.	produzieren weiteres WN durch gezieltes Ergänzen eines Teilwürfelnetzes	IV

Die aufgeführten Arbeitsprozesse demonstrieren exemplarisch den Facettenreichtum der Niveauverläufe und wurden in den Analysen der weiteren Arbeitsprozesse in der Breitenanalyse bestätigt. Keiner der zehn Arbeitsprozesse verlief hinsichtlich der spezifizierenden Eigenschaften identisch.

Zusammenfassung

Das methodische Vorgehen bei der Analyse der Niveauverläufe der zehn Arbeitsprozesse in der selbstdifferenzierenden Würfelnetz-Lernumgebung hat sich insofern bewährt, als erst die Codierung der mathematischen Aktivitäten und die Kategorisierung situativer Arbeitsniveaus die Vielschichtigkeit der Prozesse offenlegt. Die Verdichtung der Arbeitsniveauverläufe in heuristischen Verlaufsplots ermöglicht Fallkontrastierungen, die die Unterschiede in den vorrangigen Arbeitsniveaus, in der Frequenz der Aktivitäten sowie in den Schwankungsfrequenzen und -bandbreiten verdeutlichen (vgl. Tab. 2). Diese Offenlegung des Facettenreichtums der Arbeitsprozesse wäre über eine Analyse der Arbeitsergebnisse allein nicht möglich gewesen.

Durch die individuellen Eigenheiten der Arbeitsprozesse lassen sich kaum zusammenfassende allgemeingültige Analyseergebnisse bezüglich der Niveauverläufe formulieren. Wie zu erwarten war, verläuft kein Arbeitsprozess durchgängig auf hohem Niveau (Niveau III bzw. IV), da Phasen mit niedrigerem Ertrag für das Voranbringen genuin zum mathematischen Arbeiten dazugehören.

In Arbeitsphasen mit geringer Schwankungsbandbreite wird vorrangig auf dem Niveau II gearbeitet. Die Arbeitsprozesse unterscheiden sich aber darin, ob die Lernenden das Arbeitsniveau selbstständig wieder anheben können oder nicht und ob sie ihren Arbeitsprozess überhaupt selbstständig initiieren können. Eine Erklärung für einen nicht initiierten Arbeitsprozess kann eine nicht verstandene Aufgabenstellung bzw. eine fachlich auferlegte Beschränkung sein, bei der sich das Arbeitspaar mit einem Würfelnetz als Arbeitsergebnis zufriedengibt. Am Beispiel konnte gezeigt werden, dass eine auferlegte fachliche Beschränkung auch zu einer vorzeitigen Beendigung des Arbeitsprozesses führen kann, sodass nur über einen beschränkten Zeitraum mathematische Aktivitäten ausgeführt werden.

Auf höheren Niveaus (Niveau III und IV) können Arbeitsphasen in unterschiedlichen Arbeitsprozessen rekonstruiert werden, wenn die Vorgehensweisen an Systematik gewinnen und Prüfverfahren korrekt ausgeführt werden können. Mathematisch korrekt ausgeführte Aktivitäten können ein Absinken des Arbeitsniveaus verhindern. Bei anspruchsvollen mathematischen Aktivitäten wie Argumentieren können hohe Arbeitsniveaus (Niveau IV) rekonstruiert werden.

Alle zehn Niveauverläufe unterscheiden sich, was das niveaudifferenzierende Potenzial der Aufgabenstellung bestätigt. Um die Niveauangemessenheit der Arbeitsprozesse zu beurteilen, werden im folgenden Abschnitt die Verläufe der mathematischen Arbeitsniveaus in Relation zum Leistungspotenzial gesetzt.

7.2 Passung des Arbeitsniveauverlaufs zum Leistungspotenzial

Die differenzierten Analyseergebnisse zu den Arbeitsniveauverläufen in den Abschnitten 6.1 und 7.1 geben Anlass dazu, auch die Frage zur Niveauangemessenheit nicht pauschal zu stellen (vgl. Abschnitt 5.3), sondern ebenfalls sequenzweise zu analysieren. Um die Niveauschwankungen innerhalb der Arbeitsprozesse zu berücksichtigen, wurden einzelne Niveauphasen innerhalb der Arbeitsprozesse daraufhin eingeschätzt, ob sie entsprechend dem Leistungspotenzial verliefen oder dieses über- oder unterschritten. Hierfür wurden die Niveauverläufe innerhalb der Arbeitsprozesse in Niveauphasen unterteilt. Eine neue Niveauphase beginnt bei einem nachhaltigen Wechsel der vorrangigen Arbeitsniveaus.

Die Niveauphasen wurden kontrastierend als Fälle innerhalb der Arbeitsprozesse und auch zwischen den Arbeitsprozessen verglichen. Durch die Fallkontrastierung wurden vier Muster der Niveauangemessenheit (vgl. Abschnitte 5.3) rekonstruiert, von denen in einigen Prozessen mehrere auftauchen, da Niveauangemessenheit nicht nur zwischen den Arbeitsprozessen Unterschiede aufweist, sondern auch innerhalb eines Arbeitsprozesses:

Angemessenheitsmuster 1: niveauangemessenes Arbeiten über längere Zeit (ggf. mit vorübergehenden Schwankungen nach unten)
Angemessenheitsmuster 2: niveauüberragendes Arbeiten oberhalb des Leistungspotenzials ohne Überforderung
Angemessenheitsmuster 3: nicht niveauangemessenes Potenzial, nicht ausschöpfendes Arbeiten über längere Zeit
Angemessenheitsmuster 4: nur zeitweise niveauangemessenes Arbeiten mit verzögertem Einstieg oder Niveau-Abfall unter Leistungspotenzial (durch Abbruch der Arbeit oder Verflachung)

Explizit soll angemerkt werden, dass sich kein Arbeitspaar überfordert hat, ein entsprechendes Angemessenheitsmuster wurde daher nicht gebildet.

Eine Übersicht über die zugeordneten Angemessenheitsmuster zu allen zehn Arbeitsprozessen dieser Studie bietet Tabelle 2 (vgl. Abschnitt 7.1). Neben den Angemessenheitsmustern lassen sich aus der Tabelle 2 auch die Mathematiknoten und die Ergebnisse aus dem PALMA-Leistungstests ablesen.

Wie dem Arbeitsprozess von Kim und Leonie aus der Feinanalyse (vgl. Abschnitt 6.3) konnten den Arbeitsprozessen von Dustin und Kevin, von Julius und Tom, von Denise und Lena sowie dem Arbeitsprozess von Caro und Hanna das Angemessenheitsmuster 3 zugeordnet werden. Diese Arbeitspaare konnten ihr Leistungspotenzial phasenweise bzw. über den kompletten Arbeitsprozess hinweg nicht ausschöpfen.

Niveauangemessenes Arbeiten (Angemessenheitsmuster 1) über längere Zeit im Wechsel mit nicht niveauangemessenen Arbeitsphasen konnte nicht nur im Arbeitsprozess von Kim und Leonie, sondern auch in den Arbeitsprozessen von Denise und Lena, von Nell und Noa sowie im Arbeitsprozess von Caro und Hanna rekonstruiert werden. Das erhoffte Angemessenheitsmuster 1 konnte über einen kompletten Arbeitsprozess hinweg nur für das Arbeitspaar Nell und Noa rekonstruiert werden.

Drei Arbeitspaare fielen dadurch auf, dass sie nur zeitweise niveauangemessen arbeiteten und das Angemessenheitsmuster 4 rekonstruiert werden konnte: Janin und Melissa legten sich eine fachliche Beschränkung auf und gaben sich – bei einem nur 18 min. andauernden Arbeitsprozess – mit einem Arbeitsergebnis von nur vier unterschiedlichen Würfelnetzen zufrieden. Ben und Maurice konnten durch eine nicht verstandene Aufgabenstellung ihr Leistungspotenzial nicht ausschöpfen. Mathematische Aktivitäten fanden in diesen beiden Arbeitsprozessen durch einen Abbruch des Arbeitsprozesses bzw. durch eine späte Initiierung nur zeitlich begrenzt statt, eine Performanz blieb – phasenweise – aus. Der Arbeitsprozess von Justin und Kenneth wies nach einer zeitweise niveauangemessenen Arbeitsphase zu Beginn ihres Prozesses ein Absinken ihrer

Arbeitsniveaus unter ihr Leistungspotenzial auf, sodass auch hier das Angemessenheitsmuster 4 rekonstruiert wurde.

Dem Arbeitsprozess von Celine und Sarah konnte sogar das Angemessenheitsmuster 2 zugeordnet werden, da sie weitgehend oberhalb ihres Leistungspotenzials arbeiteten, ohne sich zu überfordern.

Für jedes der vier rekonstruierten Angemessenheitsmuster (vgl. Abschnitt 5.3) wird in dieser Studie exemplarisch ein Beispiel angegeben, das die Zuordnung nachvollziehbar macht. Die Angemessenheitsmuster 1 und 3 wurden bereits im Rahmen der Feinanalyse (vgl. Abschnitt 6.3) dem Arbeitsprozess von Kim und Leonie zugeordnet. Von daher wird für das erhoffte Angemessenheitsmuster 1 kein weiteres Beispiel aufgeführt. Für das Angemessenheitsmuster 3 wird trotzdem ein weiterer Arbeitsprozess (Dustin und Kevin) aufgeführt, um die Analyseergebnisse zu den Hintergründen des nicht niveauangemessenen Arbeitens bei Kim und Leonie zu erweitern. Weiterhin werden Analysen für die Angemessenheitsmuster 2 (Celine und Sarah) und 3 (Ben und Maurice) angegeben. Hierzu wird für die ausgewählten Arbeitsprozesse zunächst das ganzheitliche Leistungspotenzial der Lernenden (vgl. Abschnitt 5.3) beschrieben, um es dann in Relation zu den Performanzen zu analysieren und abschließend ein Angemessenheitsmuster zuzuordnen. Zur Beurteilung der Passung zwischen dem ganzheitlichen Leistungspotenzial der Lernenden und den individuellen Arbeitsniveauverläufen wird auf die Beschreibungen der Niveauverläufe im vorherigen Abschnitt 7.1 zurückgegriffen.

Das folgende Fallbeispiel verdeutlicht ein niveauüberragendes Arbeiten oberhalb des Leistungspotenzials, ohne dass das Arbeitspaar sich überfordert:

a) Beispiel für das Angemessenheitsmuster 2: Arbeitsprozess von Celine und Sarah

Celine und Sarah zeigen ein weitgehend niveauüberragendes Arbeiten oberhalb ihres Leistungspotenzials, ohne sich zu überfordern, deshalb eignet sich ihr Arbeitsprozess als Beispiel für das Angemessenheitsmuster 2. Das niveauüberragende Arbeiten von Celine und Sarah wird in diesem Abschnitt beschrieben und exemplarisch an ausgewählten Sequenzen verdeutlicht.

Ganzheitliche Leistungsprofile von Celine und Sarah:

Celine und Sarah besuchen die Realschule seit Beginn der 5. Klasse. Die Lehrkräfte der Grundschule hatten beiden Schülerinnen eine Realschulempfehlung gegeben.

Sarah zeigt immer wieder, dass sie sich über längere Arbeitsphasen konzentrieren kann. Bei der Bearbeitung von mathematischen Problemen hat sie Durchhaltevermögen, auch wenn Erfolgserlebnisse ausbleiben. Routinearbeiten führt Sarah sicher durch, ist mathematische Kreativität gefragt, fehlen ihr zeitweise die Ideen, was aber eher für die Arithmetik als für die Geometrie zutrifft. Sie ist durchaus in der Lage, analytisch zu arbeiten, insbesondere wenn sie die Möglichkeit hat, bei Bedarf auf konkrete Materialien zurückzugreifen. Sarah arbeitet sehr exakt und führt von ihr verstandene Vorgehensweisen mit Präzision durch.

Bei Ansätzen von systematischen Denkweisen und strategischen Vorgehensweisen ist sie leicht verunsichert und es unterlaufen ihr Fehler, die zeitweise zu mathematisch nicht korrekten Aussagen führen. Zeitweise fehlt ihr mathematisches Basiswissen.

Sarah hat generell ein recht gutes Kooperationsvermögen. Sie geht gerne auf die Gedankengänge einer Kooperationspartnerin ein und versucht auch Gegenvorschläge und Ideen der Partnerin inhaltlich zu durchdringen. Sie besitzt eine hohe Bereitschaft, mathematische Unterstützungen zu leisten. Sarah ist immer wieder hochmotiviert, mathematische Probleme zu lösen, obwohl sie zeitweise inhaltlich an ihre Grenzen stößt. Dieses Leistungsprofil kondensiert sich zur Mathematiknote „befriedigend" (3), die durch das Abschneiden beim PALMA-Leistungstest mit 21 Punkten im kognitiven Bereich validiert wird.

Celine hat auch ein recht hohes Konzentrations- und Durchhaltevermögen. Sie ist immer sehr motiviert, mathematische Probleme zu lösen, allerdings ist sie häufig auf Unterstützung angewiesen, um dann selbstständig weiterarbeiten zu können. Mathematisches Argumentieren fällt ihr recht schwer. Bereits bekannte mathematische Inhalte muss sie sich hin und wieder neu erarbeiten. Geometrische Zusammenhänge erkennt sie besser als Zusammenhänge aus der Arithmetik.

Celine zeigt stets ein sehr ausgeprägtes Vermögen, inhaltlich mit Partnern zu kooperieren. Sie fordert gerne Hilfe ein, leistet aber auch selbst Unterstützung, wenn sie sich inhaltlich sicher fühlt. Celine ist sehr bemüht, mathematische Erklärungen zu verstehen und mathematische Inhalte zu durchdringen. Dieses Leistungsprofil kondensiert sich zur Mathematiknote „ausreichend" (4), die durch das Abschneiden beim PALMA-Leistungstest mit 21 Punkten im kognitiven Bereich validiert wird.

Passung zwischen Arbeitsniveauverlauf und ganzheitlichem Leistungspotenzial (Celine und Sarah)

Celine und Sarah arbeiten trotz eines im Allgemeinen begrenzten Leistungspotenzials vorrangig auf niveauüberragenden mathematischen Arbeitsniveaus (Niveau III und IV), jedoch gibt es keine Hinweise, dass sie überfordert sind. Zwar weisen die Phasen direkt vor der ersten Intervention der Lehrerin und zwischen den beiden Interventionen der Lehrerin kein niveauüberragendes Arbeiten auf (Niveau II), aber mit Blick auf das begrenzte Leistungspotenzial des Arbeitspaares ist eine solche abflachende, aber mathematisch tragfähige Arbeitsphase durchaus zu erwarten. Das abflachende Niveau nach der ersten Intervention der Lehrerin gibt einen ersten Hinweis darauf, dass eine niveauanpassende Wirkung der Intervention der Lehrerin ausbleibt. Erst die zweite Intervention der Lehrerin verhilft den beiden zu einer Niveauanhebung (Niveau IV) und führt zu einer Niveauanpassung (vgl. Abschnitt 7.3.2).

Der Arbeitsprozess von Celine und Sarah zeigt, dass in der vorliegenden Lernumgebung auch Lernende mit Schwierigkeiten im Mathematikunterricht und begrenztem Leistungspotenzial anspruchsvoll arbeiten können, ohne sich zu überfordern. Das überdurchschnittlich gute Konzentrations- und Durchhaltevermögen von Celine unterstützt den gemeinsamen Arbeitsprozess mit Sarah. Hinzu kommt Sarahs unermüdliche Motivation, sich mit mathematischen Problemen auseinanderzusetzen, auch wenn ihr in manchen Situationen das Basiswissen fehlt. Nicht zu unterschätzen ist auch Celines große Bereitschaft, Unterstützung in Form von umfangreichen Erklärungen zu geben. Die hohe Motivation des Arbeitspaares korreliert mit einer hohen Frequenz mathematischer Aktivitäten.

Aufgrund des beschriebenen niveauüberragenden Arbeitens von Celine und Sarah wird ihrem Arbeitsprozess das Angemessenheitsmuster 2 zugeordnet.

Ohne dass die Gründe hierfür bereits vollständig analysiert wären, stellt sich bei einer Reihe von Arbeitsprozessen eine Niveauangemessenheit nicht automatisch ein. Das folgende Fallbeispiel veranschaulicht einen Arbeitsprozess, der dauerhaft nicht niveauangemessen verläuft. Dieses Phänomen wiederholt sich in vielen Arbeitsprozessen der Breitenanalyse zumindest phasenweise.

b) Beispiel für das Angemessenheitsmuster 3: Arbeitsprozess von Dustin und Kevin

Dustin und Kevin zeigen über längere Zeit ein nicht niveauangemessenes Arbeiten, wobei sie ihr Leistungspotenzial nicht ausschöpfen. Deshalb eignet sich ihr Arbeitsprozess – neben dem Arbeitsprozess von Kim und Leonie (vgl. Abschnitt 6.3) – als Beispiel für das Angemessenheitsmuster 3. In diesem Abschnitt wird das nicht niveauangemessene Arbeiten von Dustin und Kevin beschrieben und exemplarisch an ausgewählten Sequenzen verdeutlicht.

Ganzheitliche Leistungsprofile von Dustin und Kevin:

Dustin und Kevin besuchen die Realschule seit Beginn der 5. Klasse. Die Lehrkräfte der Grundschule hatten beiden Schülern eine Realschulempfehlung gegeben.

Dustins Konzentrationsverhalten zeichnet sich dadurch aus, dass nach Phasen der Konzentration Phasen der Erholung notwendig sind. Dustin hat immer wieder recht gute mathematische Ideen, die er auch sinnvoll und nachhaltig umsetzen kann. In mathematisch anspruchsvollen Situationen kommt ihm sein analytisches Denkvermögen zugute. Nach Aufforderung kann Dustin logische Argumentationsketten aufbauen und mathematische Sachverhalte reflektieren. Diese Aspekte wurden bei Dustin auch in der Auseinandersetzung mit geometrischen Sachverhalten festgestellt. Zeitweise fällt Dustins das mathematisch exakte Arbeiten noch recht schwer.

Dustin isoliert sich gern in Partnerarbeiten und zeigt dann kaum kooperative Aktivitäten. Sein Durchhaltevermögen ist begrenzt. Dieses Leistungsprofil kondensiert sich zur Mathematiknote „gut" (2), die durch das Abschneiden beim PALMA-Leistungstest mit 34 Punkten im kognitiven Bereich validiert wird.

Kevin zeigt immer wieder gute Ideen bei der Bearbeitung mathematischer Aufgabenstellungen, bei der Umsetzung greift er zeitweise auf Hilfestellungen zurück. Bei offenen Problemstellungen kann Kevin eigene Systematiken bei der Vorgehensweise entwickeln, allerdings schafft er es nicht immer, sie durchgängig umzusetzen. Zeitweise sind seine Arbeitsweisen oberflächlich und ungenau. In Abhängigkeit von seiner Motivation kann Kevin auch komplexe Zusammenhänge reflektieren und seinen inhaltlichen Standpunkt angemessen argumentieren. Kevin zeigt durchweg gute kreative Ansätze im Mathematikunterricht, die er dann aber nur begrenzt umsetzen kann. Er arbeitet gern allein, kooperative Aktivitäten reduziert er auf das Nötigste. Sein Durchhaltevermögen ist begrenzt. Dieses Leistungsprofil kondensiert sich zur Mathematiknote „ausreichend" (4), die durch das Abschneiden beim PALMA-Leistungstest mit 24 Punkten im kognitiven Bereich validiert wird.

Passung zwischen Arbeitsniveauverlauf und ganzheitlichem Leistungspotenzial (Dustin und Kevin)

Die Analyse des mathematischen Niveauverlaufs zeigt, dass Dustin und Kevin bis zur Intervention der Lehrerin erheblich unterhalb ihres Leistungspotenzials – vorrangig auf dem Niveau II – arbeiten. Insbesondere in Relation zu ihrem Leistungspotenzial fällt der Arbeitsprozess von Dustin und Kevin durch eine nur geringe Frequenz mathematischer Aktivitäten auf. Die Qualität ihrer ersten Zwischenergebnisse deckt sich mit dieser Analyse: Sie halten dreimal das gleiche Würfelnetz als Ergebnis fest, allerdings korrigieren sie diesen Fehler selbstständig. Erst nach der Intervention der Lehrerin, als die Schwankungsbandbreite von Niveau II bis Niveau IV reicht, entsprechen die Arbeitsniveaus dem Leistungspotenzial des Arbeitspaares, wobei allerdings die Frequenz mathematischer Aktivitäten weiterhin sehr gering bleibt. Ihre Vorgehensweise gewinnt für kurze Zeit an Systematik, der Lösungsweg wird – wenn auch bescheiden – vorangetragen. Nach etwa 10 min. flacht das Arbeitsniveau bei weiterhin geringer Frequenz mathematischer Aktivitäten wieder ab (Niveau II), daher wird der Arbeitsprozess mit nur fünf Würfelnetzen abgeschlossen, von denen sich zwei doppeln. Da Dustin und Kevin über längere Zeit nicht niveauangemessen arbeiten, wird diesem Arbeitsprozess das Angemessenheitsmuster 3 zugeordnet.

Am folgenden Beispiel wird veranschaulicht, dass niveauangemessenes Arbeiten ausbleibt, wenn mathematische Aktivitäten nicht ausgeführt werden, ein Phänomen, das zwei Arbeitsprozesse in der Breitenanalyse betrifft.

c) Beispiel für das Angemessenheitsmuster 4: Arbeitsprozess von Ben und Maurice

Bei Ben und Maurice kommt es zu einer späten Initiierung des Arbeitsprozesses, sodass zunächst kaum mathematische Aktivitäten ausgeführt werden. Auch zu einem späteren Zeitpunkt unterbrechen sie ihren Arbeitsprozess nochmal, da sie inhaltlich nicht weiter wissen. Wie zu Beginn des Arbeitsprozesses werden in der Unterbrechung so gut wie keine mathematischen Aktivitäten ausgeführt.

Ganzheitliche Leistungsprofile von Ben und Maurice:

Ben und Maurice besuchen die Realschule seit Beginn der 5. Klasse. Die Lehrkräfte der Grundschule hatten beiden Schülern eine Realschulempfehlung gegeben.

Ben kann vertraute Lösungsverfahren recht sicher umsetzen. In Situationen des Problemlösens fällt ihm das eigenständige Entwickeln von Vorgehensweisen relativ schwer. Aufgestellte Vermutungen kann er kaum begründen. Prozessorientierte Kompetenzen können während des Unterrichts bei Ben kaum beobachtet werden. Er arbeitet zwar ergebnisorientiert, die produzierten Ergebnisse reflektiert er aber äußerst selten. Die Arbeit am konkreten Material – insbesondere in der Geometrie – gelingt ihm eher als abstraktes Handeln im Kopf. Ben besitzt ein geringes Konzentrationsvermögen und einen recht großen Bewegungsdrang, was dazu führt, dass er Aufgaben zügig erledigt haben möchte, um sich wieder im Raum bewegen zu können. In kooperativen Situationen zeigt Ben geringe Bemühungen, sich auf den Arbeitspartner und dessen Gedankengänge einzulassen. Dieses Leistungsprofil von Ben kondensiert sich zur Mathematiknote „ausreichend" (4), die durch das Abschneiden beim PALMA-Leistungstest mit 16 Punkten im kognitiven Bereich validiert wird.

Maurice kann beim Problemlösen durchaus strukturiert eigenverantwortlich arbeiten, greift aber auch gerne auf bekannte Vorgehensweisen zurück. In seinen Arbeitsprozessen zeigt Maurice wiederholt fachlich korrekte logische Schlussfolgerungen. Fachliche Entscheidungen im Bearbeitungsprozess offener Aufgabenstellungen kann er auf Nachfragen begründen. Allerdings fällt es ihm zeitweise schwer, konsequent seine begründeten Vorhaben umzusetzen. Bei inhaltlichen Schwierigkeiten fehlen ihm zeitweise die Motivation und auch geeignete Herangehensweisen. Maurice zieht sich lieber in Einzelarbeit zurück, als sich mit einem Kooperationspartner auf einen gemeinsamen Handlungsstrang einzulassen. Dieses Leistungsprofil kondensiert sich zur Mathematiknote "befriedigend" (3), die durch das Abschneiden beim PALMA-Leistungstest mit 26 Punkten im kognitiven Bereich validiert wird.

Passung zwischen Arbeitsniveauverlauf und ganzheitlichem Leistungspotenzial (Ben und Maurice)

Ben und Maurice gehen zunächst davon aus, dass es nur ein einziges Würfelnetz gibt, nämlich das "Jesuskreuz". Sie geben sich mit diesem Arbeitsergebnis zufrieden und erklären den Arbeitsprozess für beendet. Das führt dazu, dass in den ersten 12 min. ihres Arbeitsprozesses kaum mathematische Aktivitäten ausgeführt werden. In dieser Arbeitsphase kann kein Angemessenheitsmuster zugeordnet werden. Der Arbeitsprozess von Ben und Maurice kann erst durch die Lehrerin, die auf mögliche weitere Würfelnetze hinweist, initiiert werden. Nach der Intervention arbeiten Ben und Maurice sogar wiederholt auf dem Niveau III und zeigen systematisches Vorgehen bei der Suche nach weiteren Würfelnetzen. Auffällig ist in dieser niveauangemessenen Arbeitsphase – wie bei Dustin und Kevin – die geringe Frequenz an mathematischen Aktivitäten. In dieser niveauangemessenen Arbeitsphase – bei einer Schwankungsbandbreite von Niveau II bis Niveau III – produziert das Arbeitspaar sechs weitere Würfelnetze, bis sie zu einem Punkt gelangen, an dem sie keine weiteren Würfelnetze mehr finden und sich einig sind, dass sie einen Tipp der Lehrerin benötigen. Sie unterbrechen ihren Arbeitsprozess erneut für knapp 10 min., in denen keine mathematischen Aktivitäten ausgeführt werden, sodass auch ein niveauangemessenes Arbeiten ausbleibt. Allerdings kann der Arbeitsprozess durch die Intervention der Lehrerin erneut initiiert werden. Aufgrund des verzögerten Einstiegs in den Arbeitsprozess und der erneuten Unterbrechung des Arbeitsprozesses, dem ansonsten aber in Anbetracht ihres eingeschränkten Leistungspotenzials niveauangemessenen Arbeiten wird das Angemessenheitsmuster 4 zugeordnet. Dieses Muster unterscheidet sich von der Kombination der Angemessenheitsmuster 3 und 1 bei Kim und Leonie dadurch, dass Arbeitsphasen durch eine verzögerte Initiierung und einer Unterbrechung des Arbeitsprozesses zunächst quasi gar nicht stattfinden.

Das Angemessenheitsmuster 4 kann auch dem Arbeitsprozess von Melissa und Janin zugeordnet werden, die zwar niveauangemessen arbeiten, da ihre höheren Arbeitsniveaus (Niveau III und IV) zu ihrem recht guten Leistungspotenzial passen. Allerdings brechen sie ihren Arbeitsprozess durch eine fachliche Beschränkung mit nur vier unterschiedlichen Würfelnetzen ab, sodass ein nicht niveauangemessenes Arbeiten nicht weiter erfolgt.

Auch Arbeitsprozesse, die zunächst niveauangemessen beginnen, aber dann einen erheblichen Abfall unter das Leistungspotenzial erfahren, fallen unter das Angemessenheitsmuster 4. Hierzu zählt der Arbeitsprozess von Justin und Kenneth.

Die Arbeitsprozesse zum Angemessenheitsmuster 4 zeigen u. a., dass eine Niveauangemessenheit nur mit Einschränkung beurteilt werden kann, wenn ein Niveauverlauf nur zeitlich beschränkt stattfindet.

Aufgrund der Passung zwischen Leistungspotenzial und Niveauverlauf konnte sämtlichen zehn Arbeitsprozessen ein Angemessenheitsmuster bzw. eine Kombination aus zwei Angemessenheitsmustern zugeordnet werden (vgl. Tab. 2).

Zusammenfassung

Die Befunde zur Niveauangemessenheit in der Würfelnetz-Lernumgebung zeigen, dass die Niveauangemessenheit sich keineswegs automatisch einstellt und kein „Selbstgänger" ist. Zwar gibt es durchaus Arbeitspaare, die niveauangemessen arbeiten (Angemessenheitsmuster 1 und 2), bei den meisten Arbeitspaaren stellt sich die Niveauangemessenheit allerdings aus unterschiedlichen Gründen nicht automatisch ein (Angemessenheitsmuster 3 und 4). Letzteres traf in der vorliegenden Studie auf acht von zehn Arbeitspaaren zumindest zeitweise zu. Nur vereinzelt können Arbeitspaare ihr Niveau selbst anheben, wie Justin und Kenneth mit ihrem Arbeitsprozess zeigen.

Die Verdichtung der Arbeitsniveauverläufe in heuristischen Verlaufsplots ermöglicht Fallkontrastierungen, die die Unterschiede in den vorrangigen Arbeitsniveaus, in der Frequenz der Aktivitäten, in den Schwankungsfrequenzen und -bandbreiten verdeutlichen (vgl. Abschnitt 7.1, Tab. 2). Dieser Facettenreichtum würde über eine Analyse der Arbeitsergebnisse allein nicht adäquat erfasst.

Bewertet man neben der Niveaustreuung auch die Niveauangemessenheit als Differenzierungspotenzial selbstdifferenzierender Lernumgebungen, sind Kontextbedingungen notwendig, um eine Niveauanpassung zu unterstützen. So gibt beispielsweise der Arbeitsprozess von Kim und Leonie einen Hinweis darauf, dass die Intervention der Lehrerin eine niveauanpassende Wirkung haben kann, die jedoch im Arbeitsprozess von Celine und Sarah wiederum ausbleibt.

Eine systematische Analyse hinsichtlich von niveauanpassenden Wirkungen der unterrichtlichen Kontextbedingungen wird in dem folgenden Abschnitt 7.3 vorgenommen.

7.3 Wirkung unterrichtlicher Kontextbedingungen

In den vorangegangenen Abschnitten konnte gezeigt werden, dass durch die in dieser Studie vorliegende selbstdifferenzierende Aufgabenstellung nicht automatisch niveauangemessene Arbeitsprozesse initiiert werden. Die in diesem Abschnitt folgenden Schritte der Breitenanalyse liefern ergänzend zu den Analyseergebnissen aus der Feinanalyse (vgl. Abschnitt 6.6) Antworten auf die dritte Forschungsfrage: Welcher Zusammenhang besteht zwischen unterrichtlichen

Kontextbedingungen – wie Metakognition, Lehrerinterventionen sowie Kooperation – und mathematischen Arbeitsniveaus bei einer selbstdifferenzierenden Aufgabenstellung? Die Wirkung der Kontextbedingungen wird im Folgenden beginnend mit der Metakognition untersucht.

7.3.1 Metakognition

Parallel zu dem Verlauf mathematischer Aktivitäten wurden metakognitive Aktivitäten analysiert, um mögliche Zusammenhänge zwischen metakognitiven Aktivitäten und mathematischen Arbeitsniveaus zu erkennen.

Alle zehn Arbeitsprozesse dieser Studie weisen metakognitive Aktivitäten auf, die sich allerdings in ihrer Quantität, ihrer Art („Planung", „Monitoring" und „Reflexion") bzw. ihrer Qualität unterscheiden, wobei Planungsaktivitäten nur vereinzelt auftauchen. Zu berücksichtigen ist, dass die vorliegende selbstdifferenzierende Aufgabenstellung keine besonderen Planungsaktivitäten erfordert.

Es gibt Arbeitsprozesse, die recht wenig bis gar keine metakognitive Aktivitäten aufweisen, und Arbeitsprozesse, die kontinuierlich über den gesamten Arbeitsprozess metakognitive Aktivitäten in unterschiedlicher Qualität zeigen.

Nachdem die Feinanalyse ein erstes Argument gegen die These zu bringen scheint, dass metakognitive Aktivitäten per se niveauanhebend wirken müssen (vgl. Abschnitt 6.5.1), gilt es, in diesem Abschnitt zu analysieren, ob sich diese Einschränkung der Wirkungsthese bestätigt. Darüber hinaus stellt sich die Frage, unter welchen Bedingungen metakognitive Aktivitäten niveauanpassend wirken, um die einfache Wirkungsthese auszudifferenzieren. Hierfür wurden neben dem Arbeitsprozess von Kim und Leonie aus der Feinanalyse (vgl. Abschnitt 6.5.1) zwei weitere Arbeitsprozesse mit zahlreichen metakognitiven Aktivitäten aber voneinander abweichender Niveauangemessenheit ausgewählt, sodass die Wirkung von metakognitiven Aktivitäten vergleichend analysiert werden kann. Die Analyseergebnisse dieser beiden Arbeitsprozesse stehen exemplarisch für die Phänomene in anderen Arbeitsprozessen dieser Studie, die der gleichen Analyse unterzogen wurden.

Das folgende Fallbeispiel veranschaulicht die Eigenschaften von metakognitiven Aktivitäten mit niveauanpassender Wirkung, eine Wirkung, die an vielen Stellen der Breitenanalyse beobachtet werden kann. Dieses Analyseergebnis wird exemplarisch am Arbeitsprozess von Celine und Sarah gezeigt, dem das Angemessenheitsmuster 2 zugeordnet wurde.

Celine und Sarah arbeiten in ihrem Arbeitsprozess niveauüberragend, ohne sich zu überfordern. Verteilt über ihren gesamten Arbeitsprozess führen sie mit einer relativ hohen Frequenz selbst initiierte metakognitive Aktivitäten aus (vgl. Abb. 19). Es sind die drei Kategorien „Planung", „Monitoring" und „Reflexion" vertreten, Monitoringaktivitäten tauchen aber am häufigsten auf.

Der folgende Verlaufsplot zeigt neben den mathematischen Aktivitäten auf unterschiedlichen Niveaus in Rot gekennzeichnete metakognitive Aktivitäten im Niveauverlauf:

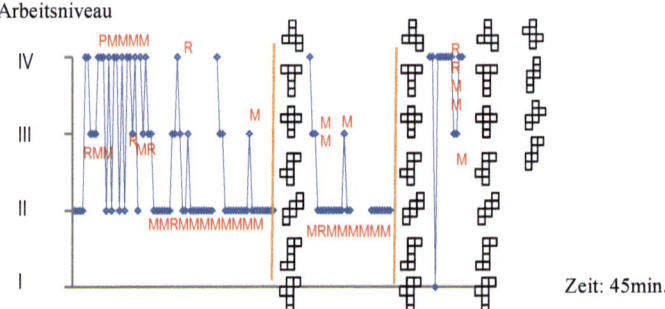

Abb. 19: Verlaufsplot (Celine/Sarah) mit roter Kennzeichnung der metakognitiven Aktivitäten

Um einen möglichen Zusammenhang zwischen metakognitiven Aktivitäten und dem mathematischen Niveauverlauf bei Celine und Sarah herauszuarbeiten, werden metakognitive Aktivitäten in unterschiedlichen Niveauphasen differenziert betrachtet: Monitoringaktivitäten können im Arbeitsprozess von Celine und Sarah wiederholt mit einem Anstieg mathematischer Arbeitsniveaus (Niveau III und IV) und niveauüberragendem Arbeiten rekonstruiert werden. Celine und Sarah gehen beim Suchen nach weiteren Würfelnetzen überwiegend systematisch vor, identifizieren weitere Würfelnetze, indem Prüfverfahren korrekt ausgeführt werden, und argumentieren kognitiv anspruchsvoll.

In der folgenden Sequenz werden zwei Monitoringaktivitäten rekonstruiert:

CS Sequenz 7	Metakognitive Aktivitäten	Arbeitsniveau
7-1 Celine und Sarah zeichnen ein WN, ausgehend vom „T-Netz",, das sie bereits haben, indem sie die Quadratflächen auf einer Seite der 4er-Kette verschieben:	───	II
7-2 Sie erkennen, dass sie das WN bereits haben.	Monitoring – (Teil-)Ergebnis prüfen	II
und begründen, dass dieses nur spiegelverkehrt zu dem ist, das sie bereits haben.	Monitoring – (Teil-)Ergebnis prüfen	IV

Zwar wird in CS Sequenz 7 ein doppeltes Würfelnetz produziert, aber das doppelte Würfelnetz wird über eine korrekt ausgeführte Monitoringaktivität identifiziert und darüber hinaus wird das Prüfergebnis mathematisch korrekt begründet (z. B. CS Sequenz 7-2), was das Arbeitsniveau ansteigen (Niveau IV) lässt: Metakognitive Aktivitäten zeigen in der Sequenz CS Sequenz 7 eine niveauanpassende Wirkung.

In einer zeitlich fortgeschrittenen Arbeitsphase versuchen Celine und Sarah beim Suchen weiterer Würfelnetze mit Dreierkette doppelte Würfelnetze zu vermeiden (CS Sequenz 44). Hierzu produzieren sie in einer Reflexionsphase systematisch eine Reihe kongruenter Würfelnetze. Sie erkennen und begründen, dass es sich um doppelte Würfelnetze handelt. Es können höhere Arbeitsniveaus (Niveau III und IV) und niveauüberragendes Arbeiten rekonstruiert werden:

CS Sequenz 44	**Metakognitive Aktivitäten**	**Arbeitsniveau**
44-5 Celine sagt: „Also, wir müssen jetzt mal logisch vorgehen."	Reflexion – über Vorgehensweise/ Methode	—
44-6 Sarah und Celine legen sich das WN als Ausgangsposition beim Suchen nach weiteren WN.	—	—
44-7 Sarah: „Das hatten wir das schon."	Monitoring – (Teil-)Ergebnis prüfen	IV
44-8 Sarah: „So ist das Gleiche, nur spiegelverkehrt."	Reflexion – über Vorgehensweise/ Methode	IV
44-9 Sarah: „So ist es umgedreht,	Reflexion – über Vorgehensweise/ Methode	IV
und so ist es umgedreht spiegelverkehrt:"	Reflexion – über Vorgehensweise/ Methode	IV
44-10 Celine und Sarah denken nach, betonen nochmal, dass es nicht zu einer 4er-Kette kommen darf, da sie ein WN mit 3er-Kette suchen.	Reflexion – über Vorgehensweise/ Methode	III

44-11 Celine und Sarah verschieben gezielt Quadratflächen und gelangen zu einem weiteren WN: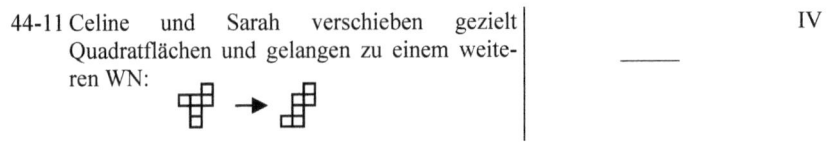

IV
___

Ähnlich wie im Arbeitsprozess von Kim und Leonie nach der Intervention der Lehrerin (vgl. Abschnitt 6.5.1) gehen korrekt ausgeführte Prüfverfahren (CS Zeile 44-7) und eine Systematik beim Reflektieren der Vorgehensweisen mit einem höheren Arbeitsniveau (Niveau III und IV) einher. In CS Zeile 44-10 reflektieren Celine und Sarah ihre Vorgehensweise mit dem Ziel, ein weiteres Würfelnetz mit einer längsten Kette aus drei Quadratflächen zu erhalten. Dies gelingt ihnen, indem sie ein Würfelnetz mit Dreierkette systematisch verändern, und auf dem Niveau III arbeiten. Bei der Reflexion über die Vorgehensweisen und die systematische Entwicklung einer mathematisch korrekten Vorgehensweise können die hohen Arbeitsniveaus (Niveau III und IV) gehalten werden.

Celine und Sarah schließen in CS Sequenz 29 systematisch eine bestimmte Netzkonstellation aus:

CS Sequenz 29	Metakognitive Aktivitäten	Arbeitsniveau
29-1 Sarah möchte ein bestimmtes WN ausprobieren. Sie legt ein Nicht-WN mit Viererquadrat und identifiziert es als Nicht-WN:	Monitoring – (Teil-)Ergebnis prüfen	II
29-2 Celine sagt, dass ein Netz mit dieser Viererquadratkonstellation keine Chance hat, ein WN zu sein.	Reflexion – über Vorgehensweise/ Methode	III

In CS Sequenz 29 verhindern korrekt ausgeführte Prüfverfahren und das Nachdenken über ihre Vorgehensweise – im Gegensatz zu dem Arbeitsprozess von Kim und Leonie bis zur Intervention der Lehrerin – ein Absinken des Arbeitsniveaus. Ähnlich wie beim Arbeitsprozess von Kim und Leonie produzieren auch Celine und Sarah ein Netz mit einem „Viererquadrat" (CS Zeile 29-1). Kim und Leonie akzeptieren dieses Netz durch ein nicht korrekt ausgeführtes Prüfverfahren fälschlicherweise als Ergebnis (Niveau I), wohingegen Celine und Sarah es nicht nur durch ein korrekt ausgeführtes Prüfverfahren als Nicht-Würfelnetz identifizieren, sondern durch eine weitere Reflexion eine solche Netzkonstellation generell als Würfelnetz ausschließen (CS Zeile 29-2).

Die in CS Sequenz 29-2 geäußerte Erkenntnis bleibt zwar unbegründet, ist aber eine tragfähige Aussage, die Einfluss auf den weiteren Arbeitsprozess haben kann, da diese Netzkonstellation einmal gedanklich durchdrungen wurde. Bei dieser Reflexion über eine bestimmte Netzkonstellation lässt sich ein höheres Arbeitsniveau (Niveau III) rekonstruieren.

Die CS Sequenz 29 hat gezeigt, dass metakognitive Aktivitäten mit niveauüberragendem Arbeiten einhergehen, wenn Prüfverfahren korrekt ausgeführt und Monitoringaktivitäten, Vorgehensweisen sowie auch Teilergebnisse reflektiert werden. Im Vergleich zu der nicht niveauangemessenen Arbeitsphase im Arbeitsprozess von Kim und Leonie (vgl. Abschnitt 6.5.1) konnten dort teilweise nicht korrekt ausgeführte Prüfverfahren sowie Monitoringaktivitäten, die sich ausschließlich auf Teilergebnisse bezogen, beobachtet werden, eine Niveauanpassung blieb jedoch aus.

Das folgende Beispiel veranschaulicht, dass metakognitive Aktivitäten für eine Niveauanpassung durchaus notwendig sind. Dieses Analyseergebnis wird exemplarisch am Arbeitsprozess von Dustin und Kevin verdeutlicht: Der nicht niveauangemessene Arbeitsprozess von Dustin und Kevin (Angemessenheitsmuster 3) weist eine geringe Frequenz metakognitiver Aktivitäten auf (vgl. Abb. 20).

Reflexionsaktivitäten sind jedoch nur vereinzelt zu beobachten. Bei den anderen metakognitiven Aktivitäten handelt es sich um Monitoringaktivitäten (vgl. Abb. 20). Drei Reflexionsaktivitäten stehen im Zusammenhang mit Niveauspitzen des Arbeitsprozesses (Niveau III und IV):

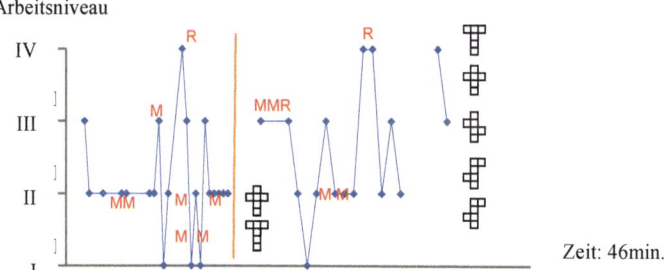

Abb. 20: Verlaufsplot (Dustin und Kevin) mit roter Kennzeichnung der metakognitiver Aktivitäten

Die Arbeitsniveaus von Dustin und Kevin verlaufen bis zur Intervention der Lehrerin nicht niveauangemessen. Eine selbstständige Anpassung des Niveauverlaufs findet in dieser Phase, in der metakognitive Aktivitäten nur spärlich vorhanden sind, nicht statt. Neben der geringen Frequenz metakognitiver Aktivitäten kommt es wie im Arbeitsprozess von Kim und Leonie (vgl.

Abschnitt 6.5.1) ebenfalls zu fehlerhaft ausgeführten Prüfverfahren (Monitoringaktivität), wie beispielsweise in DK Sequenz 6. Das fehlerhaft ausgeführte Prüfverfahren ist eine Erklärung dafür, dass das relativ hohe Arbeitsniveau (Niveau III) nicht gehalten werden kann:

DK Sequenz 6	Metakognitive Aktivitäten	Arbeitsniveau
6-5 Dustin legt ein Netz mit fünf Quadratflächen, stellt es hoch zum Würfel, ergänzt die letzte Quadratfläche richtig, sodass er ein weiteres WN produziert:	—	III
6-6 Dustin prüft das WN durch Hochstellen der Quadratflächen, erkennt allerdings nicht, dass es sich um ein WN handelt und verwirft das WN.	Monitoring – (Teil-)Ergebnis prüfen	I

Bei genauerer Analyse des Arbeitsprozesses von Dustin und Kevin lassen sich – neben den fehlerhaft ausgeführten Prüfverfahren – wiederholt Prozessphasen erkennen, in denen sich ein Zusammenhang von fehlenden metakognitiven Aktivitäten und einer ausbleibenden Niveauanpassung feststellen lassen. Ziemlich zu Beginn des Arbeitsprozesses kommt es zu einer Doppelproduktion des „Jesuskreuzes", wie es auch beim Arbeitsprozess von Kim und Leonie beobachtet werden konnte (vgl. Abschnitt 6.5.1):

DK Sequenz 3	Metakognitive Aktivitäten	Arbeitsniveau
3-1 Dustin und Kevin legen das „Jesuskreuz" noch einmal, allerdings um 180 Grad gedreht:		II
3-2 Dustin deutet das Hochstellen der Quadratflächen des bereits vorhandenen WN an, um es zum Würfel zu falten.	Monitoring – (Teil-)Ergebnis prüfen	II
3-3 Sie entscheiden sich dafür, dass es sich um ein WN handelt und halten es als Ergebnis fest, obwohl sie es bereits als Ergebnis haben.		I

Im Gegensatz zu Kim und Leonie, die das wiederholt produzierte „Jesuskreuz" durch ein korrekt ausgeführtes Prüfverfahren nicht als Ergebnis festhalten, wird von Dustin und Kevin das „Jesuskreuz" als weiteres Würfelnetz akzeptiert, obwohl sie es bereits als Ergebnis festgehalten haben. Eine Überprüfung auf bereits vorhandene Würfelnetze bleibt aus (DK Zeile 3-3), sie überprüfen lediglich, ob es sich überhaupt um ein Würfelnetz handelt (DK Zeile 3-2). Somit fällt das Arbeitsniveau in DK Zeile 3-3 auf das Niveau I ab.

In den ersten 18 Minuten ihres Arbeitsprozesses beschränken sich die Monitoringaktivitäten bei Dustin und Kevin auf das Überprüfen von Netzen auf die Eignung als Würfelnetze, weitere Prüfverfahren und Reflexionsaktivitäten bleiben gänzlich aus, das Arbeitsniveau fällt wiederholt kurzzeitig auf das Niveau I ab. Erst mit der Reflexionsaktivität in der 21. Minute (vgl. DK Sequenz 9), in der sie ihre Vorgehensweise beim Festhalten von Arbeitsergebnissen reflektieren und verändern, fällt ihr Arbeitsniveau für eine gewisse Arbeitsphase kaum noch auf das mathematisch nicht tragfähige Niveau (Niveau I) ab. Sie wenden auch Monitoringaktivitäten an, um die gefundenen Würfelnetze auf bereits vorhandene Würfelnetze zu überprüfen, bevor sie ein Würfelnetz als Ergebnis festhalten.

Bei einer Reflexion über die bisherigen festgehaltenen identischen Würfelnetze und deren Veränderung zu weiteren Würfelnetzen lässt sich eine Niveauspitze (Niveau III) rekonstruieren (DK Sequenz 8 und 9):

DK Sequenz 8 und 9	Metakognitive Aktivitäten	Arbeitsniveau
8-2 Dustin legt die Karoblätter mit den drei WN, die sie bisher gezeichnet haben, nebeneinander und stellt fest, dass es sich drei Mal um das gleiche WN handelt.	Monitoring – (Teil-)Ergebnis prüfen	II
8-3 Dustin informiert Kevin über die als Ergebnis festgehaltenen kongruenten WN und überlegt mit ihm, wie sie weiter vorgehen. Sie wählen die schönste Zeichnung aus.		
9-1 Dustin verändert ein gezeichnetes „Jesuskreuze" zu dem „T-Kreuz" um. Sie stellen fest, dass sie jetzt zwei unterschiedliche WN haben.	Reflexion – über Vorgehensweise/ Methode	III

Dustin und Kevin korrigieren ein doppeltes Würfelnetz systematisch zu einem weiteren Würfelnetz. Hier reflektieren sie über ihr bisheriges Vorgehen und entwickeln eine Vorgehensweise zum Suchen weiterer Würfelnetze, indem sie gezielt Quadratflächen von Netzen an andere Positionen verschieben. Diese Vorgehensweise wenden sie in ihrem weiteren Arbeitsprozess zeitweise an und gelangen so zu unterschiedlichen Zeitpunkten zu zwei weiteren Würfelnetzen. Die Monitoringaktivitäten verhindern, ähnlich wie im Arbeitsprozess von Kim und Leonie (vgl. Abschnitt 6.5.1), dass ihr Arbeitsniveau weiter abfällt. Aktivitäten der Reflexion können in dieser Arbeitsphase nicht rekonstruiert werden.

Ein Vergleich der metakognitiven Aktivitäten im Arbeitsprozess von Celine und Sarah (Angemessenheitsmuster 2) mit den metakognitiven Aktivitäten im Arbeitsprozess von Dustin und Kevin (nicht niveauangemessenes Arbeiten, Angemessenheitsmuster 3) ergibt neben der geringeren Frequenz bei Dustin und Kevin auch inhaltliche Unterschiede: Während bei Celine und Sarah die Monitoringaktivitäten facettenreicher sind, indem sie beispielsweise auch Ergebnisse von Monitoringaktivitäten begründen, überwachen Dustin und Kevin fast ausschließlich Teilergebnisse. Celine und Sarah reflektieren ihre Vorgehensweise, die sie anschließend auch anpassen. Bei Dustin und Kevin bleiben Reflexionen bis auf Ausnahmen aus.

Der Arbeitsprozess von Dustin und Kevin hat exemplarisch gezeigt, dass metakognitive Aktivitäten notwendig sind, um ein Absinken des Arbeitsniveaus zu verhindern. Weiterhin wurde ein Nachdenken über eine Vorgehensweise mit einer Niveauspitze (Niveau III) rekonstruiert. Trotz vorhandener metakognitiver Aktivitäten konnten die Schüler ihr Arbeitsniveau aber nicht nachhaltig anheben. Dieses Analyseergebnis lässt vermuten, dass es sich – wie bereits im Arbeitsprozess von Kim und Leonie gezeigt – bei metakognitiven Aktivitäten um keine hinreichende Bedingung hinsichtlich eines niveauangemessenen Arbeitens handelt.

Weitere Beispiele aus den vorliegenden Arbeitsprozessen bestätigen die oben ausgeführten Analyseergebnisse und die Analyseergebnisse der Feinanalyse (vgl. Abschnitt 6.5.1):

Janin und Melissa zeigen ein nur zeitweise niveauangemessenes Arbeiten (Angemessenheitsmuster 4), da sie sich durch eine falsche fachliche Beschränkung mit eingeschränkten Lösungen zufriedengeben. Ihr recht kurzer Arbeitsprozess von 18 min. ist von zahlreichen Monitoringaktivitäten und auch zwei Reflexionsaktivitäten gekennzeichnet. Mit ihren Monitoringaktivitäten überwachen sie ihre Teilergebnisse, Reflexionen beziehen sich auf Zwischenergebnisse und auch auf Vorgehensweisen. Dennoch schaffen sie es nicht, ihre fachliche Beschränkung aufzuheben und ihr Leistungspotenzial auszuschöpfen.

Wie bei Dustin und Kevin weist der Arbeitsprozess von Julius und Tom bei nicht niveauangemessenen Arbeiten über längere Phasen (Angemessenheitsmuster 3) eine recht niedrige Frequenz metakognitiver Aktivitäten auf. Trotzdem kommen Julius und Tom am Ende ihres Arbeitsprozesses auf acht unterschiedliche Würfelnetze, da sie sich wiederholt an einem Ergebnisplakat eines anderen Arbeitspaares orientieren. In JT Sequenz 5 (vgl. Anhang) wird eine Reflexionsaktivität ausgeführt, bei der – im Gegensatz zu der Reflexion im Arbeitsprozess von Celine und Sarah (CS Zeile 44-10) – keine Niveauspitze rekonstruiert werden kann: Hier entwickeln Julius und Tom eine Vorgehensweise für die Suche nach weiteren Würfelnetzen, die vom Prinzip her mathematisch tragfähig ist, in ihrer individuellen Arbeitssituation aber zu keinen weiteren Würfelnetzen führen würde.

In JT Sequenz 18 (vgl. Anhang) führen Julius und Tom zwei Monitoringaktivitäten hintereinander aus: Bei der ersten Monitoringaktivität wird durch ein fehlerhaftes Prüfverfahren ein fachlich nicht korrektes Prüfergebnis formuliert, wodurch das Arbeitsniveau auf dem Niveau II bleibt. Bei der zweiten Monitoringaktivität wird ein Prüfverfahren korrekt ausgeführt, was mit einem Anheben des Arbeitsniveaus auf das Niveau IV rekonstruiert werden kann. In den längeren Phasen des nicht niveauangemessenen Arbeitens tauchen bei Julius und Tom metakognitive Aktivitäten nur gelegentlich auf, zeitweise werden Würfelnetze sogar gänzlich ohne Prüfverfahren auf Eignung als Würfelnetze verworfen (vgl. JT Sequenz 16 im Anhang), sodass ein nicht mehr tragfähiges mathematisches Arbeitsnveau (Niveau I) rekonstruiert wird.

In der nicht niveauangemessenen Arbeitsphase (Angemessenheitsmuster 1) führen Denise und Lena korrekte Prüfverfahren aus, die sie jedoch nicht immer anwenden. Wie im Arbeitsprozess von Kim und Leonie werden produzierte Würfelnetze nicht überprüft und verworfen, sodass wiederholt ein Absinken der Arbeitsniveaus (Niveau I und II) rekonstruiert werden kann.

Sämtliche Arbeitsprozesse dieser Studie (n=10) wurden hinsichtlich der Metakognition ausgewertet. Aufgeführte Befunde zur Metakognition wurden in den weiteren Arbeitsprozessen dieser Studie nicht widerlegt, im Gegenteil sie wurden bestätigt.

Zusammenfassung

Werden für den Lösungsprozess der Aufgabe erforderliche Prüfverfahren nicht oder nicht korrekt ausgeführt (vgl. u. a. Arbeitsprozess von Dustin und Kevin), bleibt eine Niveauanpassung des Arbeitsprozesses aus. Wird ein Überprüfen auf bereits vorhandene Würfelnetze beispielsweise nicht ausgeführt, kann es zur Akzeptanz doppelter Würfelnetze als Ergebnis kommen, sodass die Arbeitsniveaus nicht angehoben werden. Die Breitenanalyse der weiteren Arbeitsprozesse bestätigt das Ergebnis zum Arbeitsprozess von Kim und Leonie, dass nicht korrekt ausgeführte Prüfverfahren ein Absinken des Arbeitsniveaus nicht verhindern können, und unterstreichen damit die Notwendigkeit metakognitiver Aktivitäten mit hinreichend fachlicher Basis für niveauangemessenes Arbeiten. Damit eine niveauanpassende Wirkung metakognitiver Aktivitäten zum Tragen kommen kann, sind fachliche Zusatzanforderungen wie korrekt ausgeführte Prüfverfahren erforderlich.

Ein angemessener Einsatz unterschiedlicher metakognitiver Aktivitäten kann positive Wirkung auf Arbeitsniveaus haben. Die Fallbeispiele veranschaulichen, dass Reflexionsaktivitäten und auch Monitoringaktivitäten förderlich für eine Niveauanpassung sein können, auch wenn sie sich auf die Vorgehensweisen beziehen und nicht nur auf Zwischenergebnisse. Monitoringaktivitäten können sich auch dann als wirksam für niveauangemessenes Arbeiten zeigen, wenn sie sinnvoll mit Reflexionsaktivitäten kombiniert werden, wenn beispielsweise beim Identifizieren eines Netzes, das kein Würfelnetz ist, über die Vorgehensweise beim Produzieren von Würfelnetzen reflektiert wird.

Dieses Analyseergebnis wird dadurch bestätigt, dass das Ausführen metakognitiver Aktivitäten allein keine hinreichende Bedingung für ein Anheben der Arbeitsniveaus darstellt. Stattdessen konnten niveauanpassende Wirkungen nur mit der Zusatzanforderung rekonstruiert werden, dass auch Vorgehensweisen reflektiert und Monitoringaktivitäten sinnvoll durch Reflexionsaktivitäten ergänzt werden.

Mit diesen differenzierten Analyseergebnissen und auch mit denen aus der Feinanalyse (vgl. Abschnitt 6.5.1) lässt sich die in Abschnitt 3.1 aufgestellte Wirkungsthese weiter ausdifferenzieren: *Metakognitive Aktivitäten können in einer selbstdifferenzierenden Lernumgebung niveauangemessenes Arbeiten unterstützen, wenn sie fachlich korrekt ausgeführt werden und wenn neben Teilergebnissen oder Vorgehensweisen auch Prüfverfahren überwacht und reflektiert werden.*

Metakognitive Aktivitäten sind eine notwendige, aber keine hinreichende Bedingung für niveauangemessenes Arbeiten: Nicht jede metakognitive Aktivität führt zu einer Niveauanpassung. Stattdessen können nur solche metakognitiven Aktivitäten zu einer Niveauanpassung führen, die in Kombination mit einer hinreichend substanziellen fachlichen Basis ausgeführt werden. In dem Kontext der vorliegenden Aufgabenstellung zählen zu einer substanziellen Basis die Kenntnis über die Eigenschaften eines Würfelnetzes und das korrekte Ausführen von unterschiedlichen Prüfverfahren.

7.3.2 Lehrerinterventionen

In diesem Abschnitt wird die Wirkung von Lehrerinterventionen auf den Verlauf der Arbeitsniveaus innerhalb der Arbeitsprozesse analysiert. Die Lehrerinterventionen werden mit folgenden Analyseschwerpunkten ausgewertet: Einordnung in den Gesamtarbeitsprozess, Vergleich der individuellen Arbeitsniveaus vor und nach einer Intervention sowie die inhaltliche Analyse einzelner Phasen und die Adaptivität der Intervention der Lehrerin (vgl. Abschnitt 5.4.2). Ausgewählt für die Analyse werden exemplarisch Interventionen der Lehrerin mit und ohne niveauanpassende Wirkung. Die Analyse sämtlicher Interventionen aller Arbeitsprozesse wird zusammenfassend dargestellt.

Nachdem die Feinanalyse einen ersten Hinweis gegen die These zu bringen scheint, dass Lehrerinterventionen per se nicht niveauanhebend wirken (vgl. Abschnitt 6.5.2), gilt es, in diesem Abschnitt zu analysieren, ob sich diese Einschränkung der Wirkungsthese bestätigt, um dann zu zeigen, unter welchen Bedingungen Lehrerinterventionen niveauanpassend wirken können.

Der folgende Arbeitsprozess veranschaulicht exemplarisch, dass die Intervention einer Lehrerin niveauanpassende Wirkung haben kann, diese aber nicht zwingend ist. Insbesondere wird an dem Arbeitsprozess von Celine und Sarah deutlich, welche Eigenschaft eine Intervention mit niveauanpassender Wirkung aufweist:

Der Arbeitsprozess von Celine und Sarah verläuft zwar niveauüberragend (Angemessenheitsmuster 2), im fortgeschrittenen Arbeitsprozess ist allerdings eine kürzere Arbeitsphase zu beobachten, in der das Arbeitsniveau abfällt (Niveau II) und auch durch eine Intervention nicht nachhaltig angehoben werden kann. Bei Celine und Sarah sind zwei Interventionen der Lehrerin notwendig, da die erste keine niveauanpassende Wirkung zeigt (vgl. Abb. 21):

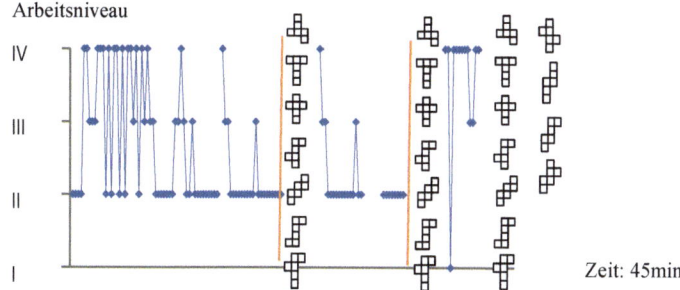

Abb. 21: Verlaufsplot des Arbeitsprozesses (Celine/Sarah) mit zwei Interventionen der Lehrerin

Die erste Intervention findet nach 18 min. statt und weist eine Länge von etwa 3 min. auf. Bis zu dem Zeitpunkt der Intervention hat das Arbeitspaar sieben unterschiedliche Würfelnetze produziert. Die zweite Intervention der Lehrerin findet nach 36 min. statt und dauert ebenfalls 3 min. Zwischen den Interventionen produziert das Arbeitspaar keine weiteren Würfelnetze, das Arbeitsniveau bleibt vorrangig auf dem Niveau II. Bis zum Ende des Arbeitsprozesses haben Celine und Sarah alle elf unterschiedlichen Würfelnetze gefunden und als Arbeitsergebnis festgehalten. Ein Vergleich der Verläufe der Arbeitsniveaus vor und nach den Interventionen der Lehrerin erlaubt erste Aussagen über die Wirkung der Interventionen auf die Arbeitsniveaus:

Die zeitlich gesehen erste Intervention findet zu einem Zeitpunkt statt, zu dem die mathematischen Arbeitsniveaus für eine kurz Niveauphase abgefallen sind (Niveau II). Nach der ersten Intervention der Lehrerin bleiben die mathematischen Arbeitsniveaus vorrangig niedrig und bringen den Lösungsweg nicht voran, sodass eine niveauanpassende Wirkung der Intervention ausbleibt. Nach der zweiten Intervention wechseln die vorrangig mathematischen Arbeitsniveaus: auf recht hohe Niveaus, die kognitiv anspruchsvoll (Niveau IV) sind.

Diese Intervention zeigt eine niveauanpassende Wirkung, Aufgabeninhalte werden vorangetragen. Beide Interventionen werden nach ihren inhaltlichen Phasen analysiert, um Ursachen für ihre grundlegend unterschiedliche Wirkung auf den Verlauf der mathematischen Arbeitsniveaus herauszuarbeiten.

Die erste Intervention veranschaulicht Bedingungen für eine nicht niveauanpassende Wirkung, die im Folgenden analysiert wird:

a) Orientierungsphase der ersten Intervention

CS Sequenz 26 zeigt, wie sich die Lehrerin in der Orientierungsphase einen detaillierten Einblick in die individuellen Vorgehensweisen und Inhalte des Arbeitsprozesses von Celine und Sarah verschafft.

CS Sequenz 26

26-1 L.: *„Braucht ihr ein bisschen Hilfe vielleicht?"*

26-2 Sarah: *„Wir haben sieben Stück und finden keine mehr."* [...]

26-7 L: *„Und jetzt sagt Ihr mal, wie Ihr vorgegangen seid."*

26-8 Celine: *„Also wir haben als erstes vier hingelegt. Dann haben wir beide nach oben gemacht"*

26-9 Celine: *„Dann haben wir einen auf der Seite wandern lassen."*

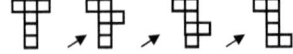

26-10 Celine: *„Dann haben wir den unten gelassen und haben den wandern lassen."*

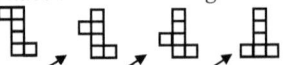

26-11 L.: *„[...] Habt Ihr denn auch getestet, ob da welche doppelt sind?"*

26-12 Celine und Sarah [zusammen]: *"Ja!"*

26-13 L: *„Okay, wie habt Ihr das getestet?"*

In der Orientierungsphase lässt sich die Lehrerin die bisher produzierten Würfelnetze zeigen. Sie haben fünf Würfelnetze mit einer Viererkette, ein Würfelnetz mit einer Dreierkette und ein Würfelnetz mit einer Zweierkette gefunden. Die Lehrerin fragt nach der Vorgehensweise beim Suchen nach Würfelnetzen (CS Zeile 26-7), woraufhin Celine und Sarah ihre Systematik demonstrieren. Die Lehrerin lässt sich erklären, wie sie ausschließen, dass sie doppelte Würfelnetze als Ergebnis festhalten, was Celine und Sarah veranlasst, ihre Vorgehensweise ausführlich zu erklären (CS Zeile 26-8 bis CS Zeile 26-10).

Mit einem Blick auf die bisherigen Arbeitsergebnisse erfährt die Lehrerin, dass Celine und Sarah den Lösungsweg in ihrem individuellen Arbeitsprozess recht zügig vorangetragen haben: Sie haben innerhalb von 18 min. sieben unterschiedliche Würfelnetze gefunden. Sowohl das Suchen nach Würfelnetzen als auch das Überprüfen von Netzen auf die Eignung als Würfelnetze zeigen ein systematisches Vorgehen, das auf mathematische Aktivitäten auf höheren Niveaus (Niveau III und IV) schließen lässt und einem niveauüberragenden Arbeiten entspricht. Das zu Beginn der Orientierungsphase der Intervention geschilderte Problem (CS Sequenz 26-2) lässt eine inhaltliche Stagnation im Lösungsprozess und damit verbunden ein Absinken der mathematischen Arbeitsniveaus vermuten. Die Lehrerin setzt zwei Impulse auf unterschiedlichen Interventionsebenen, die im Folgenden analysiert werden:

b) Interventionsebenen der ersten Intervention

Nach dem Einblick in den Arbeitsprozess von Celine und Sarah entscheidet sich die Lehrerin in der ersten Intervention zunächst für eine minimale Hilfestellung in Form eines strategischen Impulses.

Strategische Interventionsebene

Die Lehrerin animiert Celine und Sarah anhand ihres Würfelnetzes mit der Dreierkette zu überlegen, wie sie weitere Würfelnetze mit Dreierketten finden könnten. Sie fordert das Arbeitspaar auf, über ein Verfahren zur Entwicklung weiterer Würfelnetze mit Dreierkette nachzudenken (CS Sequenz 26-16):

CS Sequenz 26

26-16 Die Lehrerin fordert Celine und Sarah auf, über ein Verfahren nachzudenken, um ausgehend von diesem WN weiterzuarbeiten:

26-17 Celine und Sarah verschieben einzelne Quadratflächen und verbalisieren, dass man aufpassen muss, da man dadurch auch wieder zu WN mit 4er-Kette geraten kann.

Der Impuls der Lehrerin ist recht allgemein und leitet keine konkrete Vorgehensweise an, um solche Würfelnetze zu finden. Die selbständige Arbeitsweise des Arbeitspaares bleibt erhalten.

Celine und Sarah legen ihr bereits gefundenes Würfelnetz mit der Dreierkette erneut mit den Quadratflächen. Sie verschieben die Quadratflächen entlang der Dreierkette und fangen an, systematisch nach einem Würfelnetz mit Dreierkette zu suchen (CS Sequenz 26-17):

Diese Phase der Intervention läuft auf der strategischen Ebene ab, da es um eine strategische Vorgehensweise beim Suchen weiterer Würfelnetze mit Dreierkette geht.

Auf der organisatorischen Interventionsebene wird das Arbeitspaar ermutigt, sich gegenseitig Begründungen bei inhaltlichen Unsicherheiten, unterstützende Erklärungen und Begründungen zu geben:

Organisatorische Interventionsebene

Die Lehrerin unterstützt Celine und Sarah, dass Prüfverfahren auf die Eignung als Würfelnetze konsequent und korrekt ausgeführt werden. Als Celine und Sarah zu einem Nicht-Würfelnetz mit Dreierkette gelangen, erkennt Sarah, dass es sich um kein Würfelnetz handelt, allerdings verbalisiert Celine, dass sie diese Eigenschaft nicht erkennt (CS Sequenz 27-2)). Die Lehrkraft fordert Sarah dazu auf, Celine eine Begründung zu liefern, woraufhin Sarah selbstständig eine Begründung direkt am Material generiert. Zur Unterstützung nimmt sie die Quadratflächen und versucht sie zu einem Würfel hochzustellen.

CS Sequenz 27

27-1 Celine verschiebt zwei Quadratflächen so, dass ein Nicht-WN mit 3er-Kette entsteht.

27-2 Sarah erkennt, dass es sich um kein WN handelt, Celine äußert, dass sie das nicht sieht.

27-3 Die Lehrerin fordert Sarah auf, zu begründen, dass es sich um kein WN handeln kann, damit Celine das versteht.

27-4 Celine begründet dies, indem sie das Hochstellen der Quadratflächen zum Würfel andeutet.

Diese beiden Impulse auf unterschiedlicher Ebene unterstützen den individuellen Gedankengang von Celine und Sarah: Sie gestalten die Suche nach Würfelnetzen, bei denen die längste Kombination der Quadratflächen eine Dreierkette ist, analog zu der Suche nach Würfelnetzen mit Viererkette. In der Intervention wird das Verfahren der Lernenden beim Suchen nach Würfelnetzen mit Viererkette aufgegriffen. Damit passt sich die Intervention an die individuellen Gedankengänge und Vorgehensweisen der Lernenden an. Allerdings ist die Hilfestellung relativ allgemein formuliert.

c) Analyse der Adaptivität der ersten Lehrerintervention

Die folgende Zusammenfassung über die Lehrerintervention zeigt, dass der Interventionsprozess nur teilweise adaptiv ist:

- Die Intervention weist eine angemessene Orientierungsphase auf, in der die Lehrerin die bisherigen Arbeitsergebnisse zusammenfasst, sich einen Einblick in die Vorgehensweisen des Arbeitspaares verschafft und erkennt, dass ein Verfahren entwickelt werden muss, um Würfelnetze mit Dreierkette zu finden.

- Die Selbstständigkeit des Arbeitspaares während der Intervention bleibt gewahrt, Celine und Sarah sind auch während der Intervention die Hauptakteure.

- Die Lehrerin bespricht eine mögliche Vorgehensweise zur Suche weiterer Würfelnetze recht unkonkret und überlässt die konkrete Entwicklung einer Vorgehensweise und deren Umsetzung in der Verantwortung von Celine und Sarah. Sie gibt nur eine indirekte Unterstützung und empfiehlt, von einem Würfelnetz ausgehend durch Verschieben der Quadratflächen weitere Würfelnetze zu finden. Hier ist die Intervention nicht angemessen an das eher durchschnittliche Leistungspotenzial von Sarah und Celine angepasst und somit nicht adaptiv.

Das Ausbleiben der niveauanpassenden Wirkung dieser ersten Intervention im Arbeitsprozess von Celine und Sarah kann damit begründet werden, dass die Hilfestellung beim Suchen weiterer Würfelnetze mit Dreierkette nicht konkret genug und nicht an das Leistungspotenzial des Arbeitspaares angepasst ist. Es fehlt der Intervention hier an angemessener Adaptivität, wenn auch andere Merkmale der Intervention durchaus adaptiv sind. Dieses Analyseergebnis liefert neben den Ergebnissen aus der Feinanalyse (vgl. Abschnitt 6.5.2) einen weiteren Hinweis auf die eingeschränkte Gültigkeit der Wirkungsthese, dass Interventionen per se eine niveauanpassende Wirkung besitzen (vgl. Abschnitt 6.6).

Das Beispiel der zweiten Intervention im Arbeitsprozess von Celine und Sarah veranschaulicht Bedingungen für eine niveauanpassende Wirkung einer Intervention.

Mathematische Aktivitäten während der Intervention werden – wie bei der ersten Intervention – von dem Arbeitspaar ausgeführt, die verbale Unterstützung der Lehrerin ist eher gering. In der Orientierungsphase erfasst die Lehrerin das Problem des Arbeitspaares:

d) Orientierungsphase der zweiten Intervention

In der zweiten Intervention der Lehrerin vermutet die Lehrkraft mit Blick auf das Ergebnisplakat, dass das Arbeitspaar inhaltlich nicht vorankommt, da es keine weiteren Würfelnetze gefunden hat. Sie fordert Celine und Sarah auf, die systematische Suche nach Würfelnetzen mit Dreierkette zu erklären. Celine und Sarah weisen darauf hin, dass sie kein System haben, um weitere Würfelnetze zu finden. Damit bestätigen sie, dass der strategische Impuls während der ersten Intervention nicht hilfreich war.

e) Interventionsebenen der zweiten Intervention

Die Lehrkraft setzt nun konkretere strategische und inhaltliche Impulse. Inhaltlich teilt sie dem Arbeitspaar mit, dass es weitere Würfelnetze mit Dreierkette gibt (CS Zeile 39-8).

Auf der strategischen Ebene begleitet sie die Vorgehensweise des Arbeitspaares bei der Suche nach einem Würfelnetz mit Dreierkette und leitet damit

Aktivitäten prozessorientiert an (CS Zeile 39-11). Sie achtet darauf, dass ein Nicht-Würfelnetz mit Dreierkette nicht verworfen, sondern mathematisch analysiert und gezielt verändert wird (CS Zeilen 41-1und 41-2).

CS Sequenz 39 bis 41

39-6 Celine und Sarah legen nochmal das eine WN mit 3er-Kettte:

39-7 Celine schiebt dann Quadratflächen so, dass ihr anderes WN mit 3er-Kette entsteht:

39-8 Die Lehrerin teilt dem Arbeitspaar mit, dass es weitere WN mit 3er-Kette gibt.
[...]
39-11 Celine und Sarah demonstrieren das Verschieben der Seitenkarten entlang der 3er-Kettte.
40-1 Celine und Sarah gelangen zu einem WN, das sie bereits haben und erkennen dies.
41-1 Die Lehrerin fragt, was sie tun könnten, um von diesem WN zu einem weiteren zu gelangen.
41-2 Celine und Sarah demonstrieren, dass sie gezielt eine Quadratfläche verschieben.

Die Lehrerin begleitet Celine und Sarah während dieser Intervention ein Stück weit in ihrem Arbeitsprozess, indem sie mit Fragen das Arbeitspaar unterstützt, mathematische Aktivitäten zu entwickeln, um systematisch weiter Würfelnetze zu suchen. Im Gegensatz zur ersten Intervention wird hier direkt am Arbeitsprozess eine konkrete Unterstützung geleistet, die nicht produktorientiert auffordert, weitere Würfelnetze zu finden, sondern stattdessen Aktivitäten prozessorientiert anleitet.

f) Analyse der Adaptivität der zweiten Lehrerintervention

Diese zweite Intervention zeichnet sich durch Aspekte von Adaptivität aus, die im Gegensatz zur ersten Intervention auch das Leistungspotenzial von Celine und Sarah berücksichtigt:

- konkrete Problemformulierung in der Orientierungsphase durch Celine und Sarah
- Orientierung an den Vorgehensweisen von Celine und Sarah
- konkrete Hilfestellung unter Berücksichtigung des Leistungspotenzials
- prozessorientierte Hilfestellung, indem sich die Lehrerin die Vorgehensweise vorführen lässt und diese auch anleitet, sodass weiter Aktivitäten prozessorientiert angebahnt werden.

Es handelt sich um eine adaptive Intervention mit niveauanpassender Wirkung, da die Lehrkraft gezielte Unterstützung bei der individuellen Vorgehensweise der Lernenden bei der Suche nach Würfelnetzen mit Dreierkette unter Berücksichtigung des individuellen Leistungspotenzials anbietet.

Vergleichende Zusammenfassung der beiden Interventionen

Im Vergleich zu der ersten Intervention ist die zweite Intervention detaillierter und bietet konkretere Unterstützungen an, indem die Lehrkraft exemplarisch die Suche nach einem weiteren Würfelnetz begleitet. Die mathematischen Arbeitsniveaus nach der zweiten Intervention der Lehrerin passen sich dem Leistungspotenzial der Lernenden an und bringen den Lösungsprozess voran.

Die vorrangigen mathematischen Arbeitsniveaus zwischen den beiden Interventionen (Niveau II) liegen unterhalb des Leistungspotenzials der Lernenden und wirken hemmend auf die Bearbeitung des Lösungswegs.

Es handelt sich bei der ersten Intervention um eine teilweise adaptive Intervention der Lehrerin. Im Unterschied zur ersten Intervention geht die zweite Intervention ganz konkret auf die Gedankengänge der Lernenden ein. Vorgehensweisen bei der Suche nach weiteren Würfelnetzen mit Dreierkette werden angebahnt. Die zweite Intervention unterstreicht den prozessorientierten Charakter und weist ein höheres Maß von Adaptivität auf, da sie das individuelle Leistungspotenzial der Lernenden berücksichtigt.

Wiederholt zeigt sich in anderen Arbeitsprozessen der Breitenanalyse, dass konkrete Unterstützungen, die Aktivitäten prozessorientiert anleiten und das individuelle Leistungspotenzial der Lernenden berücksichtigen, eine niveauanpassende Wirkung haben können.

Im Folgenden wird eine adaptive Intervention der Lehrerin im Arbeitsprozess von Julius und Tom analysiert, die eine niveauanpassende Wirkung entfaltet. (vgl. Abb. 22, erste Intervention):

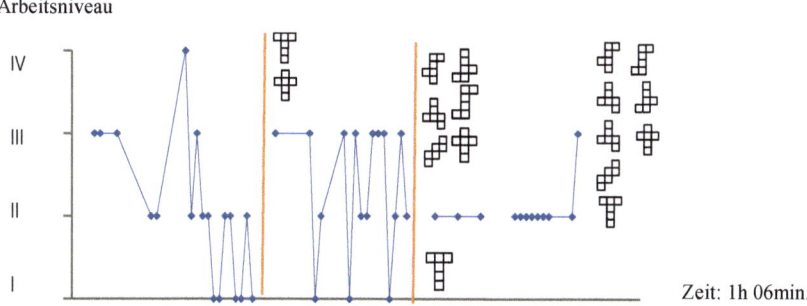

Abb. 22: Verlaufsplot des Arbeitsprozesses von Julius und Tom mit Interventionen der Lehrerin

Bei einer Intervention mit niveauanpassender Wirkung handelt es sich um ein Phänomen, das sich an vielen Stellen der Breitenanalyse auftaucht, wie das folgende Beispiel einer adaptiven Intervention mit niveauanpassender Wirkung zeigt. Bei Julius und Tom gibt es zwei Interventionen der Lehrerin während des Arbeitsprozesses.

Die Gesamtlänge des Arbeitsprozesses von Julius und Tom beträgt 66 min. Die erste Intervention der Lehrerin findet nach 25 min. statt und besitzt eine Länge von etwa 2 min., sie zeigt eine niveauanpassende Wirkung. Zu diesem Zeitpunkt hat das Arbeitspaar zwei unterschiedliche Würfelnetze produziert.

Erste Intervention der Lehrerin

Die Lehrerin verlangt während der Orientierungsphase eine Begründung von Tom und Julius, warum sie der Meinung sind, dass sie mit dem „Jesuskreuz" und dem T-Netz sämtliche Würfelnetze gefunden haben (JT Zeile 12-7), um zu erkennen, warum ihre Suche nach weiteren Würfelnetzen bislang erfolglos ist:

JT Zeilen 12-7 bis 12-10

12-7   L.: *„Könnt ihr begründen, warum ihr jetzt **alle** gefunden habt?"*

12-8   Tom: *„Man könnte die jetzt auch da runter bauen, oder dort hin."*

12-9   Tom zeigt, dass sie durch Wandern der Quadratflächen entlang der 4er-Kette auf gleicher Höhe zu keinen weiteren WN gelangen.

12-10 Tom: *„Die sind dann aber gleich, die kann man umdrehen."*

Die Lehrerin erkennt, dass Tom und Julius gedanklich auf symmetrische Würfelnetze mit Viererkette fixiert sind. Mit einer recht allgemein formulierten Frage (JT Zeile 12-13) regt sie die beiden zum Nachdenken über weitere Würfelnetzkonstellationen an. In JT Zeile 12-16 regt die Lehrerin das Arbeitspaar dazu an, ihr produziertes Netz auf die Eignung als Würfelnetz zu überprüfen:

JT Zeilen 12-13 bis 12-17

12-13 L.: *„Und es gibt kein Drittes?"*

12-14 Sie schauen auf das Plakat

12-15 Tom: *„Doch, dass das da ist und dann da auch bleibt."*
       Tom deutet ein WN an, bei dem die Seitenkarten an der 4er-Kette nicht auf gleicher Höhe sind: ⌐╤

12-16 L.: *„Ist das dann ein Würfelnetz?"*

12-17 Tom: *„Ja, das kann man dann zum Würfel bauen."*

Tom produziert ein weiteres Würfelnetz mit einer Viererkette, das nicht symmetrisch ist (JT Zeile 12-15). Die Lehrerin fordert das Arbeitspaar auf, dieses Würfelnetz noch einmal zu überprüfen. Bei dieser minimalen Hilfestellung handelt es sich um einen Impuls auf strategischer Ebene, da eine Vorgehensweise zum Überprüfen von Netzen auf die Eignung als Würfelnetze entwickelt wird.

In der Orientierungsphase verschafft sich die Lehrerin einen detaillierten Einblick in den Arbeitsprozess von Tom und Julius. Sie erkennt deren Vorgehensweise beim Suchen nach Würfelnetzen und stellt fest, dass sie bislang nur symmetrische Würfelnetze mit Viererkette suchen. Im Vergleich zum Arbeitsprozess von Kim und Leonie in der Feinanalyse zeigen Julius und Tom wenig Durchhaltevermögen bei der Suche nach weiteren Würfelnetzen. Die Intervention auf strategischer Ebene weist das notwendige Maß von Adaptivität auf, obwohl der Impuls allgemein formuliert ist. Folgende Aspekte belegen die Adaptivität der Intervention:

- konkrete Problemformulierung am Material in der Orientierungsphase
- Orientierung an den individuellen Vorgehensweisen von Julius und Tom
- Hilfestellung unter Berücksichtigung des Leistungspotenzials
- prozessorientierte Hilfestellung, indem die Lehrerin sich die Vorgehensweise zum Suchen weiterer Würfelnetze vorführen lässt und somit Aktivitäten mit dem Arbeitspaar gemeinsam prozessorientiert anbahnt.

Ähnlich wie in der zweiten Intervention von Celine und Sarah ist die Intervention adaptiv und zeigt eine niveauanpassende Wirkung auf den Arbeitsprozess von Julius und Tom. Zudem sorgt sie dafür, dass das Arbeitspaar seinen bereits für abgeschlossen erklärten Arbeitsprozess wieder aufnimmt. Im Vergleich zu der ersten Intervention von Celine und Sarah reicht bei Tom eine minimale allgemeine Hilfestellung aus, damit das Arbeitspaar niveauangemessen weiterarbeiten kann. Dieses ist durch das höhere Leistungspotenzial von Tom und Julius erklärbar.

Sämtliche Analyseergebnisse der Interventionen der zehn Arbeitsprozesse belegen, dass Interventionen mit dem Merkmal der Adaptivität niveauanpassend wirken können, wohingegen bei nicht adaptiven Interventionen eine niveauanpassende Wirkung ausbleibt.

Eine besondere Wirkung weist eine Intervention im Arbeitsprozess von Ben und Maurice auf. Hier ist die Intervention indirekt niveauanpassend, da der Arbeitsprozess zunächst initiiert werden muss: Im Arbeitsprozess von Ben und Maurice erkennt die Lehrerin in der Intervention, dass der Arbeitsprozess durch eine falsch verstandene Aufgabenstellung nicht initiiert wurde, weil sich die beiden Jungen mit dem „Jesuskreuz" als Arbeitsergebnis zufriedengeben. Durch einen allgemeinen inhaltlichen Impuls mit der Information, dass es mehr Würfelnetze als das „Jesuskreuz" gibt, wird der Arbeitsprozess initiiert.

Im Folgenden werden Analyseergebnisse bezüglich der Interventionen der Lehrerin bei der in dieser Studie vorliegenden selbstdifferenzierenden Aufgabenstellung zusammengefasst:

Zusammenfassung

Zusammenfassend lassen sich folgende Analyseergebnisse zur Wirkung der Interventionen der Lehrerin auf die mathematischen Arbeitsniveaus der vorliegenden Arbeitsprozesse festhalten:

- Interventionen der Lehrerin mit eingeschränkter Adaptivität zeigen keine niveauanpassende Wirkung (vgl. u. a. erste Intervention im Arbeitsprozess von Celine und Sarah). Eingeschränkte Adaptivität kann bedeuten, dass sich die Hilfestellung nicht angemessen an dem Leistungspotenzial der Lernenden orientiert, indem beispielsweise keine prozessorientierten Aktivitäten anleitet werden, die notwendig wären, um den Arbeitsprozess fortzusetzen. Die in Abschnitt 3.2 formulierte Wirkungsthese wird damit ausdifferenziert, da nicht jede Intervention zu einer Niveauanpassung führt.

- Adaptive Interventionen (vgl. u. a. die zweite Intervention im Arbeitsprozess von Celine und Sarah oder auch die erste Intervention im Arbeitsprozess von Julius und Tom) der Lehrerin, die bei ihren Hilfestellungen das Leistungspotenzial der Lernenden berücksichtigt und auf Vorgehensweisen des Arbeitspaares eingeht, können eine niveauanpassende Wirkung erzeugen.

- Ein weiteres Adaptivitätsmerkmal ist eine prozessorientierte Unterstützung, indem die Lehrerin Aktivitäten prozessorientiert anleitet, wie beispielsweise Vorgehensweisen mit den Lernenden gemeinsam optimiert oder weitere Vorgehensweisen mit ihnen entwickelt.

- Außerdem entscheidet sich die Lehrerin in den adaptiven Interventionen für angemessene Interventionsebenen. Dieses Analyseergebnis ermöglicht eine weitere Ausdifferenzierung der in Abschnitt 3.2 formulierten Wirkungsthese.

- Interventionen mit niveauanpassender Wirkung weisen Orientierungsphasen auf, in denen sich die Lehrerin ein genaues Bild von dem Problem der Lernenden in ihrem individuellen Arbeitsprozess verschafft.

- Eine adaptive Intervention kann nicht nur zu einem niveauangemessenen Arbeiten führen, sondern auch einen bereits beendeten Arbeitsprozess erneut initiieren bzw. einen nicht initiierten Arbeitsprozess überhaupt initiieren (vgl. erste Intervention im Arbeitsprozess von Julius und Tom und Ben und Maurice).

Mit diesen differenzierten Analyseergebnisse und auch mit den Analyseergebnissen aus der Feinanalyse (vgl. Abschnitt 6.5.2) lässt sich die in Abschnitt 3.2 aufgestellte Wirkungsthese weiter ausdifferenzieren: *Lehrerinterventionen können in einer selbstdifferenzierenden Lernumgebung ein niveauangemessenes Arbeiten unterstützen, wenn sie adaptiv sind.*

Die adaptiven Interventionen in den zehn analysierten Arbeitsprozessen zeigen Möglichkeiten, Niveauangemessenheit in laufenden Arbeitsprozessen zu bewirken, und unterstützen damit die Lernwirksamkeit der Arbeitsprozesse in selbstdifferenzierenden Lernumgebungen.

7.3.3 Kooperation

In diesem Analyseabschnitt wird die These überprüft, dass kooperative Aktivitäten das niveauangemessene Arbeiten befördern können (vgl. Abschnitt 3.3). Über die Kooperationsmuster von Röhr (1995) werden die kooperativen Sequenzen innerhalb von Arbeitsprozessen identifiziert und hinsichtlich ihrer Qualität, hier konzeptualisiert als Kooperationsintensität, analysiert, um ihre Wirkung auf Arbeitsniveaus festzustellen.

In allen zehn Arbeitsprozessen konnten kooperative Aktivitäten in unterschiedlicher Frequenz rekonstruiert werden, wobei die Kooperationsmuster „HILFE" und „IDEEN-ENTWICKLUNG" am häufigsten auftraten.

Das folgende Fallbeispiel veranschaulicht, dass bei kooperativen Arbeiten mit fachlicher Intensität niveauangemessene Arbeitsniveaus rekonstruiert werden können.

Arbeitsprozess von Celine und Sarah (Angemessenheitsmuster 2)

Ähnlich wie bei der Metakognition verhält es sich im Arbeitsprozess von Celine und Sarah mit der Kooperation: Über sämtliche Niveauphasen des Arbeitsprozesses hinweg weist ihr Arbeitsprozess eine hohe Frequenz kooperativer Aktivitäten auf, vergleichbar mit dem Arbeitsprozess von Kim und Leonie (vgl. Abschnitt 6.5.3). Wiederholt formulieren sie ihre Gedankengänge und teilen sie der Arbeitspartnerin mit, die sich dann auch auf diese Gedankengänge einlässt und sich mit den Inhalten auseinandersetzt. Auf diese Weise werden vor allem gemeinsame Lösungsideen entwickelt, Hilfestellungen geleistet und Gegenpositionen überprüft. Der Kommunikationsanteil und der gemeinsame Interaktionsanteil im Arbeitsprozess von Celine und Sarah sind gerade in der ersten Phase des Arbeitsprozesses extrem hoch, und die Gesprächsanteile der beiden Arbeitspartnerinnen ausgeglichen. Celine und Sarah zeigen zu Beginn des Arbeitsprozesses durch ihre Äußerung „Außerdem, wenn wir das getrennt machen, können wir die gleichen haben" (vgl. CS Sequenz 1), dass sie die Kooperation aus der Aufgabenstellung heraus als notwendig ansehen. Zahlreiche kooperative Phasen weisen bei niveauüberragendem Arbeiten eine Kooperationsintensität auf, was sich daran erkennen lässt, dass die Arbeitspartnerin einen Vorschlag gedanklich durchdringt oder auch fachlich hinterfragt.

Kontrastierend zu einer kooperativen Aktivität im Arbeitsprozess von Kim und Leonie (vgl. Abschnitt 6.5.3, KL Sequenz 34) mit gleichem Inhalt und Kooperationsmuster zeigen Celine und Sarah bei der Klärung der Frage nach der Anzahl der Quadratflächen eines Würfels (CS Sequenz 3) eine fachlich intensivere Kooperation: Sarah äußert in CS Sequenz 3 eine Idee (IDEEN-ENTWICKLUNG), die von Celine nicht einfach nur kommentiert wird, sondern auf die sie fachlich näher eingeht (CS Zeilen 3-2 und 3-3), indem sie eine Begründung liefert. Wie im Arbeitsprozess von Kim und Leonie kann hier das Kooperationsmuster HILFE identifiziert werden:

CS Sequenz 3	Kooperation	Arbeitsniveau
3-1 Sarah hinterfragt das Ergänzen der letzten beiden Quadratflächen: *„Das können ja auch vier sein."* [Sie meint damit insgesamt nur vier Quadratflächen für ein Würfelnetz.]	IDEEN – ENTWICKLUNG	
3-2 Celine verdeutlicht mit den Quadratflächen, dass ein Würfelnetz immer sechs Quadratflächen benötigt.	———	
3-3 Hierfür legt sie das eine WN und stellt die Quadratflächen mit Sarahs Hilfe zum Würfel hoch.		
3-4 Sarah fragt nach: *„Aber wenn Du **den** da wegnimmst?"* Celine zeigt ihr, dass wirklich jede der sechs Quadratflächen für einen Würfel benötigt wird und beton: *„Ein Würfel besteht ja aus sechs Seiten."*	HILFE	III

Sarah setzt sich mit den Inhalten der Erklärung auseinander und fragt sogar nach (CS Sequenz 3-3). Im Gegensatz zu der vergleichbaren Situation im Arbeitsprozess von Kim und Leonie ist diese Kooperation von fachlicher Intensität geprägt, ein Arbeiten auf höherem Niveau (Niveau III) kann rekonstruiert werden. Dieses Phänomen, dass fachliche Kooperationsintensität mit niveauangemessenem Arbeiten korreliert, lässt sich in vielen Arbeitsprozessen häufig nach einer Intervention beobachten.

Weitere kooperative Aktivitäten im Arbeitsprozess von Celine und Sarah lassen sich identifizieren, die von fachlicher Kooperationsintensität und Arbeiten auf höheren Niveaus geprägt sind. Ein Beispiel bildet CS Sequenz 12, in der

Celine auf eine Idee von Sarah eingeht (IDEEN-ENTWICKLUNG) und diese systematisch mit ihr gemeinsam umsetzt:

CS Sequenz 12		Kooperation	Arbeitsniveau
12-1	Sarah schlägt vor, ein WN zu suchen, bei dem die längste Kette aus zwei Quadratflächen besteht.		III
12-2	Celine ist sich unsicher, ob das zu einem WN führen kann.		
12-3	Celine und Sarah denken kurz nach, nehmen sich die Quadratflächen und legen zunächst eine 2er-Kette, die sie systematisch zu folgendem WN ergänzen:	IDEEN – ENTWICKLUNG	IV

Die Idee von Sarah kann von Celine fachlich intensiv beurteilt werden, da sie gemeinsam über die Möglichkeit eines Würfelnetzes mit Zweierkette nachdenken. Das Würfelnetz mit Zweierkette wird von dem Arbeitspaar durch systematisches Vorgehen entwickelt. Im Arbeitsprozess von Celine und Sarah lassen sich weitere kooperative Sequenzen identifizieren, eine fachliche Kooperationsintensität aufweisen und mit niveauangemessenem Arbeiten im Zusammenhang stehen.

Ein kontrastierendes Beispiel aus dem Arbeitsprozess von Dustin und Kevin veranschaulicht, dass in kooperativen Sequenzen ohne eine fachliche Kooperationsintensität eine Niveauanpassung ausbleiben kann.

Arbeitsprozess von Dustin und Kevin (Angemessenheitsmuster 3)

Ähnlich wie bei ihren metakognitiven Aktivitäten (vgl. Abschnitt 7.3.1) weisen auch die kooperativen Aktivitäten im Arbeitsprozess von Dustin und Kevin nur eine geringe Frequenz auf. Die Kommunikation des Arbeitspaares ist auf das Nötigste beschränkt, was eine Erklärung dafür ist, dass sich kaum kooperative Sequenzen bei nicht niveauangemessenem Arbeiten identifizieren lassen.

In Situationen, in denen ein Arbeitspartner Hilfe benötigt, bittet er nicht um Hilfe, sondern gibt sich z. B. mit nicht umgesetzten Ideen zufrieden, sodass keine Kooperation zustande kommen kann und das Arbeitsniveau niedrig (Niveau II) bleib:

DK Sequenz 6 — Kooperation — Arbeitsniveau

	Kooperation	Arbeitsniveau
6-1 Dustin versucht, einen Würfel mit den Quadratflächen zu bauen.		II
6-2 Es gelingt ihm nicht. Er lässt davon ab und denkt nach.	———	

Eine Kooperation zwischen Dustin und Kevin bleibt in mehreren Sequenzen aus, was eine Erklärung dafür sein könnte, dass sie ihr Arbeitsniveau nicht selbst anheben können und weiter nicht niveauangemessen arbeiten.

Kontrastierend veranschaulicht eine weitere Sequenz im Arbeitsprozess von Dustin und Kevin, dass eine Kooperation mit fachlicher Kooperationsintensität eine niveauanpassende Wirkung besitzen kann. Die Sequenzen DK Sequenz 8 und 9 sind von daher „Schlüsselsequenzen" im Arbeitsprozess von Dustin und Kevin, da sie an dieser Stelle überhaupt kooperieren und das sogar mit einer fachlichen Intensität. Dabei kann ein höheres mathematisches Arbeitsniveau (Niveau III) rekonstruiert werden.

DK Sequenz 8 und 9 — Kooperation — Arbeitsniveau

	Kooperation	Arbeitsniveau
8-2 Dustin legt die Karoblätter mit den drei WN, die sie bisher gezeichnet haben, nebeneinander und stellt fest, dass es sich dreimal um das gleiche WN handelt.	———	II
8-3 Dustin informiert Kevin über die als Ergebnis festgehaltenen kongruenten WN und überlegt mit ihm, wie sie weiter vorgehen. Sie wählen die schönste Zeichnung aus.	VORGEHEN	
9-1 Dustin verändert ein gezeichnetes „Jesuskreuz" zu einem „T-Kreuz". Sie stellen fest, dass sie jetzt zwei unterschiedliche WN haben.	VORGEHEN	III

In den DK Sequenzen 8 und 9 gelingt es Dustin und Kevin durch fachlich intensive Kooperation, einen Fehler zu korrigieren. Ein als doppelt identifiziertes Würfelnetz wird nicht verworfen, sondern zu einem weiteren Würfelnetz abgeändert (DK Sequenzen 9-1).

Diese kooperative Sequenz, in der ein gemeinsames Vorgehen mit dem Umgang doppelt produzierter Würfelnetze entwickelt wird, fällt unter das Kooperationsmuster VORGEHEN.

Diese Sequenzausschnitte zeigen, dass der kooperative Austausch zwischen den Arbeitspartnern in Kombination mit einem fachlich korrekten Vorgehen bei der Suche nach einem weiteren Würfelnetz eine niveauanpassende Wirkung zeigen kann. Dass jedoch nicht jede Kooperation mit fachlicher Intensität niveauanpassend wirkt, zeigt der folgende Arbeitsprozess, der durch fachliche Beschränkung beendet wird.

Arbeitsprozess von Janin und Melissa (Angemessenheitsmuster 4)

Janin und Melissa beenden ihren Arbeitsprozess mit nur vier unterschiedlichen Würfelnetzen, weil sie überzeugt davon sind, dass es nicht mehr Würfelnetze gibt. In dem niveauangemessenen Arbeitsprozess von Janin und Melissa lässt sich eine hohe Kooperationsfrequenz mit fachlicher Intensität beobachten, die ihnen aber nicht dazu verhilft, ihren Arbeitsprozess eigenverantwortlich fortzusetzen. Auffällig ist im Arbeitsprozess von Janin und Melissa, dass das Kooperationsmuster IDEEN-ENTWICKLUNG kaum vertreten ist, dafür lässt sich häufiger das Kooperationsmuster GEGENPOSITION beobachten:

JM Sequenzen 5, 6 und 7	**Kooperation**	**Arbeitsniveau**
5-1 Melissa legt wieder eine 4er-Kette und legt die Quadratflächen auf unterschiedliche Höhe:		IV
5-2 Melissa deutet das Hochklappen der Quadratflächen mit den Händen an.		III
6-1 Janin behauptet, dass das WN, das vor Melissa liegt, keins sei.	GEGENPOSITION	
6-2 Melissa möchte es trotzdem ausschneiden und überprüfen.		
6-3 Melissa schneidet das WN aus.		
7-1 Janin legt nun das Würfelnetz, das Melissa gerade ausschneidet, mit den Quadratflächen.	GEGENPOSITION	III
7-2 Janin deutet durch Hochstellen der Quadratflächen einen Würfel an und stellt fest, dass es sich um ein WN handelt.		
7-3 Melissa ist fertig mit dem Ausschneiden und faltet ihr WN zum Würfel.	——	III
7-4 Melissa stellt fest, dass es sich um ein WN handelt.		

In den JM Sequenzen 5, 6, 7 werden kooperative Anregungen von der Arbeitspartnerin aufgegriffen und fortgeführt. Hier werden Würfelnetze erneut von der Arbeitspartnerin überprüft. Die Prüfverfahren weisen eine Struktur auf und werden fachlich korrekt durchgeführt.

In den JM Sequenzen 5, 6, 7 greift Janin eine Lösungsidee von Melissa auf und überzeugt sich mit einem eigenem Prüfverfahren davon, dass es sich um ein Würfelnetz handelt. Jede der beiden Arbeitspartnerinnen überprüft das Würfelnetz mit der eigenen Vorgehensweise. Hier wird in einer kooperativen Arbeitsphase individuell vorgegangen, Prüfungsergebnisse dann aber verglichen. Es wird das Kooperationsmuster GEGENPOSITION identifiziert, da Janin zunächst eine Gegenbehauptung zu der von Melissa aufgestellten Behauptung äußert. Die Gegenposition von Janin (Sequenz 6-1) wird durch das Überprüfen mit zwei unterschiedlichen Erfahrungen argumentativ entkräftet. Die hohen Niveaus des Arbeitsprozesses (Niveaus III und IV) bleiben erhalten, da die Gegenposition – wie beispielsweise bei Kim und Leonie (vgl. KL Sequenz 8 in Abschnitt 6.5.3) – nicht einfach akzeptiert wird, sondern fachlich durchdrungen wird. Der kooperative Austausch der Arbeitspartnerinnen führt dazu, dass sie den Lösungsprozess vorantragen.

Dieses Beispiel kontrastiert den Befund, dass kooperative Sequenzen, in denen Prüfverfahren strukturiert und korrekt ausgeführt werden, zwar mit niveauangemessenem Aktivitäten zeitgleich ablaufen können, aber die fachliche Beschränkung des Arbeitspaares nicht aufheben und damit auch das vorzeitige Beenden des Arbeitsprozesses nicht verhindern müssen.

Ein weiteres Beispiel veranschaulicht den obigen Befund, dass bei einer kooperativen Sequenz ohne fachliche Kooperationsintensität eine niveauanpassende Wirkung ausbleiben kann:

Arbeitsprozess von Caro und Hanna (Angemessenheitsmuster 3 und 1)

Hanna bittet Caro in CH Sequenz 5 um Hilfe, die ihr auch gewährt wird, allerdings bleibt eine Begründung zu Caros Aussage aus, dass sie eine Quadratfläche zu viel hätte, nämlich sieben, sodass das Arbeitsniveau gering (Niveau II) bleibt. Der Kooperation fehlt eine fachliche Kooperationsintensität:

CH Sequenz 5	Kooperation	Arbeitsniveau
5-4 Hanna bittet Caro darum, sich das Netz anzusehen.	HILFE	II
5-5 Caro schaut hin: „Das sind über sechs. Das ist dir schon klar, oder? Das sind sieben."		II
5-6 Hanna entfernt eine Karte:		
5-7 Caro: „Oh, das ist doch schon wieder ein Kreuz."		II

Im weiteren Verlauf ihres Arbeitsprozesses produziert Hanna wieder ein Netz mit sieben Quadratflächen. In diesem Beispiel führt die Kooperation ohne Kooperationsintensität auch zu keiner Niveauanpassung.

Ähnliche Bedingungen für eine niveauanpassende Wirkung von kooperativen Aktivitäten wie bei den aufgeführten Fallbeispielen konnten in sämtlichen Arbeitsprozessen festgestellt werden. Zahlreiche kooperative Aktivitäten mit fachlicher Kooperationsintensität konnten nach einer niveauanpassenden Wirkung der Intervention der Lehrerin identifiziert werden. Zum Teil handelte es sich um gleiche Kooperationsmuster, die vor einer Intervention keine Wirkung zeigten, wie beispielsweise im Arbeitsprozess von Kim und Leonie (KL Sequenz 8 und KL Sequenz 66, vgl. Abschnitt 6.5.3). Inhaltlich wiesen diese kooperativen Sequenzen mit niveauanpassender Wirkung zusammenhängende Erklärungen auf.

Zusammenfassung

Ähnlich wie bei den metakognitiven Aktivitäten lässt sich aufgrund der Forschungsbefunde die Einschränkung der aufgestellten Wirkungsthese (vgl. Abschnitt 3.3) zusammenfassend so erklären, dass kooperative Aktivitäten nur niveauanpassend auf Arbeitsniveaus wirken, wenn sie eine fachliche Kooperationsintensität aufweisen. Die Befunde lassen sich wie folgt zusammenfassen, wobei die aufgeführten Beispiele exemplarisch sind und sich in zahlreichen Situationen der Arbeitsprozesse der Breitenanalyse wiederholen:

1. *Kooperative Aktivitäten können ohne niveauanpassende Wirkung bleiben, wenn ihnen eine fachliche Intensität fehlt.*
   Beispiel: In der Arbeitsphase nach der ersten Intervention der Lehrerin lässt sich bei Celine und Sarah beobachten, dass die Intensität der Kooperation nicht mehr wie in der Arbeitsphase vor der ersten Intervention der Lehrerin

vorhanden ist. Dies zeigt sich beispielsweise darin, dass Begründungen bei Hilfestellungen ausbleiben. Die mathematischen Arbeitsniveaus sind für einen begrenzten Zeitraum recht niedrig (Niveau II) und nicht niveauangemessen, sodass der Lösungsprozess nicht vorangetragen wird. Durch diesen Befund ist die einfache Wirkungsthese, dass kooperative Aktivitäten stets niveauanpassend wirken, widerlegt.

2. *Kooperative Aktivitäten können niveauanpassende Wirkung zeigen, wenn sie eine Kooperationsintensität aufweisen.*
Beispiel: Vor allem in der ersten Arbeitsphase bis zur Intervention der Lehrerin ist die intensive Kooperation von Celine und Sarah mit einem Arbeiten auf hohen mathematischen Arbeitsniveaus verbunden (Niveau III und IV). Celine und Sarah entwickeln mathematische Vorschläge zur Aufgabenbearbeitung. Sie tragen sich gegenseitig Lösungsideen vor und stellen inhaltliche Fragen, die mit dem Arbeiten auf höheren Arbeitsniveaus beobachtet werden. Die Arbeitspartnerin greift diese Anregungen auf und hält die initiierte Kooperation aufrecht. Ein Zusammenhang zwischen mathematischen Aktivitäten auf höheren Niveaus und Kooperation lässt sich beobachten, wenn die Kooperation mit einer mathematischen Intensität verbunden ist. Auch in dem Arbeitsprozess von Dustin und Kevin können höhere mathematische Aktivitäten (Niveau III und IV) rekonstruiert werden, in dem Moment, wenn sie anfangen, mit fachlicher Intensität zu kooperieren, und Prüfverfahren korrekt ausführen.
Dieser Befund erfordert eine weitere Ausdifferenzierung der einfachen Wirkungsthese. Fachliche Intensität in kooperativen Sequenzen zeigt sich in den vorliegenden Arbeitsprozessen in zusammenhängenden Begründungen bei fachlichen Entscheidungen, Erklärungen bei Hilfestellungen, gedanklichem Durchdringen von Ideen der Arbeitspartnerin und darin, dass Prüfverfahren und Vorgehensweisen strukturell und systematisch mathematisch korrekt ausgeführt werden.
Kooperative Aktivitäten mit fachlicher Intensität können ein Absinken des Arbeitsniveaus verhindern und sind damit eine notwendige Bedingung für ein niveaugerechtes Arbeiten. In zahlreichen Situationen in den Arbeitsprozessen wird die Arbeitspartnerin um fachlichen Rat gefragt, sodass beispielsweise Nicht-Würfelnetze nicht als Würfelnetze festgehalten werden.

3. *Kooperative Aktivitäten mit fachlicher Intensität bei fachlicher Beschränkung verhindern nicht automatisch ein frühzeitiges Beenden des Arbeitsprozesses.*
Beispiel: Janin und Melissa greifen wiederholt Kooperationsangebote der Arbeitspartnerin auf und setzen die Kooperation mit fachlicher Intensität fort. Prüfverfahren werden abgesprochen und systematisch und fachlich korrekt durchgeführt. Dabei bleiben die mathematischen Arbeitsniveaus auf höheren Niveaus (Niveau III und IV). Trotz fachlicher Kooperationsintensi-

tät beenden sie allerdings frühzeitig den Arbeitsprozess und geben sich mit nur vier Würfelnetzen zufrieden, da sie der Überzeugung sind, dass nur vier unterschiedliche Würfelnetze als Arbeitsergebnis festgehalten werden.

Die in dieser Studie gewählten Kooperationsmuster konnten dazu beitragen, kooperative Sequenzen innerhalb von Arbeitsprozessen zu identifizieren, zu dokumentieren und zu interpretieren. Die Kooperationsmuster ließen sich in den individuellen Arbeitsprozessen bei der vorliegenden selbstdifferenzierenden Würfelnetzaufgabe wiederholt beobachten.

Die Analysen zeigen, dass durch die hier vorliegende selbstdifferenzierende Aufgabenstellung kooperatives Arbeiten ermöglicht wurde. In diesem Abschnitt wurden Beispiele aufgeführt, die belegen, dass Lernende bei der vorliegenden selbstdifferenzierenden Würfelnetzaufgabe bei unterschiedlichen mathematischen Arbeitsniveaus kooperativ arbeiten: Kooperative Sequenzen wurden sowohl bei niedrigen mathematischen Arbeitsniveaus als auch bei höheren mathematischen Arbeitsniveaus beobachtet und analysiert. In Phasen einer Unterforderung verhilft ein kooperatives Arbeiten allerdings nicht automatisch zu einer Niveauanpassung. Mit diesen differenzierten Befunden und auch mit den Analyseergebnissen aus der Feinanalyse (vgl. Abschnitt 6.5.3) lässt sich die in Abschnitt 3.3 aufgestellte Wirkungsthese weiter ausdifferenzieren:

Kooperative Aktivitäten können in einer selbstdifferenzierenden Lernumgebung vorrangig ein niveauangemessenes Arbeiten unterstützen, wenn sie fachliche Kooperationsintensität aufweisen, somit als fachlich intensiv beurteilt werden können. Kooperative Aktivitäten sind eine notwendige, aber keine hinreichende Bedingung für niveauangemessenes Arbeiten.

8 Zusammenfassung und Einordnung der empirischen Befunde

Selbstdifferenzierende Lernumgebungen versprechen ein recht hohes Differenzierungspotenzial, das in dieser Arbeit nicht wie üblich durch Niveaustreuung gefasst wird, sondern auch durch Niveauangemessenheit. Denn nicht nur eine Niveaustreuung, sondern auch ein niveauangemessenes Arbeiten ist für die Wirksamkeit von Lernen wichtig. Durch Fallbeispiele konnte in dieser Studie dargelegt werden, dass sich ein niveauangemessenes Arbeiten in der vorliegenden selbstdifferenzierenden Lernumgebung nicht automatisch einstellt, sondern einer Unterstützung durch unterrichtliche Kontextbedingungen bedarf. Darüber hinaus konnten erste Anforderungen an die unterrichtlichen Kontextbedingungen Metakognition, Lehrerinterventionen und Kooperation für die Wirksamkeit für niveauangemessenes Arbeiten spezifiziert werden (vgl. Abschnitte 6.5 und 7.3).

Trotz der methodischen Grenzen dieser Fallstudie, insbesondere durch die beschränkte Verallgemeinerung einer selbstdifferenzierenden Lernumgebung in nur einer Klasse und schwer zu erfassender Leistungspotenziale, können Forschungsbefunde festgehalten werden, die die optimistische Unterstellung einer automatischen Adaptivität für selbstdifferenzierende Lernumgebungen infrage stellen. Dennoch zeigt die Studie, dass das Konzept der Selbstdifferenzierung ein vielversprechendes Unterrichtskonzept ist, da unterrichtliche Bedingungen niveauangemessenes Arbeiten unterstützen können und der Vorbereitungsaufwand überschaubar ist.

Im Einzelnen wurde anhand einer selbstdifferenzierenden Würfelnetz-Lernumgebung der Frage nachgegangen, inwieweit selbstdifferenzierende Lernumgebungen tatsächlich die mit ihnen verknüpften Hoffnungen der leichten Erfüllbarkeit des Adaptivitätsgebots einlösen und unterrichtliche Kontextbedingungen in der Lernumgebung diesen Anspruch unterstützen können. Um diese Frage forschungsmethodisch zu fassen, wurde sie in dieser Studie auf drei Forschungsfragen heruntergebrochen, die mithilfe einer qualitativen Fallstudie methodisch kontrolliert beantwortet wurden.

Sämtliche Untersuchungen dieser Studie wurden in einer 5. Klasse in einer selbstdifferenzierenden Würfelnetz-Lernumgebung durchgeführt. Das Datenmaterial bestand aus Filmaufnahmen, aus denen die Arbeitsprozesse durch zusammenfassende Beschreibungen bzw. durch Transkription festgehalten wurden (vgl. Abschnitt 5.1).

Die Analyse mathematischer Niveauverläufe individueller Arbeitsprozesse lieferte Antworten auf die erste zentrale Forschungsfrage:

Frage 1: Wie verlaufen mathematische Arbeitsniveaus innerhalb von Arbeitsprozessen bei einer selbstdifferenzierenden Aufgabenstellung?

Der zentrale Befund zu dieser ersten Forschungsfrage ist, dass die Arbeitsprozesse sehr individuell und facettenreich verlaufen, was das niveaudifferenzierende Potenzial der Aufgabenstellung unterstreicht. Die Unterschiede in den Verläufen beziehen sich auf die vorrangigen Niveauhöhen mathematischer Aktivitäten, die Frequenzen der mathematischen Aktivitäten sowie die Schwankungsfrequenzen und -bandbreiten. Eine pauschale Einordnung der Arbeitsprozesse hinsichtlich ihrer Niveauverläufe ist aufgrund vielfältiger Unterschiede zwischen den Arbeitsprozessen und innerhalb von Arbeitsprozessen hinsichtlich dieser charakterisierenden Eigenschaften nicht möglich (vgl. Abschnitte 6.1 und 7.1).

Die Beantwortung der ersten Frage war insofern eine forschungsmethodische Herausforderung, als eine Vorgehensweise erst entwickelt werden musste, mit der aus videografierten individuellen Arbeitsprozessen die Verläufe von Arbeitsniveaus erfassbar wurden (vgl. Abschnitt 5.2). Erst diese Abstraktion der konkreten mathematischen Aktivitäten ermöglichte einen Vergleich thematisch unterschiedlicher Sequenzen innerhalb und zwischen den Arbeitsprozessen unterschiedlicher Arbeitspaare. Die oben beschriebene Vielschichtigkeit der Niveauverläufe konnte durch Fallkontrastierungen der verdichteten Niveauverläufe in heuristischen Verlaufsplots erfasst werden (vgl. Abschnitt 7.1, Tab. 2).

Die Codierung und Entwicklung eines Kategoriensystems zur Analyse von Arbeitsprozessen bis hin zur Darstellung der Niveauverläufe in Verlaufsplots ist ein erstes Untersuchungsergebnis dieser Studie (vgl. Abschnitt 5.2).

Der prozessorientierten Sichtweise liegt nicht die Analyse des Arbeitsniveaus in Bezug auf das Arbeitsergebnis zugrunde, sondern der Verlauf der situativen Arbeitsniveaus in Bezug auf die mathematischen Aktivitäten. Diese prozessorientierte Sichtweise eröffnete die Möglichkeit, mathematische Aktivitäten in ihrer Individualität zu analysieren. Eine ausschließliche Analyse der Arbeitsresultate hätte nicht den Einblick gewährt, wie sich mathematisches Arbeiten bei einer selbstdifferenzierenden Aufgabenstellung vollzieht. Festzuhalten sind die folgenden zentralen Befunde hinsichtlich der mathematischen Niveauverläufe für die vorliegende Würfelnetz-Lernumgebung (vgl. Abschnitte 6.1 und 7.1):

a) Durch die individuellen Niveauverläufe der Arbeitsprozesse wurde der niveaudifferenzierende, individualisierende Charakter der selbstdifferenzierenden Würfelnetz-Lernumgebung bestätigt und eine mögliche Niveaubandbreite dargelegt.

b) Die erfassten Niveaubandbreiten in den heuristischen Verlaufsplots dokumentieren (vgl. Abschnitt 7.1, Tab. 2), dass die in dieser Studie entwickelte Vorgehensweise zur Abstraktion von mathematischen Aktivitäten hin zu Arbeitsniveaus nicht nur Aktivitäten mit kognitiver Aktivierung erfasst, sondern die ganze Bandbreite der Arbeitsniveaus berücksichtigt. Infolgedessen wird die entwickelte Vorgehensweise der Individualität von Arbeitsprozessen bei der vorliegenden Würfelnetz-Lernumgebung gerecht.

c) Bei den mathematischen Niveauverläufen konnten durch Fallkontrastierungen vier charakterisierende Eigenschaften herausgearbeitet werden (vgl. Abschnitt 7.1):

- die vorrangige Niveauhöhe mathematischer Aktivitäten
- die Schwankungsfrequenz mathematischer Arbeitsniveaus
- die Schwankungsbandbreite mathematischer Arbeitsniveaus
- die Frequenz mathematischer Aktivitäten.

Diese Eigenschaften können nicht nur bei individuellen Arbeitsprozessen unterschiedlich sein, sondern sich auch innerhalb von Sequenzen eines Arbeitsprozesses verändern: Arbeiten Lernende beispielsweise in einer ersten Arbeitsphase auf vorrangig höheren mathematischen Niveaus, so kann es sein, dass sie in einer anschließenden Phase des Arbeitsprozesses auf vorrangig niedrigeren mathematischen Niveaus arbeiten. Fallkontrastierungen der Breitenanalyse (vgl. Abschnitt 7.1) geben das Spektrum unterschiedlicher mathematischer Niveauverläufe bei der vorliegenden Würfelnetz-Lernumgebung wieder. Die Analyse der Arbeitsprozesse zeigt ein differenziertes Bild über den mathematischen Gehalt der Arbeitsprozesse, das von der Aussagekraft her weit über eine Analyse von Arbeitsergebnissen hinausgeht.

d) Eine Analyse der Arbeitsresultate in Bezug auf die vorliegende Würfelnetzaufgabe zeigt, dass ein Rückschluss vom Umfang und Qualität eines Arbeitsresultats auf die mathematischen Anstrengungen und die Quantität der mathematischen Aktivitäten innerhalb eines Arbeitsprozesses, wie u. a. bei Kim und Leonie, nicht ohne Weiteres zulässig ist (vgl. Abschnitt 6.1). Analyseergebnisse belegen, dass mathematische Arbeitsniveaus innerhalb von Arbeitsprozessen deutlich von der Qualität des Arbeitsresultats abweichen können und nicht automatisch die mathematische Leistung der Lernenden bei der Aufgabenbearbeitung widerspiegelt.

e) Keiner der Arbeitsprozesse verläuft auf kontinuierlich hohem Niveau, denn Phasen mit niedrigerem Ertrag für das Voranbringen des Lösungsweges gehören zum genuin mathematischen Arbeiten dazu. Hierzu zählen beispielsweise bei der vorliegenden Aufgabenstellung Phasen des Ausprobierens. Ein Vergleich der Niveauverläufe zeigt einen Unterschied darin, ob die Lernenden selbstständig in der Lage sind, niedrige Arbeitsniveaus (wieder) anzuheben, wie u. a. Justin und Kenneth (vgl. Abschnitt 7.1).

Die dargelegte Vielfalt individueller Verläufe mathematischer Arbeitsniveaus in Bezug auf die vorliegende Aufgabenstellung verdeutlicht den Bedarf eines differenzierenden Umgangs mit diesen Arbeitsprozessen in der Unterrichtspraxis.

Damit Lernende Wissen weitgehend eigenverantwortlich und selbstständig konstruieren können, müssen individuelle mathematische Niveauverläufe auf ihre individuellen Leistungspotenziale abgestimmt sein. Die Analyseergebnisse der ersten zentralen Forschungsfrage bildete eine deskriptive Grundlage für die Charakterisierung der Niveauangemessenheit in den weiteren Forschungsfragen.

Frage 2: Wie passen die Arbeitsniveauverläufe in einer selbstdifferenzierenden Lernumgebung zum jeweiligen Leistungspotenzial der Lernenden?

Der zentrale Befund hinsichtlich dieser zweiten Forschungsfrage ist, dass sich niveauangemessenes Arbeiten in der selbstdifferenzierenden Würfelnetz-Lernumgebung keineswegs automatisch einstellt (vgl. Abschnitte 6.3 und 7.2).

Für die Analyse des Konstrukts der Niveauangemessenheit war eine Konzeptualisierung der Passung zwischen mathematischem Anspruchsniveau und individuellem Leistungspotenzial notwendig (vgl. Abschnitt 5.3). Hierfür wurde das situationsübergreifende Leistungspotenzial in Beziehung zu den situationsspezifischen Performanzen (den mithilfe des Kategoriensystems empirisch festgelegten Arbeitsniveaus und ihren Verläufen) in Beziehung gesetzt. Zur Erfassung des eigentlichen individuellen Leistungspotenzials der Lernenden wurden ganzheitliche Leistungsprofile von der Mathematiklehrerin erstellt, die die Lernenden bereits knapp ein Schuljahr unterrichtete. Sie beobachtete und beurteilte – auch aus geometrischen Bereichen – vielfältig mathematische Prozesse der Lernenden. Das Leistungspotenzial setzte sich aus den ganzheitlichen Leistungsprofilen der handlungsforschenden Lehrerin, den Mathematiknoten und den Ergebnissen aus einem Leistungstest zusammen. Für eine wissenschaftliche Absicherung wurden diese Aussagen durch Testergebnisse eines standardisierten Leistungstests trianguliert, der den Schwerpunkt auf mathematische Kompetenzen legt (vgl. Abschnitt 5.3).

Wie bei den Niveauverläufen der ersten Forschungsfrage war es kaum möglich, pauschale Einordnungen von kompletten Arbeitsprozessen hinsichtlich ihrer Niveauangemessenheit vorzunehmen, da die Arbeitsprozesse in den Verläufen der mathematischen Arbeitsniveaus größtenteils sehr schwankend waren. Vielmehr war eine detaillierte sequenzielle Betrachtungsweise erforderlich, um der Komplexität und Individualität der Arbeitsprozesse gerecht zu werden. Infolgedessen wurden Sequenzen innerhalb von Arbeitsprozessen dahingehend analysiert, ob sie entsprechend oberhalb oder unterhalb des Leistungspotenzials verliefen, um für die Analyse der Niveauangemessenheit die Leistungspotenziale in Beziehung zu den niveauschwankenden Arbeitsprozessen zu setzen. Sämtliche Analysen wurden vor dem Hintergrund durchgeführt, dass ein kurzzeitiges Abfallen von mathematischen Arbeitsniveaus zu einem funktionierenden Arbeitsprozess dazugehört, z. B. in Phasen des Ausprobierens mit mehreren Vorgehensweisen. Durch die Analyse der Niveauangemessenheit konnten vier Angemessenheitsmuster rekonstruiert werden, von denen in einigen Prozessen auch mehrere auftraten (vgl. Abschnitte 6.3 und 7.2):

Angemessenheitsmuster 1: niveauangemessenes Arbeiten über längere Zeit, ggf. mit vorübergehenden Schwankungen nach unten
Angemessenheitsmuster 2: niveauüberragendes Arbeiten oberhalb des Leistungspotenziales ohne Überforderung
Angemessenheitsmuster 3: nicht niveauangemessenes Arbeiten unterhalb des Leistungspotenziales über längere Zeit
Angemessenheitsmuster 4: nur zeitweise niveauangemessenes Arbeiten mit verzögertem Einstieg oder Niveau-Abfall unterhalb des Leistungspotenzials (durch Abbruch der Arbeit oder Verflachung).

Phasen von nicht niveauangemessenem Arbeiten wurden als solche bezeichnet, wenn sie sich nachhaltig unter einem möglichen Leistungspotenzial ansiedelten. Da Phasen der Überforderung bei der selbstdifferenzierenden Würfelnetz-Lernumgebung nicht beobachtet wurden, wurde auch kein entsprechendes Angemessenheitsmuster aufgeführt.
    Folgende Befunde lassen sich zur zweiten Forschungsfrage festhalten (vgl. Abschnitte 6.3 und 7.2):

a) Die Untersuchungsergebnisse betätigen die Annahme, dass die Frage nach der Niveauangemessenheit nicht pauschal gestellt werden darf, sondern Phasen während der Arbeitsprozesse berücksichtigt werden müssen, da sich die Niveauangemessenheit im Verlauf eines Arbeitsprozesses ändern kann. Einem Arbeitsprozess – wie beispielsweise bei Caro und Hanna – können auch bis zu zwei Angemessenheitsmuster zugeordnet werden.

b) Die Arbeitsprozesse verlaufen selten von sich aus niveauangemessen: Es konnten zwar Arbeitsprozesse identifiziert werden, in denen die Lernenden auf oder sogar über ihrem generellen Leistungspotenzial arbeiteten, in den meisten Arbeitsprozessen stellte sich die Niveauangemessenheit jedoch nicht automatisch ein: In acht von zehn Arbeitsprozessen gab es längere Phasen fehlender Niveauangemessenheit (Angemessenheitsmuster 3 und 4), die oft erst durch eine Intervention der Lehrkraft beendet wurden. In diesen Arbeitsprozessen wurde das generelle Leistungspotenzial der Lernenden nicht optimal ausgeschöpft.

c) Ein Arbeitsprozess (Celine und Sarah) zeigt einen niveauüberragenden Verlauf bei einem nur begrenzten Leistungspotenzial, ohne dass das Arbeitspaar sich überfordert fühlte (Angemessenheitsmuster 2). Der Arbeitsprozess von Celine und Sarah zeigt, dass in der selbstdifferenzierenden Lernumgebung auch Lernende mit Schwierigkeiten im Mathematikunterricht und begrenztem Leistungspotenzial anspruchsvoll arbeiten können, ohne sich zu überfordern.

Der Befund, dass sich Niveauangemessenheit bei der selbstdifferenzierenden Würfelnetz-Lernumgebung keineswegs automatisch einstellt, begründet die dritte Forschungsfrage nach unterrichtlichen Kontextbedingungen, die ein niveauangemessenes Arbeiten in selbstdifferenzierenden Lernumgebungen unterstützen können.

Frage 3: Welcher Zusammenhang besteht zwischen unterrichtlichen Kontextbedingungen – wie Metakognition, Lehrerinterventionen sowie Kooperation – und mathematischen Arbeitsniveaus bei einer selbstdifferenzierenden Aufgabenstellung?

Zur dritten Forschungsfrage wurden in Kapitel 3 auf Basis bereits vorliegender Befunde Wirkungsthesen hinsichtlich der drei ausgewählten unterrichtlichen Kontextbedingungen aufgestellt:

- Wirkungsthese zur Metakognition: Metakognitive Aktivitäten können in einer selbstdifferenzierenden Lernumgebung ein niveauangemessenes Arbeiten unterstützen.

- Wirkungsthese zu Lehrerinterventionen: Lehrerinterventionen in einer selbstdifferenzierenden Lernumgebung können die Niveauangemessenheit des Arbeitens positiv beeinflussen.

- Wirkungsthese zur Kooperation: Kooperatives Lernen kann in einer selbstdifferenzierenden Lernumgebung niveauangemessenes Arbeiten unterstützen.

Mit dem Konstrukt „unterrichtliche Kontextbedingung" wurden ausschließlich deskriptiv situative Rahmenbedingungen erfasst, unter denen die mathematischen Arbeitsniveaus sich entwickelten, ohne dabei einfache Ursache-Wirkungs-Zusammenhänge zu behaupten. Ein Rückschluss auf unikausale Ursachen für individuelle Niveauverläufe lassen die Komplexität der Arbeitsprozesse und die Untersuchungsanlage nicht zu, gleichwohl können aufgrund der Befunde dieser Studie Annahmen über mögliche Zusammenhänge formuliert werden (vgl. Abschnitte 6.5 und 7.3).

Zur Erfassung der Wirkung metakognitiver und kooperativer Aktivitäten auf Verläufe der Arbeitsniveaus wurden die Arbeitsprozesse nicht nur hinsichtlich ihrer Arbeitsniveaus, sondern auch hinsichtlich der rekonstruierbaren metakognitiven und kooperativen Aktivitäten kategorisiert (vgl. Abschnitte 5.4.1 und 5.4.3). Für die Interventionen der Lehrerin wurde ein spezifisches Analyseverfahren entwickelt (vgl. Abschnitt 5.4.2).

Die oben formulierten Wirkungsthesen konnten durch die Befunde dieser Einzelfallstudie zunächst widerlegt werden, um sie anschließend mit Blick auf die Bedingungen der ausgewählten unterrichtlichen Kontextbedingungen hinsichtlich einer niveauanpassenden Wirkung weiter auszudifferenzieren:

Metakognitive Aktivitäten

Bei den in dieser Studie vorliegenden Arbeitsprozessen wurden die metakognitiven Aktivitäten kategorisiert und durch die Kategorien „Planung", „Monitoring" und „Reflexion" klassifiziert (vgl. Abschnitt 5.4.1). Die metakognitiven Aktivitäten innerhalb eines Arbeitsprozesses wurden im Zusammenhang mit den individuellen mathematischen Arbeitsniveaus analysiert. Sämtliche untersuchten Arbeitsprozesse wiesen – unabhängig von ihrer Niveauangemessenheit – metakognitive Aktivitäten in unterschiedlicher Quantität und Qualität auf.

Anhand der situativen Analyse aller zehn individuellen Arbeitsprozesse in der Fein- und Breitenanalyse dieser Studie lassen sich Beobachtungen formulieren (vgl. Abschnitte 6.5.1 und 7.3.1), die eine weitere Ausdifferenzierung der oben formulierten Wirkungsthese erfordern:

Innerhalb einzelner Arbeitsprozesse konnten Sequenzen beobachtet werden, in denen die Lernenden unterhalb ihres Leistungspotenzials arbeiteten, aber durchaus metakognitive Aktivitäten ausführten. Der Einsatz dieser metakognitiven Aktivitäten ging nicht immer mit einem Wechsel auf höhere mathematische Arbeitsniveaus und infolgedessen auch mit keiner Niveauanpassung einher. Beispielsweise wies der Arbeitsprozess von Kim und Leonie sogar eine auffallend hohe Frequenz von metakognitiven Aktivitäten bei nicht niveauangemessenen Arbeiten auf, eine Niveauanpassung blieb jedoch aus und war erst durch eine Intervention der Lehrerin möglich. Mit der nicht niveauanpassenden Wirkung dieser metakognitiven Aktivitäten wurde die oben aufgeführte einfache Wirkungsthese widerlegt. Der fehlende Zusammenhang zwischen dem Auftauchen metakognitiver Aktivitäten und einer Erhöhung mathematischer Arbeitsniveaus wurde teilweise durch eine genauere Analyse nachvollziehbar:

- War in einer Situation das aktivierbare mathematische Fachwissen zu gering, so blieb eine niveauanpassende Wirkung der metakognitiven Aktivitäten wie – beispielsweise im Arbeitsprozess von Kim und Leonie – aus (KL Sequenz 32), Prüfverfahren fehlerhaft wurden hier durchgeführt. Dieses Vorgehen führte dazu, dass ein Würfelnetz verworfen wurde und ein Nicht-Würfelnetz fälschlicherweise als Würfelnetz akzeptiert wurde. Dieses Untersuchungsergebnis und weitere Befunde aus der Breitenanalyse (vgl. Abschnitt 7.3.1) zeigen, dass metakognitive Aktivitäten keine hinreichende Bedingung für ein niveauangemessenes Arbeiten sind.

- Bezogen sich Monitoringaktivitäten ausschließlich auf Teilergebnissee, während Reflexionsaktivitäten zur Überprüfung von Vorgehensweisen und Prüfverfahren ausblieben, konnte eine niveauanpassende Wirkung nicht festgestellt werden (vgl. u. a. Arbeitsprozess von Dustin und Kevin).

- Insbesondere in Arbeitsprozessen, in denen inhaltliche Beschränkungen vorlagen, wie bei Melissa und Janin, sodass nicht das zur Aufgabenbearbeitung notwendige mathematische Spektrum aktiviert werden konnte, blieb eine mathematische Niveauanpassung trotz fachlich korrekt ausgeführter Monitoringaktivitäten aus.

- Allerdings ließen sich metakognitive Aktivitäten beobachten, die ein weiteres Sinken des Arbeitsniveaus verhinderten und eine notwendige Bedingung für niveauangemessenes Arbeiten bildeten: Kim und Leonie identifizierten durch Monitoringaktivitäten doppelte Würfelnetze und verhinderten durch dieses Prüfverfahren, dass diese als Ergebnis festgehalten wurden. Gegensätzlich zu dem Arbeitsprozess von Kim und Leonie überprüften Dustin und Kevin in ihrer ersten Arbeitsphase ihre produzierten Würfelnetze nicht auf bereits vorhandene Würfelnetze, sodass ein Anheben des Arbeitsniveaus und damit niveauangemessenes Arbeiten verhindert wurde. Auch diese Erkenntnis ist ein Beleg für die Notwendigkeit metakognitiver Aktivitäten hinsichtlich eines niveauangemessenen Arbeitens.

Eine Analyse der metakognitiven Aktivitäten bei einem niveauangemessenen mathematischen Arbeiten führte zu folgenden Befunden:

- Situationen waren erkennbar, in denen neben Monitoringaktivitäten auch Phasen der Reflexion ausgeführt wurden. Insbesondere Reflexionsphasen, die ein mathematisches Wissen aktivieren konnten und auch Vorgehensweisen und Prüfverfahren reflektierten, gingen mit einer Niveauanpassung einher, wie beispielsweise im Arbeitsprozess von Celine und Sarah.

- Arbeitspaare ließen Situationen erkennen, in denen sie unterschiedliche Monitoringaktivitäten einsetzten. Beispielsweise überprüften sie nicht nur Netze auf die Eignung als Würfelnetz, sondern auch wiederholt Würfelnetze auf bereits vorhandene Würfelnetze.

Metakognitive Aktivitäten scheinen eine notwendige Bedingung für ein niveauangemessenes Arbeiten bei der vorliegenden Würfelnetz-Lernumgebung, aber keine hinreichende. Ihre Wirksamkeit ist in den vorliegenden Arbeitsprozessen von fachlichen Zusatzanforderungen abhängig. Hierzu zählen beispielsweise fachlich korrekt durchgeführte Prüfverfahren, um Ergebnisse adäquat prüfen zu können, und auch fachlich korrekte Beurteilungen von Vorgehensweisen in Phasen der Reflexion. Aufgrund dieses Befundes muss die oben angeführte Wirkungsthese (vgl. auch Abschnitt 3.1) zur Metakognition für die in dieser Studie selbstdifferenzierende Würfelnetz-Lernumgebung weiter ausdifferenziert werden: *Metakognitive Aktivitäten können in einer selbstdifferenzierenden Lernumgebung ein niveauangemessenes Arbeiten unterstützen, wenn sie fachlich korrekt ausgeführt werden und neben den Teilergebnissen und Vorgehensweisen auch Prüfverfahren überwacht und reflektiert werden.*

Lehrerinterventionen

Bei den in dieser Studie vorliegenden Arbeitsprozessen fand bei neun von zehn Arbeitsprozessen mindestens eine Intervention der Lehrerin statt. In den Interventionen konnte sich die Lehrerin einen Einblick in laufende Arbeitsprozesse verschaffen und Hilfestellungen geben. Der Zeitpunkt der Interventionen war nicht im Voraus festgelegt, es wurde lediglich darauf geachtet, dass den Lernenden genügend Zeit blieb, um den Arbeitsprozess zu initiieren. Gab es allerdings einen situativen Auslöser für eine Intervention, z. B. das Einfordern von Hilfe, so war ein Anlass für eine zeitnahe Intervention gegeben. Impulse während einer Intervention wurden situativ nach einer Orientierungsphase gesetzt: Entweder äußerten Lernende einen Bedarf oder die Lehrerin erkannte in der Orientierungsphase eine Notwendigkeit für einen Impuls.

Eine vergleichende Analyse zu den Verläufen der mathematischen Arbeitsniveaus in den Prozesssequenzen vor und nach einer Intervention der Lehrerin ließ Situationen bei der selbstdifferenzierenden Würfelnetzaufgabe erkennen, in denen Lehrerinterventionen eine mathematische Niveauanhebung bewirkten. Allerdings konnten auch Situationen beobachtet werden, in denen die Lehrerinterventionen ohne Auswirkung auf die mathematischen Arbeitsniveaus blieben. Hiermit wurde die in Abschnitt 3.3 aufgestellte Wirkungsthese widerlegt, dass Lehrerinterventionen automatisch zu einer Niveauanpassung führen. Die Sequenzen der Lehrerinterventionen wurden genauer spezifiziert, um Anforderungen an wirksame Interventionen herauszustellen.

Die Untersuchungsergebnisse zeigen, dass adaptive Lehrerinterventionen eine niveauanpassende Wirkung besitzen können (vgl. Abschnitte 6.5.2 und 7.3.2). Die Adaptivität bezieht sich auf die individuellen Vorgehensweisen und Prüfverfahren der Lernenden, aber auch auf ihre Leistungspotenziale. Adaptive Interventionen zeichnen sich durch eine Orientierungsphase aus, in der die Lehrerin sich einen Einblick in den individuellen Arbeitsprozess der Lernenden verschafft und auch deren Probleme erfasst. Außerdem werden in adaptiven Interventionen angemessene Interventionsebenen gefunden, die sich an den Problemen der Lernenden und an deren individuellen Arbeitsprozessen orientieren. Die Hilfestellungen in adaptiven Interventionen leiten Aktivitäten prozessorientiert an, die die Lernenden nach der Intervention eigenverantwortlich ausführen und bei Bedarf auch variieren können. Können Lernende ihr Arbeitsniveau nicht selbst anpassen, bieten adaptive Lehrerinterventionen eine erfolgversprechende Möglichkeit der Niveauanpassung, die während der laufenden Arbeitsprozesse vorgenommen werden kann.

Aufgrund dieses Befundes muss die oben aufgeführte Wirkungsthese (vgl. Abschnitt 3.2) zu Lehrerinterventionen für die in dieser Studie selbstdifferenzierende Würfelnetz-Lernumgebung weiter ausdifferenziert werden: *Lehrerinterventionen können in einer selbstdifferenzierenden Lernumgebung ein niveauangemessenes Arbeiten unterstützen, wenn sie adaptiv sind.*

Kooperation

Bei den in dieser Studie vorliegenden Arbeitsprozessen wurden zunächst diejenigen Sequenzen in den Arbeitsprozessen identifiziert und kategorisiert, in denen kooperativ gearbeitet wurde. Dazu wurden aus bereits vorliegenden Studien Indikatoren für die vier Kooperationsmuster VORGEHEN, IDEENENTWICKLUNG, GEGENPOSITION und HILFE festgelegt (vgl. Abschnitt 5.4.3).

Anschließend wurde in einem zweiten Schritt die fachliche Kooperationsintensität eingeschätzt (vgl. Abschnitt 5.4.3), die besteht, wenn die kooperative Aktivität als fachlich intensiv beurteilt werden kann. Kriterien für die Kooperationsintensität der aufgeführten Kooperationsmuster finden sich in Abschnitt 5.4.3. Kooperatives Verhalten und Kooperationsintensität wurden auf Zusammenhänge mit der Niveauangemessenheit des Verlaufs der mathematischen Aktivitäten analysiert.

Durch eine situative Beurteilung aller zehn Arbeitsprozesse lassen sich einzelne Beobachtungen formulieren, die eine weitere Ausdifferenzierung der oben formulierten Wirkungsthese (vgl. Abschnitt 3.3) erfordern:

Sämtliche zehn Arbeitsprozesse weisen – unabhängig von ihrem Niveauverlauf – kooperative Aktivitäten in unterschiedlicher Frequenz und Qualität auf (vgl. Abschnitte 6.5.3 und 7.3.3). Ähnlich wie bei den metakognitiven Aktivitäten konnten innerhalb einzelner Arbeitsprozesse Sequenzen beobachtet werden, in denen die Lernenden zwar unterhalb ihrer zu erwartenden Arbeitsniveaus arbeiten, aber durchaus kooperieren. Ein solches kooperatives Arbeiten ging nicht immer automatisch mit einem Wechsel auf höhere mathematische Arbeitsniveaus einher. Beispielsweise kommt es zwischen Kim und Leonie in der nicht niveauangemessenen Arbeitsphase zu 22 kooperativen Aktivitäten. Die Kooperationsmuster HILFE und GEGENPOSITION treten am häufigsten auf, ohne dass sie die Arbeitsniveaus nachhaltig anheben. Mit diesem Ergebnis wurde die in Abschnitt 3.2 aufgestellte Wirkungsthese widerlegt. In den analysierten Arbeitsprozessen konnte allerdings beobachtet werden, dass kooperative Aktivitäten vorrangig dann wirksam für die Niveauangemessenheit werden, wenn sie auch als fachlich intensiv beurteilt werden können, wie beispielsweise im Arbeitsprozess von Celine und Sarah.

Aufgrund dieses Befundes muss die oben angeführte Wirkungsthese (vgl. Abschnitt 3.3) zur Kooperation für die in dieser Studie selbstdifferenzierende Würfelnetz-Lernumgebung weiter ausdifferenziert werden: *Kooperation kann in einer selbstdifferenzierenden Lernumgebung eine niveauangemessenes Arbeiten unterstützen, wenn eine fachliche Intensität besteht.*

Sämtliche Analysebefunde konnten in der Breitenanalyse in unterschiedlichen Arbeitsprozessen belegt werden und wurden nicht widerlegt.

Auch wenn andere Studien durch Wirkungszusammenhänge tendenziell positive Effekte auf den Lernerfolg nachweisen konnten, zeigt eine genaue Analyse der Einzelfälle in dieser Studie, dass diese Erkenntnis für die analysierten individuellen Arbeitsprozesse bezüglich einer Niveauangemessenheit nicht in gleicher Weise gilt. Die Analyse kann nicht nur die pauschalen Aussagen zu Wirkungszusammenhängen relativieren, sondern auch spezifizieren, wie die generell positiven Kontextbedingungen hinsichtlich einer niveauanpassenden Wirkung gestaltet sein müssen. Auf Basis von bereits vorliegenden Studien wurden in dieser Studie Wirkungsthesen für die drei unterrichtlichen Kontextbedingungen formuliert, die durch die empirischen Ergebnisse dieser Studie weiter ausdifferenziert wurden.

Für die qualitative Fallstudie wurde analytisches Instrumentarium zur Untersuchung der Niveauangemessenheit aus prozessorientierter Perspektive konstruiert. Gezeigt wurde, dass sich Niveauangemessenheit einer selbstdifferenzierenden Würfelnetz-Lernumgebung keineswegs automatisch einstellt, sondern einer Unterstützung durch geeignete unterrichtliche Kontextbedingungen bedarf.

Die vorliegenden Untersuchungserkenntnisse leisten einen Beitrag zur Gestaltung und Durchführung selbstdifferenzierender Lernumgebungen, die dem Anspruch eines niveauangemessenen Lernens nachkommen. Sie sensibilisieren Lehrkräfte für die Planung und für ein detailliertes Beobachten mit angemessener Schwerpunktsetzung bei selbstdifferenzierenden Lernumgebungen.

Auch wenn Adaptivität sich nicht automatisch einstellt, ist die Selbstdifferenzierung ein vielversprechendes Unterrichtskonzept, das einen sinnvollen Umgang mit Heterogenität ermöglicht. Die in dieser Studie formulierten Bedingungen für ein niveaugerechtes Arbeiten sollten nicht entmutigen, dieses Unterrichtskonzept situationsgerecht einzusetzen, sondern viel mehr in der Selbstdifferenzierung die Möglichkeit sehen, individuelle lernwirksame Unterrichtssituationen zu schaffen.

Trotz einer begrenzten Übertragbarkeit der umfassenden Vorgehensweise bei der Analyse der Arbeitsprozesse lassen sich situativ Aspekte in die Unterrichtspraxis übertragen. Aus den Analysebefunden zu den unterrichtlichen Kontextbedingungen werden im nächsten Abschnitt erste Konsequenzen für die Unterrichtspraxis abgeleitet.

9 Unterrichtliche Konsequenzen für selbstdifferenzierende Lernumgebungen

Selbstdifferenzierende Lernumgebungen sind für die Unterrichtspraxis durchaus hilfreich, da sie einen überschaubaren Vorbereitungsaufwand erfordern und ein hohes Differenzierungspotenzial sowohl hinsichtlich einer Niveaustreuung als auch hinsichtlich einer Niveauangemessenheit aufweisen. Allerdings konnte in dieser Studie systematisch belegt werden, dass sich die Niveauangemessenheit in einer selbstdifferenzierenden Lernumgebung nicht von selbst einstellt, sondern durch geeignete unterrichtliche Kontextbedingungen unterstützt werden muss.

Erste Konsequenzen für die Unterrichtspraxis aus den Befunden dieser Studie können für den Umgang mit selbstdifferenzierenden Lernumgebungen gezogen werden, auch wenn zu bedenken ist, dass die Analyseergebnisse dieser Studie auf einer speziellen Aufgabenstellung aus der Geometrie basieren. Eine direkte Übertragbarkeit aufgabenspezifischer Analyseergebnisse auf andere Inhalte muss jeweils erst geprüft werden. Es folgt eine zusammenfassende Beschreibung unterrichtlicher Konsequenzen, die aus den Befunden dieser Studie abgeleitet werden können:

- Als Sensibilisierung für die Inhalte individueller Arbeitsprozesse bei einer spezifischen selbstdifferenzierenden Aufgabenstellung können – wie in dieser Studie exemplarisch gezeigt – zunächst in der Planungsphase theoriegeleitete Überlegungen als grobe Orientierung für mögliche Arbeitsprozesse an der Aufgabenstellung selbst vorgenommen werden. Hierbei bieten die mathematischen Tätigkeiten zu den allgemeinen Lernzielen von Winter (1975) und die mathematischen Aktivitäten von Fischer und Malle (1985) – wie in dieser Studie auch – eine Orientierung für Formulierungen und Inhalte. Dieses vorläufige theoretische Gerüst zu mathematischen Aktivitäten kann situativ während eines laufenden Arbeitsprozesses durch individuelle mathematische Aktivitäten angereichert werden, bietet aber die Möglichkeit einer ersten Auseinandersetzung mit möglichen Lernprozessen.

- Das in dieser Studie verwendete Codegerüst ist bewusst aufgabenspezifisch entwickelt worden. Einige Codes können für eine Übertragbarkeit auf andere Aufgabeninhalte thematisch gebündelt und verallgemeinert werden, sodass sie aufgabenunabhängig sind. Sie bilden allgemeine aufgabenunabhängige Beobachtungsschwerpunkte:

- Besprechung der Aufgabenstellung
- Überprüfung von Teilergebnissen
- Regulierung von Vorgehensweisen
- Entwicklung von Vorgehensweisen
- Umsetzung von Vorgehensweisen
- Begründung der mathematischen Entscheidungen
- Interpretation von Falschlösungen
- Begründung für das Beenden einer Aufgabenstellung.

Diese Beobachtungsschwerpunkte können für eine situative Unterstützung individueller Arbeitsprozesse hilfreich sein.

- Mathematische Aktivitäten in eigenverantwortlichen Arbeitsprozessen können unterschiedliche Arbeitsniveaus aufweisen. Die in dieser Studie verwendeten vier Anspruchsniveaus (vgl. Kapitel 7) sind aufgabenunabhängig und auf andere niveaudifferenzierende Aufgaben übertragbar:

    IV. „kognitiv anspruchsvolle Aktivitäten"
    (bringen den Lösungsweg inhaltlich voran bzw. sind unabhängig von der Aufgabenstellung kognitiv anspruchsvoll)

    III. „mathematisch tragfähige Aktivitäten"
    (bringen den Lösungsweg voran)

    II. „mathematisch tragfähige Aktivitäten"
    (bringen den Lösungsweg nur bedingt voran)

    I. „mathematisch nicht tragfähige Aktivitäten" (bringen den Lösungsweg nicht voran bzw. sind mathematisch nicht vertretbar).

Sie bieten eine grobe Orientierung, um Arbeitsniveaus situativ während des Unterrichts zu erfassen. Wie in dieser Studie dargelegt wird, kann über die Passung zwischen situativen Arbeitsniveaus und generellem Leistungspotenzial die individuelle Niveauangemessenheit beurteilt werden. Ein Bild von der situativen individuellen Niveauangemessenheit bildet eine Basis für die Lehrkraft, um eventuell unterstützende Maßnahmen wie eine Intervention durchzuführen.

Die optimistische Hoffnung, dass Arbeitsprozesse in einer selbstdifferenzierenden Lernumgebung automatisch niveauangemessen ablaufen, konnte in dieser Studie nicht bestätigt und sollte trotz unterstützender Maßnahmen im Unterricht auch zukünftig stets überprüft werden. Hierfür ist eine individuelle Einschätzung der Niveauangemessenheit von Arbeitsprozessen im laufenden Unterricht notwendig. Für eine derartige Niveaueinschätzung ist nicht nur die Erfassung von individuellen Arbeitsniveaus notwendig, sondern deren Abgleich mit den Leistungspotenzialen der Lernenden. In dieser Studie hat sich die Erfassung ganzheitlicher Leistungspotenziale bewährt. Neben der Mathematiknote und den Ergebnissen aus einem standarisierten Leistungstest gehören hierzu als dritte Komponente eine prozessorientierte Leistungsbeschreibung durch die Mathematiklehrerin. Eine solche Leistungsbeschreibung sollte auch metakognitive, motivationale und kooperative Aspekte umfassen. Diese Erfassung von Leistungspotenzialen ist für den Unterricht durchaus denkbar, sie liegt zeitlich in der Planungsphase des Unterrichts. Die Mathematiknoten liegen der Lehrkraft ohnehin vor, ein Leistungstest mit schwerpunktmäßig prozessorientierten Aufgaben kann als fester Bestandteil in größeren Zeitabständen in den Unterricht integriert werden. Bei der prozessorientierten Leistungsbeschreibung bieten die Kompetenzen der Bildungsstandards eine Orientierung.

Für die Unterrichtspraxis ist es wichtig, das Konzept der Selbstdifferenzierung nicht auf eine Aufgabenstellung zu reduzieren, sondern eine Unterrichtskultur zu etablieren, die Kontextbedingungen kontinuierlich berücksichtigt, aber auch die Qualifikation der Lehrkräfte auf eine Unterstützung unterrichtlicher Kontextbedingungen bei Lernenden ausrichtet.

Die Analyseergebnisse dieser Studie geben Anlass zu der Annahme, dass mathematische Arbeitsniveaus bei der selbstdifferenzierenden Würfelnetzaufgabe im möglichen Wirkungszusammenhang mit unterrichtlichen Kontextbedingungen wie Metakognition, Lehrerinterventionen und Kooperation stehen.

Metakognitive Aktivitäten zählen als das Nachdenken über das eigene Denken zu individuellen Fähigkeiten der Lernenden. Aufgrund der Befunde dieser Studie sollte eine Förderung dieser Fähigkeiten und deren Einsatz im laufenden Arbeitsprozess ein Bestandteil des Mathematikunterrichts sein. Die Untersuchungsergebnisse zur niveauanpassenden Wirkung metakognitiver Aktivitäten erlauben folgende Hinweise:

- Metakognitive Aktivitäten sind fachspezifisch und sollten daher für ihren Einsatz im Mathematikunterricht im Zusammenhang mit mathematischen Inhalten stehen. Für Lernende ist es hilfreich, wenn sie angeleitet werden, Zwischenergebnisse zu überwachen, aber auch Vorgehensweisen und Prüfverfahren zu entwickeln und zu reflektieren, um eine niveauangemessenes Arbeiten zu unterstützen. Auch Planungsaktivitäten können kontinuierlich mit in den Unterricht einfließen und so langfristig angebahnt werden.

- Metakognitive Aktivitäten sind eine Notwendigkeit für ein niveauangemessenes Arbeiten. Von der Lehrkraft können daher gezielt Impulse gesetzt werden, die zum Einsatz metakognitiver Aktivitäten situativ auffordert.

- Nicht jede metakognitive Aktivität führt zu einer Niveauanpassung, sondern nur solche mit hinreichend tragfähiger mathematischer Basis. Aus diesem Grund muss vor dem eigenverantwortlichen Arbeiten in einer selbstdifferenzierenden Lernumgebung für ein inhaltliches Grundwissen entsprechender Unterrichtsbaustein angeboten werden.

Die in der Studie ausdifferenzierte Wirkungsthese, dass kooperative Aktivitäten nicht automatisch eine niveauanpassende Wirkung besitzen, sondern nur solche mit „fachlicher Kooperationsintensität" niveauanpassend wirken können, führt zu folgenden Konsequenzen für den Unterricht:

- Da kooperative Aktivitäten vor allem dann eine niveauanpassende Wirkung zeigen, wenn fachliche Beurteilungen seitens der Lernenden ausgeführt werden können, ist – wie auch bei den metakognitiven Aktivitäten – eine fachliche Basis hinsichtlich der zu bearbeitenden Aufgabenstellung hilfreich, deren Vermittlung vor dem eigenverantwortlichen Arbeiten integriert werden kann.
- Eine niveauanpassende Wirkung kooperativer Aktivitäten erfordert von den Lernenden prozessorientierte Kompetenzen, wie u. a. Argumentieren und Begründen. Aber auch das fachliche Ausloten unterschiedlicher Standpunkte ist wichtig. Die Schulung dieser Kompetenzen sollte daher kontinuierlicher Bestandteil von Unterricht sein. Zusätzlich sollte die Lehrkraft im laufenden Unterricht situativ zu solchen Aktivitäten auffordern.
- Die Studie hat gezeigt, dass Argumentieren, Begründen, fachlich Diskutieren, Hilfestellungen geben, Nachfragen bis zum Verstehen fachspezifische kooperative Kompetenzen sind und von daher im Zusammenhang mit mathematischen Inhalten geschult werden sollten.

Die Befunde dieser Studie ermöglichen es, nicht nur erste Konsequenzen für Lehrerinterventionen zu formulieren, sondern auch allgemein für die Rolle der Lehrkraft in selbstdifferenzierenden Lernumgebungen, in denen die Lehrkraft zwar nicht mehr ein ausschließlicher Wissensvermittler fachlicher Aspekte ist, aber dennoch eine wichtige Rolle einnimmt, die für ein niveauangemessenes Arbeiten entscheidend ist. Sie übernimmt neben der fachlichen Verantwortung eine fachdidaktische Begleitung von Arbeitsprozessen. Dies erfordert von Lehrkräften neben Handlungskompetenzen während des laufenden Unterrichts auch Planungskompetenzen.

Für die Unterrichtspraxis ist es wichtig, das Konzept der Selbstdifferenzierung nicht auf eine Aufgabenstellung zu reduzieren, sondern eine Unterrichtskultur zu etablieren, die die erwähnten Kontextbedingungen kontinuierlich mit berücksichtigt. In der langfristigen Planung von selbstdifferenzierenden Lernumgebungen sind die Schulung metakognitiver und kooperativer Kompetenzen und deren Einsatz in eigenverantwortlichen Arbeitsprozessen in unterschiedlichen mathematischen Kontexten zu berücksichtigen. Hilfreich sind adaptive Interventionen, um individuelle Arbeitsprozesse situativ hinsichtlich ihrer Niveauangemessenheit zu unterstützen. Diesbezüglich ist ein Wissen über Adaptivitätsmerkmale von Interventionen bei eigenverantwortlichen Arbeitsprozessen hilfreich (vgl. Abschnitt 5.4.2).

Die Forschungsergebnisse dieser Studie tragen dazu bei, Unterrichtsprozesse bei einer selbstdifferenzierenden Aufgabenstellung besser zu verstehen. Sie leisten aber auch einen Beitrag, um die Wirksamkeit des Mathematikunterrichts zu erhöhen, indem Vorschläge für einen sinnvollen Umgang mit eigenverantwortlichen Arbeitsprozessen in selbstdifferenzierenden Lernumgebungen für die Unterrichtspraxis formuliert wurden.

10 Literaturverzeichnis

Altrichter, H./Posch, P. (1998): Lehrer erforschen ihren Unterricht. Eine Einführung in die Methoden der Aktionsforschung (3. Aufl.), Klinkhardt Verlag, Bad Heilbrunn
Ausubel, D. P. (1974): Psychologie des Unterrichts, 1, Beltz Verlagsgruppe, Weinheim und Basel
Beck, E./Baer, M./Guldimann, T./Bischoff, S./Brühwiler, C./Niedermann, R./Müller, P./Rogalla, M./Vogt, F. (2008): Adaptive Lehrkompetenz. Analyse von Struktur, Veränderbarkeit und Wirkung handlungssteuernden Lehrerwissen, Waxmann Verlag, Münster u. a.
Bischoff, S./Brühwiler, C./Baer, M. (2005): Videotest zur Erfassung «adaptiver Lehrkompetenz». In: Beiträge zur Lehrerbildung, 23(3), S. 382-397
Bloom, B. (1972): Taxonomie von Lernzielen im kognitiven Bereich, Beltz Verlagsgruppe, Weinheim, Basel
Blum, W./Wiegand, B. (2000): Offene Aufgaben – wie und wozu? In: mathematik lehren, 100, S. 52-55
Blum, W./Drüke-Noe, C./ Leiß, D./ Wiegand, B./Jordan, A. (2005): Zur Rolle von Bildungsstandards für die Qualität im Mathematikunterricht. In: ZDM, 37(4), S. 267274
Boekaerts, M. (1999): Self-regulated learning: where we are today. In: International Journal of Educational Research, 31(6), S. 445-457
Böhm, A. (2000): Theoretisches Codieren: Textanalyse in der Grounded Theory. In: Flick U./von Kardoff, E./Steinke I. (Hrsg.): Qualitative Forschung. Ein Handbuch, Rowohlt Verlag, Frankfurt a. M., S. 475–484
Bönsch, M. (1991): Variable Lernwege – Ein Lehrbuch der Unterrichtsmethoden, Schöningh Verlag, Paderborn u. a.
Bönsch, M. (2004a): Differenzierung in Schule und Unterricht - Ansprüche, Formen, Strategien, Ehrenwirth Verlag, München
Bönsch, M. (2004b): Intelligente Unterrichtskultur, Schneider Verlag Hohengehren, Baltsmannsweiler
Brodie, Karin (2000): Teacher Intervention in Small-Group Work. In: For the Learning of mathematics, 20(1), S.9-16
Brown, A. L. (1984): Metakognition, Handlungskontrolle, Selbststeuerung und andere, noch geheimnisvollere Mechanismen. In: Weinert, E. F. (Hrsg.): Metakognition, Motivation und Lernen, Kohlhammer Verlag, Stuttgart, 6S. 60-109
Bruder, R. (2003): Konstruieren – auswählen – begleiten. Über den Umgang mit Aufgaben. In: Friedrich Jahresheft 2003, S. 12-14

Brügelmann, H. (1997): Öffnung des Unterrichts muß radikaler gedacht, aber auch klarer strukturiert werden. In: Ballhorn H./Niemann H. (Hrsg.): Sprachen werden Schrift. Mündigkeit – Schriftlichkeit – Mehrsprachigkeit. DGLS Jahrbuch „Lesen und Schreiben",7, Libelle Verlag, CH-Lengwil, S. 43-61

Brügelmann, H. (1998): Öffnung des Unterrichts. Befunde und Probleme der empirischen Forschung. In: Brügelmann/H., Fölling-Albers, M./Richter S. (Hrsg.): Jahrbuch Grundschule. Fragen der Praxis – Befunde der Forschung, Friedrich Verlag, Seelze-Velber, S. 8-42

Brühwiler, C. (2006): Die Bedeutung schulischer Kontexteffekte und adaptiver Lehrerkompetenz für das selbstregulierte Lernen. In: Schweizerische Zeitschrift für Bildungswissenschaften, 28(3), S. 425-251

Cohors-Fresenborg, E./Kaune, C. (2003): Mechanismen des Wirksamwerdens von Metakognition bei Verstehensprozessen im Mathematikunterricht. In: Hefendehl-Hebeker, I./Hußmann, S. (Hrsg.): Mathematikdidaktik zwischen Fakturierung und Empirie, Franzbecker Verlag, Hildesheim, S. 21-34

Cohors-Fresenborg, E./Kaune, C. (2007): Kategoriensystem für metakognitive Aktivitäten beim schrittweise kontrollierten Argumentieren im Mathematikunterricht. Arbeitsbericht Nr. 44, Forschungsinstitut für Mathematikdidaktik, Osnabrück

Corno, L./Snow, R.E. (1986): Adapting teaching to individual differences among learners. In F. Lester (Hrsg.): Handbook of research on teaching, 3.rd ed., Macmilian Verlag, New York, S. 605-629

Criblez, L./Oelkers, J./Reusser, K./Berner, E./Halbheer, U./Huber, C. (2009): Bildungsstandards, Klett und Balmer Verlag, Zug

Dann, H.-D./Diegritz, T./Rosenbusch H. S. (1999): Gruppenunterricht im Schulalltag, Universitätsbund Erlangen-Nürnberg e. V., Erlangen

Einsiedler, W. (1988): Innere Differenzierung und offener Unterricht – ein Vergleich. In: Grundschule,11, S. 20-22

Einsiedler, W. (1998): Offener Unterricht: eine zu vielschichtige Konzeption? In: Brügelmann, H./Fölling-Albers, M./Richter S. (Hrsg.): Jahrbuch Grundschule. Fragen der Praxis – Befunde der Forschung, Friedrich Verlag, Seelze-Velber, S. 52-55

Fischer, R./Malle, G. (1985): Mensch und Mathematik. Eine Einführung in Didaktisches Denken und Handeln, Bibliographisches Institut, Zürich

Flick, U. (1998): Qualitative Forschung. Theorie, Methoden, Anwendung in Psychologie und Sozialwissenschaften, Rowohlt Verlag, Reinbek bei Hamburg

Flick, U./Kardoff von, E./Steinke, I. (2003): Was ist qualitative Forschung? Einleitung und Überblick. In: Qualitative Forschung. Ein Handbuch, Rowohlt Verlag, Reinbek bei Hamburg, S. 13-29

Flick, U. (2006): Qualitative Sozialforschung. Eine Einführung, Rowohlt Verlag, Reinbek bei Hamburg

Freudenthal, H. (1974a): Lernzielfindung im Mathematikunterricht. In: Zeitschrift für Pädagogik, 20(5), S. 719-738

Freudenthal, H. (1974b): Mathematik als pädagogische Aufgabe, Klett Verlag, Stuttgart

Freudenthal, H. (1974c): Sinn und Bedeutung der Didaktik der Mathematik. In: Zentralblatt für Didaktik der Mathematik, 6. Jg., S. 122-124

Freudenthal, H. (1982): Mathematik – eine Geisteshaltung. In: Die Grundschule, 14(4), S. 140-142

Glasersfeld, E. von (1992): Einführung in den Konstruktivismus, R. Piper Verlag, München

Glasersfeld, E. von (1999): Konstruktivismus und Unterricht. In: Zeitschrift für Erziehungswissenschaft, 2 (4), S. 499-506

Götze, D. (2007): Mathematische Gespräche unter Kindern, Franzbecker, Hildesheim

Groeben, A. von der (2008): Verschiedenheit nutzen, Cornelsen Verlag, Berlin

Hasselhorn, M. (1988): Metakognition. In: Rost, D. H. (Hrsg.): Handwörterbuch Pädagogische Psychologie, Beltz Verlagsgruppe, Weinheim, Basel, S. 480-486

Hasselhorn, M. (1992): Metakognition und lernen. In: Nold, G. (Hrsg.): Lernbedingungen und Lernstrategien. Welche Rolle spielen kognitive Verstehensstrukturen, Narr Verlag, Tübingen, S. 35-63

Hasemann, Klaus (1985): Schüler/Lehrergespräche über Würfelnetze. In: Dörfler, W./Fischer, R. (Hrsg.): Empirische Untersuchungen zum Lehren und Lernen von Mathematik, Teubner Verlag, Wien S. 103-105

Helmke, A. (2009): Unterrichtsqualität und Lehrerprofessionalität. Diagnose, Evaluation und Verbesserung des Unterrichts, Friedrich Verlag, Seelze-Velber

Helmke, A./Hosenfeld, I./Scherthan F./Wagner, S. (2003): Projekt Vergleichsarbeiten (VERA): – Kurzbericht über Ergebnisse der Zentralstichprobe in Rheinland-Pfalz, 2003, Universität Koblenz-Landau. http://www.uni-landau.de/vera/downloads/Kurzbericht_Zentralstichprobe.pdf, abgerufen am 22. Dezember 2011

Helmke, A./Weinert, F. E. (1997): Bedingungsfaktoren schulischer Leistung. In: Weinert, F.E. (Hrsg.): Enzyklopädie der Psychologie, Bd. 3: Psychologie des Unterrichts und der Schule, Hogrefe Verlag, Göttingen, S. 71-176

Hengartner, E./Hirt, U./ Wälti, B. und Primarschulteam Lupsingen (2006): Lernumgebungen für Rechenschwache bis Hochbegabte, Klett und Balmer Verlag, Zug

Heymann, H. W. (1991): Innere Differenzierung im Mathematikunterricht. In: mathematik lehren, Heft 49, S. 63-66

Hirt, U./Wälti, B. (2008): Lernumgebungen für Rechenschwache bis Hochbegabte – Natürliche Differenzierung im Mathematikunterricht. In: Cohors-Fresenborg E./Schwank, I. (Hrsg.): Beiträge zum Mathematikunterricht 2006, Franzbecker Verlag, Hildesheim, S. 263-266

Hofe, R. vom/Kleine, M./Blum, W./Pekrun, R. (2005): Zur Entwicklung mathematischer Grundbildung in der Sekundarstufe I – theoretische, empirische und diagnostische Aspekte. In: Hasselhorn, M./Max, H./Schneider, W. (Hrsg.): Diagnostik von Mathematikleistung. Test & Trends. Jahrbuch der pädagogisch-psychologischen Diagnostik, Hogrefe Verlag, Göttingen, S. 263-292

Hußmann, S./Prediger, S. (2007): Mit Unterschieden rechnen – Differenzieren und Individualisieren, In: Praxis der Mathematik, 49(17), S. 1-8

Kittel, A./Marxer, M. (2005): Wie viele Menschen passen auf ein Fussballfeld? In: mathematik lehren, 131, S. 14-16

Klafki, W. (1976): Innere Differenzierung des Unterrichts. In: Zeitschrift für Pädagogik, 22, S. 497-523

Klieme, E. (2004): Was sind Kompetenzen und wie lassen sie sich messen? In: Pädagogik, 56(6), S. 10-13

Klieme, E./Rakoczy, K. (2008): Empirische Unterrichtsforschung und Fachdidaktik. In: Zeitschrift für Pädagogik, 54(2), S. 222-237

Klieme, E./Rakoczy, K./Ratzka, N. (2006): Qualitätsdimensionen und Wirksamkeit von Mathematikunterricht. Theoretische Grundlagen und ausgewählte Ergebnisse des Projekts „Pythagoras". In: Prenzel, M./Allolio-Näcke, L. (Hrsg.): Untersuchungen zur Bildungsqualität von Schule. Abschlussbericht des DFG-Schwerpunktprogramms, Waxmann Verlag, Münster u. a., S. 127-146

KMK Kultusministerkonferenz (2004): Bildungsstandards im Fach Mathematik für den Mittleren Schulabschluss. Beschluss der Kultusministerkonferenz vom 03.12.2003, Luchterhand, München

Krauthausen, G./Scherer P. (2010): Handreichung des Programms SINUS an Grundschulen, Ministerium für Bildung und Kultur, Kiel

Krippner, W. (1992): Mathematik differenziert unterrichten, Schroedel Schulbuchverlag, Hannover

Kunze, I. (2008): Begründungen und Problembereiche individueller Förderung in der Schule – Vorüberlegungen zu einer empirischen Untersuchung. In: Kunze, I./Solzbacher, C. (Hrsg.): Individuelle Förderung in der Sekundarstufe I und II, Schneider Verlag Hohengehren, Baltmannsweiler, S. 13-25

Leiß, D. (2007): „Hilf mir es selbst zu tun". Lehrerinterventionen beim mathematischen Modellieren, Franzbecker Verlag, Hildesheim

Lehmann, R. H./Peek, R./Gänsfuß, R./Lutkat, S./Mücke, S./Barth, I. (2000): QuaSUM – Qualitätsuntersuchung an Schulen zum Unterricht in Mathematik. Ergebnisse einer repräsentativen Untersuchung im Land Brandenburg (Schulforschung in Brandenburg, Heft 1), Ministerium für Bildung, Jugend und Sport des Landes Brandenburg, Potsdam

Lengnink, K./Prediger, S./Weber, C. (2011): Lernende abholen, wo sie stehen – Individuelle Vorstellungen aktivieren und nutzen. In: Praxis der Mathematik in der Schule, 53(40), S. 2–7

Lipowsky, F. (2009): Unterricht. In: Wild, E./ Möller, J. (Hrsg.): Pädagogische Psychologie, Springer Verlag, Berlin, S. 73–101

Lompscher, J. (1972): Theoretische und experimentelle Untersuchungen zur Entwicklung geistiger Fähigkeiten, Volkseigener Verlag Berlin, Berlin

Lompscher, J. (1989): Aktuelle Probleme der pädagogisch-psychologischen Analyse der Lerntätigkeit. In: Lompscher, J. (Hrsg.): Psychologische Analysen der Lerntätigkeit, Volk und Wissen Verlag, Berlin, S. 73-128

Maier, P. H. (1999): Raumgeometrie mit Raumvorstellung – Thesen zur Neustrukturierung des Geometrieunterrichts. In: Der Mathematikunterricht, (45)3, S. 4-18

Malle, G. (1993): Didaktische Probleme der elementaren Algebra, Vieweg Verlag, Braunschweig

Mayer, R. E. (2004): Should there be a three-strikes rule against pure discovery learning? In: American Psychologist, 59(1), S. 14-19

Mayring, P. (2000): Qualitative Inhaltsanalyse, Beltz Verlagsgruppe, Weinheim, Basel

Paradies, L./Linser, H. J. (2001): Differenzieren im Unterricht, Cornelsen Verlag, Berlin

Paradies, L./Greving J./Wester F. (2010): Individualisieren im Unterricht, Cornelsen Verlag, Berlin

Pauli, Ch./Drollinger-Vetter, B./Hugener, I./Lipowsky, F. (2008): Kognitive Aktivierung im Mathematikunterricht. In: Zeitschrift für Pädagogische Psychologie 22(2), S. 127-133

Pauli, C./Reusser K. (2000): Zur Rolle der Lehrperson beim kooperativen Lernen. In: Schweizerische Zeitschrift für Erziehungswissenschaft, 22(3), S. 421-441

Peschel, F. (2003): Offener Unterricht, Teil I: Allgemeindidaktische Überlegungen, Basiswissen Grundschule, Bd. 9, Schneider Verlag Hohengehren, Baltmannsweiler

Polya, G. (1949): Schule des Denkens, Francke Verlag, Bern

Prediger, S. (2009): Quader bauen aus 24 Würfeln – Kinder auf dem Weg zur Volumenformel. In: MNU Primar, 1(1), S. 8–12.

Prediger, S./Özdil, E. (Hrsg.): (2011): Mathematiklernen unter Bedingungen der Mehrsprachigkeit – Stand und Perspektiven zu Forschung und Entwicklung, Waxmann Verlag, Münster u. a.

Prediger, S./Scherres, Ch. (2012): Niveauangemessenheit von Arbeitsprozessen in selbstdifferenzierenden Lernumgebungen. In: Journal für Mathematikdidaktik, 33(1), S. 143-173

Rakoczy, K./Klieme, E./Lipowsky, F./Drollinger-Vetter, B. (2010): Strukturierung, kognitive Aktivität und Leistungsentwicklung im Mathematikunterricht, Unterrichtswissenschaft, 38(3), S. 229–246

Ramseger, J. (1987): Neun Argumente für die Öffnung der Grundschule. In: Die Grundschulzeitschrift (1), S. 6-7

Reinmann-Rothmeier, G./Mandl, H. (1999): Unterrichten und Lernumgebungen gestalten, Forschungsbericht Nr. 60, Institut für Pädagogische Psychologie und Empirische Pädagogik, Ludwig-Maximilians-Universität, München

Reinmann-Rothmeier, G./Mandl, H. (2001): Unterrichten und Lernumgebungen gestalten. In: Krapp A./Weidenmann B. Pädagogische Psychologie, Beltz Psychologie Verlag Union, Weinheim, S. 601-646

Reisinger, M.-Ch. (2007): Unterrichtsdifferenzierung, LIT Verlag, Wien

Reusser, K. (1999): Und sie bewegt sich doch – aber man behalte die Richtung im Auge. Zum Wandel der Schule und neu-alten pädagogischen Rollenverständnis von Lehrerinnen und Lehrern. In: Die neue Schulpraxis 7/8, St. Galler Tageblatt AG, St. Gallen, S. 11-15

Röhr, M. (1995): Kooperatives Lernen im Mathematikunterricht der Primarstufe. Deutscher Universitätsverlag, Wiesbaden

Schoenfeld, A. H. (1992): Learning to think mathematically: Problem solving, metacognition, and sense making in mathematics. In: Grouws, D. H. (Hrsg.): Handbook of research and mathematic teaching and learning, Macmillan Verlag, New York, S. 334-370

Sierpinska, A./Lerman, S. (1996): Epistemologies of Mathematics and Mathematics Education. In: International Handbook of Mathematical Education, Band 1, Kluwer Academic Publishers, Dordrecht, S. 827-876

Schulgesetz für das Land Nordrhein-Westfalen vom 15. Februar 2005 (GV. NRW. S. 102), Stand 01.07.2011

Schwank, I. (2003): Einführung in funktionales und prädikatives Denken. In: Zentralblatt für Didaktik der Mathematik, 35(3), S. 70–78

Selter, Ch./Spiegel, H. (1997): Wie Kinder rechnen. Klett Verlag, Leipzig

Slavin, R. (1983): When Does Cooperative Learning Increase Student Achievement In: Psychological Bulletin, 94(3), S. 429–445

Sjuts, J. (2007): Mini-Forschung im Berufsfeld Schule, Hrsg. Förderkreis für Bildungsinitiativen des Studienseminars Leer e.V., Leer

Stebler, R. (1999): Eigenständiges Problemlösen. Zum Umgang mit Schwierigkeiten beim individuellen und paarweisen Lösen mathematischer Problemgeschichten – Theoretische Analyse und empirische Erkundigungen, Peter Lang Verlag, Bern

Steinbring, H. (2005): The Construction of New Mathematical Knowledge in Classroom Interaction. An Epistemological Perspective, Springer Verlag, Berlin

Stern, E. (2004): Schubladendenken, Intelligenz und Lerntypen. Zum Umgang mit unterschiedlichen Lernvoraussetzungen. In: Friedrich Jahresheft 2004, S. 36-39

Straka, G. A./Macke, G. (2002): Lern-Lehr-Theoretische Didaktik, Waxmann Verlag, Münster, u. a.

Tulodziecki, G./Herzig, B./Blömeke, S. (2004): Gestaltung von Unterricht, Julius Klinkhardt Verlag, Bad Heilbrunn

Voigt, J. (1995): Thematic Patterns of Interaction and Socialmethematical Norms. In: Cobb P./Bauersfeld H. (Hrsg.): The emergence of mathematical meaning: interaction in clasroom cultures, Lawrence Erlbaum Associates, Hilsdale, New York

Wang, M. C. (1992): Adaptive education strategies: Building on diversity. Paul H. Brookes Publishing Co., Baltimore

Webb, N. M. (1982): Peer Interaction and Learning in Cooperative Small Groups. In: Journal of Educational Psychology, 74, S. 642–655

Webb, N. M. (1985): Verbal interaction and learning in peer-directed groups. In: Theory into Practice, 24 (1), S. 32 – 39

Webb, N. M. (1989): Peer Interaction and Learning in Small Groups. In: International Journal of Educational Research, 13, S. 21 - 39

Webb, N. M./Farivar, S. H./Mastergeorge A. M. (2002a): Productive Helping in Cooperative Groups. In: Theory into Practice, 41 (1), S. 13 - 20

Webb, N. M./Nemer, K. M./Zuniga, S. (2002b): Short Circuits or Superconductors? Effects of Group Composition on High-Achieving Students' Science Assessment Performance. In: American Educational Research Journal, 39, S. 943 - 989

Weinert, F. E. (1996): Lerntheorie und Instruktionsmodelle. In: Weinert, F. E. Psychologie des Lernens und der Instruktion, 2, Göttingen, S. 1 – 47

Weinert, F. E./Helmke A. (1997): Entwicklung im Grundschulalter, Beltz Psychologie Verlags Union, Weinheim

Weinert, F. E. (1997): Notwendige Methodenvielfalt: Unterschiedliche Lernfähigkeiten der Schüler erfordern variable Unterrichtsmethoden des Lehrers. In: Jahresheft (1997): Lernmethoden – Lehrmethoden – Wege zur Selbstständigkeit S. 50-52

Weinert, F. E., (2002): Vergleichende Leistungsmessungen in Schulen – eine umstrittene Selbstverständlichkeit. In: Leistungsmessungen in Schulen, Beltz Verlagsgruppe, Weinheim und Basel, S. 17-31

Wieneke, R. (1989): Schüler eines 4. Schuljahres entdecken die Würfelnetze. Beispiel eines handlungsorientierten Mathematikunterrichts. In: Grundschule 21(1912), S. 30-32

Winter, H. (1972): Vorstellungen zur Entwicklung von Curricula für den Mathematikunterricht in der Gesamtschule. In: Beiträge zum Lernzielproblem; Henn-Verlag, Ratingen, S.67-95

Winter, H. (1975): Allgemeine Lernziele für den Mathematikunterricht. In: Zentralblatt für Didaktik der Mathematik, 7(3), S. 106-116

Wittmann, E. Ch. (1981): Grundfragen des Mathematikunterrichts, Vieweg Verlag, Braunschweig

Wittmann, E. Ch. (1996): Offener Mathematikunterricht in der Grundschule – vom FACH aus. In: Grundschule, 43(6), S. 3-7,

Wittmann, E. Ch. (2003): Was ist Mathematik und welche pädagogische Bedeutung hat das wohlverstandene Fach auch für den Mathematikunterricht der Grundschule? In: Baum, M./Wielpütz, H. (Hrsg.): Mathematik in der Grundschule, S. 18-46, Kallmeyerische Verlagsbuchhandlung, Seelze

Wittmann, E. Ch./Müller G. N. (2004): Das Zahlenbuch. Mathematik im 4.Schuljahr (Begleitband), Klett Verlag, Leipzig

Wollring, B. (2007): Würfelnetze finden und ordnen – Design von Lernumgebungen zur Geometrie für die Grundschule, Handout aus einem SINUS-Transfer-Workshop, online unter: http://www.sinus-an-grundschulen.de/fileadmin/MaterialienIPN/ Wollring_Wuerfelnetze_finden_und_ordnen_43_f_Erkner_07-06-22.pdf

Zech, F. (2002): Grundkurs Mathematikdidaktik, Beltz Verlagsgruppe, Weinheim und Basel

11 Anhang

In dem Anhang werden ausgewählte Sequenzen und die erste Intervention der Lehrerin (KL Sequenz 61) aus der Feinanalyse aufgeführt, um exemplarisch das Codieren und das Kategorisieren des Transkriptes zu veranschaulichen. Abschließend werden aus der Breitenanalyse ausgewählte Sequenzen aus dem Arbeitsprozess von Julius und Tom gezeigt.

Sequenz	Transkript (KL)	mathematisches Arbeitsniveau und Code (Tätigkeitsbereich)	Metakognition und KOOPERATION
3	Als Kim sieht, dass Leonie versucht, ein WN zu legen, indem sie die Quadratflächen auf dem Tisch zu einem Netz zusammenschiebt, verwirft sie sofort den Bau eines Körpers und beginnt mit dem Legen des „Jesuskreuzes", das sie scheinbar aus dem Gedächtnis abrufen kann: Leonie: „Ist das vielleicht ein Würfelnetz?" ⌸	III rufen bekanntes WN aus dem Gedächtnis ab (suchen nach WN)	Reflexion – Nachdenken über einen Begriff IDEEN – ENTWICKLUNG
4	Als Leonie sieht, dass Kim das „Jesuskreuz" legt, verwirft sie ihr Nicht-WN. Leonie: „Ach ja, stimmt ja." ⌸	II verwerfen Nicht-WN ohne Prüfung auf WN (prüfen von Netzen auf Eignung als WN)	IDEEN – ENTWICKLUNG
5	Leonie legt auch das „Jesuskreuz", das sie gerade bei Kim gesehen hat:	II legen bereits vorhandenes WN nach (suchen nach WN)	
6	Leonie: „So, ungefähr?" Kim und Leonie haben das „Jesuskreuz" vor sich liegen. Kim deutet mit den Fingern an, dass sie in Gedanken die Quadratflächen zum Würfel hochstellt. Jede schiebt ihr „Jesuskreuz" oben an den Tischrand. Leonie: „Ok, einer kommt nach oben." [Sie meint damit oben an den Rand des Tisches.] Kim holt sich ihr „Jesuskreuz" wieder, sodass es vor ihr liegt: Kim: „Ich bau einen Zweiten."	III identifizieren weiteres WN durch korrektes Prüfverfahren (prüfen von Netzen auf Eignung als WN)	VORGEHEN

Sequenz	Transkript (KL)	mathematisches Arbeitsniveau und Code (Tätigkeitsbereich)	Metakognition und KOOPERATION
8	Leonie: „Warte, man kann das auch so machen." Leonie nimmt sich das bereits gelegte „Jesuskreuz" und schiebt die „Ohren" auf gleicher Höhe an den beiden Seiten der Viererkette an die vier Positionen: Leonie: „So,"	III schlagen sinnvolle Vorgehensweise zum Produzieren von WN vor (suchen nach WN)	Reflexion – Nachdenken über Vorgehensweise/ Methode IDEEN – ENTWICKLUNG
	Kim unterbricht ihre Arbeit und betrachtet den Prozess des Verschiebens der „Ohren", den Leonie wiederholt. Kim: „Das ergibt dann aber keinen Würfel." Leonie verwirft ihre Idee, indem sie die Quadratflächen zusammenschiebt.	I identifizieren WN durch fehlerhaftes Prüfverfahren nicht (prüfen von Netzen auf Eignung als WN) I treffen mathematisch nicht korrekte Aussage, die unbegründet bleibt (prüfen von Netzen auf Eignung als WN)	Monitoring – (Teil-)Ergebnis prüfen GEGENPOSITION
15	Leonie zerstört eines der „Jesuskreuze" und legt ein Netz nach dem gleichen Prinzip wie das „Jesuskreuz": zunächst die Viererreihe und dann die "Ohren". Es entsteht wieder das „Jesuskreuz", nur um 180 Grad gedreht: Leonie: „Guck mal. Ist **das** ein WN?"	II produzieren doppeltes WN durch Verändern eines bereits bekannten WN (suchen nach WN)	Monitoring – (Teil-)Ergebnis prüfen HILFE

Sequenz	Transkript (KL)	mathematisches Arbeitsniveau und Code (Tätigkeitsbereich)	Metakognition und KOOPERATION
16	Kim: „Das kann man dann aber drehen, und dann ist das das andere." Leonie ist mit Kims Einwand nicht einverstanden:. „Oh, Kim, wir müssen das .. (ungeduldig) (. .),(...)"	II identifizieren doppeltes WN durch korrektes Prüfverfahren (prüfen von Netzen auf Eignung als WN)	Monitoring – (Teil-)Ergebnis prüfen HILFE
	Kim und Leonie verwerfen das doppelte WN.	II verwerfen doppeltes WN ohne Analyse (prüfen von Netzen auf Eignung als WN)	Monitoring – (Teil-)Ergebnis prüfen
32	Kim Leonie nimmt sich die Quadratflächen, Kim schaut zu. Leonie legt zwei Dreierreihen nebeneinander zu einem Nicht-WN: Sie begleitet ihr Legen durch Sprechen. Leonie„Den hier so, so und so." Kim: „Wie soll denn daraus ein Würfel werden?" Leonie schiebt eine Quadratfläche an eine andere Position. Es entsteht wieder das Viererquadrat mit zwei zusätzlichen Außenquadratflächen, ein Nicht-WN: ⊕ Kim:„Der so, so und so." Sie stellen die Quadratflächen hoch und lassen die letzte Quadratfläche als „Deckel" nach oben „fliegen". Sie finden heraus, dass es sich um ein WN handelt, obwohl es keins ist. Leonie: „Ja" Kim: „Ja, dann lass das uns jetzt zeichnen." Kim legt das Nicht- WN vor sich hin. Kim: "Soll ich das abzeichnen oder Du?" Leonie: „Du."	II produzieren Nicht-WN ohne erkennbare Strategie (suchen nach WN) II identifizieren Nicht-WN durch korrektes Prüfverfahren (prüfen von Netzen auf Eignung als WN) II produzieren Nicht-WN durch systematisches Verschieben von Quadratflächen (suchen nach WN) I akzeptieren Nicht-WN als WN durch fehlerhaftes Prüfverfahren (prüfen von Netzen auf Eignung als WN) I treffen mathematisch nicht korrekte Aussage (prüfen von Netzen auf Eignung als WN)	Reflexion – Regulation von Vorgehensweise/ Methode Monitoring – (Teil-)Ergebnis prüfen IDEEN – ENTWICKLUNG Monitoring – (Teil-)Ergebnis prüfen Planung – nächsten Arbeitsschritt mitteilen

Sequenz	Transkript (KL)	mathematisches Arbeitsniveau und Code (Tätigkeitsbereich)	Metakognition und KOOPERATION
44	Leonie verschiebt genau die Quadratfläche, die beim Hochstellen der Quadratflächen mit einer anderen Quadratfläche übereinanderliegt, sodass ein WN mit einer 4er Kette entsteht, das sie noch nicht haben:	III produzieren weiteres WN, das sie nicht als Ergebnis festhalten (suchen nach WN)	
	Leonie: „So einen haben wir schon?" Kim entfernt sich vom Tisch und schaut nicht hin. Leonie: „Den, Kim!" Kim ist mit der Schere beschäftigt und geht auf das WN von Leonie nicht ein. Leonie versucht das WN durch Hochklappen einer Quadratfläche zu überprüfen, den Rest prüft sie im Kopf. Leonie verwirft das Würfelnetz, indem sie eine Quadratfläche entfernt und durch Verschieben einer weiteren Quadratfläche ein weiteres Nicht-WN produziert:	I identifizieren WN durch fehlerhaftes Prüfverfahren nicht (prüfen von Netzen auf Eignung als WN) II produzieren Nicht-WN durch systematisches Verschieben von Quadratflächen (suchen nach WN)	HILFE Monitoring – (Teil-)Ergebnis prüfen
	und legt die Quadratfläche so ab, dass sie letztendlich wieder ein Nicht-WN mit einem 4er-Quadrat hat: Leonie: „So."		

Sequenz	Transkript (KL)	mathematisches Arbeitsniveau und Code (Tätigkeitsbereich)	Metakognition und KOOPERATION
66	Leonie legt ein WN durch Schieben der Quadratflächen entlang der 4er-Kette:	III produzieren weiteres WN durch Schieben der Quadratflächen entlang der Viererkette (suchen nach WN)	
	Kim unterbricht das Zeichnen und hilft ihr beim Hochstellen der Quadratflächen, sie achtet darauf, dass das WN nicht zerrissen wird. Sie unterbrechen das Überprüfen, da ein Mitschüler herein kommt und ein Blatt Papier bringt, mit dem sie sich kurz beschäftigen [ca. 30 sec.]. Sie lassen die Quadratflächen fallen und verlieren das WN.	I identifizieren weiteres WN nicht, da sie die Prüfung auf WN nicht konsequent zu Ende führen (prüfen von Netzen auf Eignung als WN)	Monitoring – (Teil-)Ergebnis prüfen HILFE
	Kim legt ein weiteres Nicht-WN:	II produzieren Nicht-WN durch systematisches Verschieben von Quadratflächen (suchen nach WN)	
	Kim versucht das Nicht-WN zu einem Würfel zu hochzustellen, legt es wieder. Kim verschiebt systematisch eine Quadratfläche, sodass ein WN entsteht:	II identifizieren Nicht-WN durch korrektes Prüfverfahren (prüfen von Netzen auf Eignung als WN)	Monitoring – (Teil-)Ergebnis prüfen HILFE
	Kim: „Leonie, versuch mal, ob das ein WN ist." Sie widmet sich wieder dem Zeichnen. Leonie schaut auf das WN: „Nein, ist es nicht. Weil, das geht nicht, hier muss nämlich einer hin, Kim." Leonie deutet auf eine [nicht erkennbare] Position. Kim hilft ihr beim Hochstellen der Quadratflächen. Kim kommentiert das Hochstellen: "Der wandert da hin, der hängt da dran, der klappt da rüber." Kim: „Ja, das ist richtig, zeichne den mal ab." Leonie beginnt zu zeichnen.	IV produzieren weiteres WN durch systematisches Verändern eines Nicht-WN (suchen nach WN) II identifizieren weiteres WN durch korrektes Prüfverfahren (prüfen von Netzen auf Eignung als WN) II zeichnen WN, um es als Ergebnis festzuhalten (suchen nach WN)	GEGENPOSITION Monitoring – (Teil-)Ergebnis prüfen

Sequenz	Transkript (KL) Intervention der Lehrerin

61 Diese beiden Netze haben sie bisher produziert und als Ergebnis festgehalten: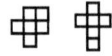

Lehrerin: „Kommt ihr klar?"
Kim und Leonie: „Nee."
Lehrerin.: „Warum?"
Kim: „Wir finden keine mehr."
Lehrerin: „Ihr findet keine mehr?"
Die Lehrerin holt das Ergebnisplakat von Kim und Leonie.
Kim zeigt auf das Nicht-WN.
Kim: „Und das eine ist wahrscheinlich auch nicht richtig, weil, das kann ja nicht fliegen":
Sie deutet auf die eine Fläche des Viererquadrats:

Lehrerin: „Dann ist das eine kein WN."
Kim: „Ja."
Lehrerin: „Nach welchem Prinzip geht ihr denn vor?"
Leonie: „ Wir haben ja den: und dann können wir ja nicht mehr den   ."

Leonie deutet an, dass sie stets das „Jesuskreuz" produzieren, manchmal nur in der Ebene gedreht.
Lehrerin: „Ich gebe euch mal einen Tipp. Jetzt habt ihr doch die 4er-Reihe und jetzt lasst ihr die mal so wandern."
Sie schiebt die Quadratflächen entlang der 4er-Reihe, sodass die Netze nicht symmetrisch sind.
Kim: „Das ergibt dann aber doch keinen Würfel."
Lehrerin: „Immer?"
Kim: „Öfters."
Kim legt das folgende WN:

Die Lehrerin hilft ihnen beim Überprüfen des WN.
Sie weist darauf hin, dass das Netz beim Hochstellen der Quadratflächen nicht auseinandergerissen werden darf.
Die Lehrerin empfiehlt den Mädchen, sich gegenseitig beim Hochstellen der Quadratflächen behilflich zu sein.
Die Lehrerin verlässt den Raum.

Im Folgenden werden ausgewählte Sequenzen aus der zusammenfassenden Beschreibung des Arbeitsprozesses von Julius und Tom aufgeführt:

Sequenz	Zusammenfassende Beschreibung (JT)	mathematisches Arbeitsniveau und Code (Tätigkeitsbereich)	Metakognition und KOOPERATION
5	Tom deutet an, dass er die Quadratflächen auf gleicher Höhe an der 4er-Kette wandern lässt.	II formulieren Vorgehensweise, die zu keinen weiteren WN führt (suchen nach WN)	Reflexion – über Vorgehensweise GEGENPOSITION
	Tom und Julius sind sich einig, dass es vier unterschiedliche Würfelnetze geben muss.	II äußern Vermutung über die Anzahl möglicher unterschiedlicher WN (suchen nach WN)	
16	Julius nimmt sich die Quadratflächen und legt eine 4er-Kette. Dann schiebt er die Quadratflächen zu dem WN zusammen, bei dem die längste Kette eine 2er-Kette ist:	III produzieren weiteres WN ohne erkennbare Strategie (suchen nach WN)	
	Das andere Arbeitspaar sieht das und behauptet, er habe abgeguckt. Julius zerstört daraufhin das WN wieder:	I verwerfen weiteres WN ohne Prüfung auf Eignung als WN (prüfen von Netzen auf Eignung als WN)	
18	Tom legt ein Nicht-WN und schaut Julius fragend an:	II produzieren Nicht-WN durch gezieltes Verschieben von Quadratflächen (suchen nach WN)	
	Julius behauptet, dass das nicht geht. Tom erwidert „doch".	II äußern unterschiedliche inhaltliche Standpunkte, klären diese aber nicht (suchen nach WN)	Monitoring – (Teil-) Ergebnis prüfen HILFE
	Er deutet das Hochstellen der Quadratflächen an. Julius interveniert und deutet an, dass das ⊢ nicht zum WN führen kann, indem er zeigt, dass zwei Quadratflächen beim Hochstellen zum Würfel übereinander liegen.	IV argumentieren mathematisch korrekt, warum es sich um kein WN handelt (prüfen von Netzen auf Eignung als WN)	Monitoring – (Teil-) Ergebnis prüfen GEGENPOSITION

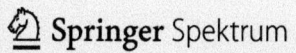

Springer Spektrum Research
Forschung, die sich sehen lässt

springer-spektrum.de

Ausgezeichnete Wissenschaft

Werden Sie AutorIn!

Sie möchten die Ergebnisse Ihrer Forschung in Buchform veröffentlichen?

Seien Sie es sich wert. Publizieren Sie Ihre Forschungsergebnisse bei Springer Spektrum, dem führenden Verlag für klassische und digitale Lehr- und Fachmedien im Bereich Naturwissenschaft I Mathematik im deutschsprachigen Raum.

Unser Programm Springer Spektrum Research steht für exzellente Abschlussarbeiten sowie ausgezeichnete Dissertationen und Habilitationsschriften rund um die Themen Astronomie, Biologie, Chemie, Geowissenschaften, Mathematik und Physik.

Renommierte HerausgeberInnen namhafter Schriftenreihen bürgen für die Qualität unserer Publikationen. Profitieren Sie von der Reputation eines ausgezeichneten Verlagsprogramms und nutzen Sie die Vertriebsleistungen einer internationalen Verlagsgruppe für Wissenschafts- und Fachliteratur.

Ihre Vorteile:

Lektorat:
- Auswahl und Begutachtung der Manuskripte
- Beratung in Fragen der Textgestaltung
- Sorgfältige Durchsicht vor Drucklegung
- Beratung bei Titelformulierung und Umschlagtexten

Marketing:
- Modernes und markantes Layout
- E-Mail Newsletter, Flyer, Kataloge, Rezensionsversand, Präsenz des Verlags auf Tagungen
- Digital Visibility, hohe Zugriffszahlen und E-Book Verfügbarkeit weltweit

Herstellung und Vertrieb:
- Kurze Produktionszyklen
- Integration Ihres Werkes in SpringerLink
- Datenaufbereitung für alle digitalen Vertriebswege von Springer Science+Business Media

Sie möchten mehr über Ihre Publikation bei Springer Spektrum Research wissen? Kontaktieren Sie uns.

Marta Grabowski
Springer Spektrum | Springer Fachmedien
Wiesbaden GmbH
Lektorin Research
Tel. +49 (0)611.7878-237
marta.grabowski@springer.com

Springer Spektrum I Springer Fachmedien Wiesbaden GmbH

MIX
Papier aus verantwortungsvollen Quellen
Paper from responsible sources
FSC® C105338

If you have any concerns about our products,
you can contact us on
ProductSafety@springernature.com

In case Publisher is established outside the EU,
the EU authorized representative is:
**Springer Nature Customer Service Center GmbH
Europaplatz 3, 69115 Heidelberg, Germany**

Printed by Libri Plureos GmbH
in Hamburg, Germany